江西省重点研发计划项目“赣南地区典型稀土矿山生态损伤评估及生态修复技术”（项目号：20212BBG73017）资助

我国典型稀土矿区
污染特征及生态效应

杨志平　万小铭　王　伟　王凌青　著

中国农业科学技术出版社

图书在版编目（CIP）数据

我国典型稀土矿区污染特征及生态效应 / 杨志平等著. --北京：中国农业科学技术出版社，2022. 9

ISBN 978-7-5116-5917-0

Ⅰ. ①我… Ⅱ. ①杨… Ⅲ. ①稀土元素矿床－矿区－污染防治－研究－中国 Ⅳ. ①X753

中国版本图书馆CIP数据核字（2022）第 172160 号

责任编辑 周丽丽
责任校对 李向荣
责任印制 姜义伟 王思文

出 版 者 中国农业科学技术出版社
北京市中关村南大街 12 号 邮编：100081
电 话 （010）82109194（编辑室） （010）82109702（发行部）
（010）82109709（读者服务部）
网 址 https: // castp.caas.cn
经 销 者 各地新华书店
印 刷 者 北京建宏印刷有限公司
开 本 185 mm × 260 mm 1/16
印 张 14.75
字 数 410 千字
版 次 2022 年 9 月第 1 版 2022 年 9 月第 1 次印刷
定 价 80.00 元

《我国典型稀土矿区污染特征及生态效应》

著者名单

杨志平（江西省生态文明研究院）

万小铭（中国科学院地理科学与资源研究所）

王　伟（江西省生态文明研究院）

王凌青（中国科学院地理科学与资源研究所）

内容提要

本书系统论述了我国典型稀土矿区的污染状况，识别矿区环境污染的风险源和风险因子，阐述了典型矿区的污染物环境行为和生态效应，明确典型矿区的稀土元素迁移转化机理及影响，详细探讨了稀土元素对大气环境、土壤环境、水环境的影响，并举例说明稀土矿区水污染综合治理和生态修复示范工程的技术与特点，就我国典型稀土矿区的生态环境保护提出展望与分析，本书可供从事生态环境保护的工作人员、科研人员和研究生参阅，也可为生态环境保护、环境科学相关的业务管理部门提供决策参考。

前　言

稀土作为一类重要的资源，可广泛应用于军事、医疗、新材料等高科技领域。稀土元素在地壳中十分丰富，但是在世界范围内的分布极不均匀。我国稀土资源储量一直处于世界首位，美国地质调查局2018年数据显示，中国稀土储量的占有率达到世界稀土的33.84%。此外，美国、巴西、澳大利亚、印度等国稀土资源比较丰富。

中国稀土资源区别于世界上其他国家的最大特点是拥有富含轻、中、重稀土的风化壳淋积型稀土矿。我国的稀土资源集中分布地区有四川、江西、内蒙古、山东、福建、湖南、广东、广西等省区，总体上呈现出“南重北轻”的分布格局。其中，内蒙古白云鄂博主要出产轻稀土配分的氟碳铈矿，是以铁、稀土、铌等为主的特大型多金属共生矿床，属沉积变质—热液交代型矿床，矿石物质成分十分复杂。江西赣南地区则出产富含中重稀土矿，稀土元素主要呈离子吸附状态赋存于花岗岩风化壳内。受风化壳面型分布特点影响，离子型稀土赋存一般为面型分布，受地形、地貌影响较大。稀土矿在长期开采过程中向周围环境中释放大量废水、废气和废渣，并通过迁移、富集等作用进入植物体，造成污染。因此，为制定有效的修复方案，必须对环境和植物中稀土元素的浓度、空间分布、分布模式、污染水平和生态风险进行分析和评价，为稀土矿体的修复提供数据支持。

本书主要包含10章内容。第1章主要对我国典型稀土矿区的污染状况进行概述，包括分布特点、开发利用状况和环境污染现状。第2章根据采选冶炼工艺对矿区风险源进行识别和筛选，主要包括废气和废水中的生态风险因子。第3章主要对典型稀土矿区的污染物的环境行为及生态效应进行论述。由于稀土矿区无序开采，产业经营方式粗放、乱挖滥采现象严重，在浪费大量稀土资源的同时，使得大量污染物进入周围环境并发生迁移、累积、转化和扩散。本章主要从稀土元素、重金属和氟化物3种污染物着手，描述污染物的分布特征。第4章主要通过实地采样及模拟实验，研究赣南稀土矿区水稻土吸附稀土元素的过程及影响因素。主要针对矿区土壤对典型稀土元素的吸附平衡时间和最大吸附容量开展研究，并结合BP神经网络考察内部因素（磷）和外部因素（pH值、温度、离子强度）对稀土元素在土壤环境中的迁移、转化过程的影响。第5章详细探讨了稀土元素对大气环境、土壤环境、水环境的影响，并举例说明稀土矿区水污染综合治理和生态修复示范工程。第6章就矿区土壤和尾矿周围土壤中稀土元素污染特征和地球化学特征进行分析，并就稀土对土壤中磷的环境行为影响进行分析。第7章针对湖泊沉积物中稀土元素的地球化学特征和来源进行探讨。第8章就稀土矿区水污染状况、水污染综合治理技术、废水治理基础和水污染综合治理应用示范展开讨论。第9章讨论了稀土矿区生态环境破坏问题、主要生态修复技术和生态修复应用示范工程。第10章就我国典型稀土矿区的生态环境保护提出展望与分析。

为了更好地了解我国典型稀土矿区的污染状况和生态效应，课题组和其他专业人员精心编撰了本书，可供从事生态环境保护的工作人员、科研人员和研究生参阅，也可为生态环境保护、环境科学相关的业务管理部门提供决策参考。在此，特别对支持和关心本书的所有单位和个人以及为本书出版付出辛勤劳动的同仁们表示衷心的感谢。虽几经改稿，但书中错误和缺点在所难免，希望广大读者不吝赐教。

目　录

1 我国典型稀土矿区污染状况

1.1 我国稀土矿区分布特点

我国稀土资源丰富，分布广泛，类型齐全，成因复杂，现已成为世界最大的稀土生产国、稀土产品消费国和出口国。“十五”以来，稀土开发应用研究无论是在传统应用或高新技术应用领域，都不断取得重大技术突破，不仅带动了相关产业升级，而且还极大地刺激了新产业的出现。

我国稀土矿已开采利用的主要有：内蒙古包头白云鄂博矿，四川攀西地区的冕宁牦牛坪矿，南方七省离子吸附型矿，山东微山矿和广东、湖南独居石矿。这些稀土矿经过选矿生产稀土精矿，精矿中都含有天然放射性元素钍、铀称为伴生矿。我国科技人员针对稀土矿物资源特点，研究开发了一系列的采、选、冶炼分离提取技术，其中有的技术已达到国际先进或国际领先水平，但稀土采矿、选矿、冶炼生产过程中环保治理设施不完善，使用大量的酸碱、萃取剂等化工材料，任意排放大量的废气、废水、废渣等污染物，对大气、水源、土壤等周围环境造成严重污染，引起农田粮食减产、农作物受污染，导致居民健康受到危害和严重威胁。

白云鄂博矿区，简称白云矿区，地处蒙古高原南部，南距包头市城区149 km，东南距呼和浩特市城区212 km，北距中蒙边境95 km。白云鄂博矿区位于阴山之北的乌兰察布草原西北部，属内蒙古自治区包头市所辖。辖区面积328.64 km^2，城区面积近10 km^2，人口近3万人。白云鄂博矿区与包头市所辖的达茂旗相邻，东邻巴音敖包苏木，西南与新宝力格苏木环接，北连红旗牧场。南北最长32 km，东西最宽18 km。白云矿区矿产资源十分丰富，是中国最大的铁—氟—稀土综合矿床，含有丰富的铁、萤石和稀土。稀土矿和铌矿资源居全国之首，具有工业开采价值的还有石英、磷矿、铜矿、金矿，富钾板岩和石灰石矿等。白云鄂博矿区以白云鄂博铁矿和黑脑包铁矿为主，是包头钢铁集团和稀土生产原料的主要基地。截至2012年，已探明铁矿石储量约14亿t，铌储量660万t，稀土储量约1亿t。白云矿区蕴藏着占世界已探明总储量41%以上的稀土矿物及铁、铌、锰、磷、萤石等175种矿产资源，是享誉世界的“稀土之都”。经过50多年的发展，该区域成为包头市的工业重镇，在区域经济发展中有着重要地位。

1.2 我国稀土矿开发利用状况

1.2.1 包头混合稀土矿

1.2.1.1 矿产资源特征

白云鄂博矿区自西向东依次由西矿、主矿、高磁区、东矿、东介勒格勒、菠萝头（都拉哈拉）、东部接触带组成。矿区共发现有71种元素，170余种矿物，包括铁、稀土、铌、钍、萤石、钾、磷、硫和钪等，其中稀土资源储量居世界第一位，铌、钍居世界第二位。铁、稀土和铌3种矿物已有查明资源储量（表1-1），个别矿产仅有估计的资源量，许多矿产资源量尚属未知。

表1-1　白云鄂博矿区主要矿产资源

矿种	查明资源储量（万t）	消耗量（万t）	保有资源储量（万t）	品位（%）	主要工业指标
铁矿	58 031.87	2 320.25	34 831.62	33.98	边界品位TFe≥20%
稀土矿					
伴生	3 166.766 4	1 380.667 0	1 786.099 4	5.46	REO≥0.5%
共生	6 307.129 032	645.947 100	5 661.181 932	3.79	REO≥1.0%
铌矿					
伴生	122.525 2	39.351 5	83.173 7	0.16	Nb_2O_5≥0.05%
共生	4.736 9	2.559 2	2.177 7	0.26	Nb_2O_5≥0.05%

1.2.1.2 包头混合矿采选工艺

1）采矿工艺

主矿、东矿为露天开采，联合运输开拓，主矿采场矿岩采用汽车—采场外转载—铁路联合运输方式；东矿采场矿石采用汽车—采场外转载—铁路联合运输方式，岩石采用汽车—坑内破碎—胶带联合运输方式（图1-1）。

铁铌稀土矿石经穿孔、爆破、电铲装汽车，经转载台—铁路运输至矿石破碎地，其中铁矿石（含铁矿伴生铌稀土）经粗破碎后，经包白铁路运输至包钢钢铁（集团）有限责任公司（以下简称“包钢”）选矿厂选别。异体共生稀土白云岩等经胶带运输至堆置场分类堆存，废岩排至排土场。

白云主矿采场

白云东矿采场

图1-1 白云矿区采场

以2010年为例，铁矿石原矿产量1 272.67万t，其中氧化矿599.83万t，磁铁矿672.84万t。主矿773.15万t，东矿499.52万t，TFe32.77%，开采回采率≥98%，多年平均98.55%，损失率小于2%，贫化率1.54%。

在主、东矿开采过程中，为保护稀土资源，将采铁过程中剥离的岩石分白云岩和其他岩石两类分别堆存。主矿、东矿白云岩共堆置8 092.2万m^3。目前矿区共有5个堆置场，分别为北堆置场、东堆置场、南堆置场、西堆置场和中贫矿堆置场（表1-2，图1-2）。

表1-2 主东矿堆置场分布情况 单位：万m^3

堆置场名称	区段	岩性	体积
北堆置场	西区	板岩	193.1
	东区底层	白云岩	1 813.6
	东区二层	白云岩	650.8
东堆置场	—	板岩	1 167.8
南堆置场	北段	板岩	1 492.9
	南段	白云岩	3 083.0
西堆置场	东段	白云岩	2 554.8
	西段	板岩	1 840.1
中贫矿堆置场	—	中贫氧化矿	689.3

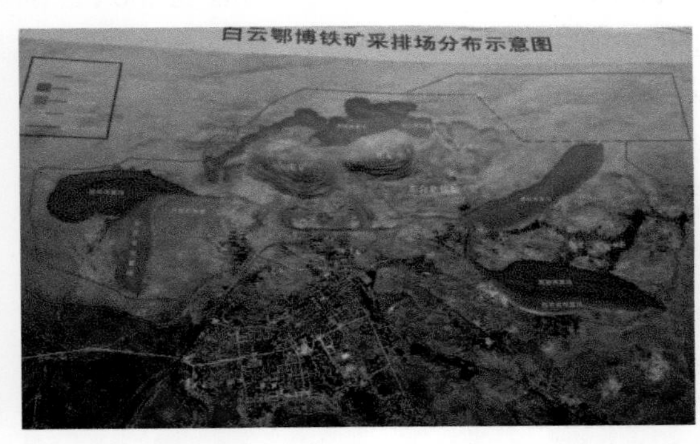

图1-2　白云岩排土场

2）选矿工艺

（1）选矿基本原理

选矿是利用组成矿石的各种矿物之间的物理化学性质的差异，采用不同的选别方法，借助不同的选矿设备，分离除去脉石矿物，将矿石中的稀土矿物及其他有用矿物富集起来的机械加工过程。

稀土矿选矿方法通常采用重力选矿、浮游选矿、磁力选矿等。

重选：广泛应用于矿物密度较大的稀有金属矿石的选别。重力选矿是在水或空气中进行的，它借助于矿物因重力和一种或多种其他力的作用而产生相对运动来分选不同密度的矿物。其他力系指一种黏滞流体，例如水或空气对运动的阻力。

浮选：目前，在工业上广泛使用泡沫浮选法。水悬浮液中的两种或两种以上的矿物中的某一种或某几种矿物黏附于气泡上而其他矿物留于矿浆中，然后将矿化气泡分离的过程称为泡沫浮选。浮选是利用各种矿物表面对水的不同润湿性，能被水润湿的称为亲水性矿物，不能被水润湿的称为疏水性矿物。可利用某些药剂与矿物表面发生作用而改变矿物表面为亲水性或疏水性。浮选时还需要同时导入空气使矿粒与气泡相遇，此时有用矿物便附着在气泡上而被带到液面，构成一层矿化泡沫层而被刮出。浮选法只能用于较细的矿粒，如矿粒太大，矿粒和气泡间的附着力就会小于颗粒重量而使其负载的矿粒脱落。只有矿物表面呈现某种程度的疏水性时这一现象才能发生，并使其形成稳定的泡沫，气泡才能继续支撑住矿粒。反之，气泡会破裂而使矿粒脱落。为此，在浮选过程中必须使用多种浮选药剂。

磁选：是利用矿物之间的磁性差异而使不同矿物分选的一种选矿方法。根据矿物被磁铁吸引或排斥分为抗磁性和顺磁性两类。抗磁性矿物不能用磁选法富集；只有顺磁性矿物才能用磁选法富集。

在磁选过程中，矿粒通过磁场时，同时受到两种力的作用，一种是磁力，另一种是机械力，包括重力、离心力、惯性力、摩擦力、分选介质阻力等。如作用于矿粒上的磁力大于机械力则成为磁性矿物。反之，则成为非磁性矿物。

（2）包头钢铁（集团）有限责任公司选矿工艺简介

从20世纪60年代开始，国家对白云鄂博矿区氧化铁矿石的铁、稀土、铌的选矿组织过多次科技攻关，曾详细研究过20多种选矿工艺流程。

1965年，选矿厂建成投产后曾试验过原矿磨细后，在弱碱性矿浆中反浮选，反浮选泡沫脱药，进行浮选萤石和稀土的分离，或将反浮选稀土泡沫用刻槽床面摇床进行重选的工艺流程试验（混合浮选—优先浮选、混合浮选—重选）。浮选稀土矿物所用的捕收剂为长碳链饱和或不饱和脂肪酸类，如氧化石蜡皂和油酸，浮选分离出萤石。稀土产品或重选精矿作为稀土精矿，试生产的稀土精矿品位只有15%，且回收率很低。

1970年，又试验了原矿石磨细后先经弱磁选，弱磁选尾矿在弱碱性矿浆中用氧化石蜡皂混合浮选、混合浮选粗精矿脱药后用氧化石蜡皂浮选回收稀土矿物的工艺流程：弱磁选—混合浮选—优先浮选。该流程只能获得品位为15%的稀土精矿。

1974年，进行了原矿石弱磁选后尾矿进行半优先半混合浮选的工艺研究，含REO15%的浮选泡沫经摇床重选（弱磁选—优先浮选脱萤石—混合浮选稀土泡沫—摇床重选），得到品位为30%的重选稀土精矿。

1979—1980年，捕收剂环烷基羟肟酸用于工业生产。使用该药剂能获得的稀土中含REO>60%，浮选作业回收率60%～65%。

1986年，新一代稀土捕收剂H205（芳基邻羟基羟肟酸$C_{10}H_6OHCOHNOH$）用于工业生产。H205浮选稀土矿物的选择性好，捕收能力强，可大幅提高稀土精矿品位及回收率。随着环烷基羟肟酸及H205相继应用后，包钢开始在工业上大规模生产品位>60%的稀土精矿。

1990—1991年，包钢选矿厂按弱磁选—强磁选—浮选工艺流程。改造选矿厂中贫氧化矿石生产的原工艺流程，强磁中矿作为浮选稀土的原料，浮选组合药剂为H205、H103，分散剂：水玻璃。稀土精矿品位50%～60%，平均55.62%，浮选作业回收率52.20%，稀土次精矿品位34.48%，浮选作业回收率20.55%，两个稀土精矿总的作业回收率为72.75%，较选矿工艺流程改造前的弱磁选—半优先半混合浮选—重选—浮选流程的稀土精矿回收率提高了4～6倍。

2010年包钢铁选矿厂的自产矿系列（1、2、4、5、6、7、8、9系列）选别白云鄂博主矿、东矿铁矿石，生产铁精矿469.35万t，TFe 63.5%～65%。选矿厂年生产综合铁精矿875万t（包括自产铁精矿和再磨再选精矿）。

包钢铁选矿厂现有8个生产系列，2个外购精矿再磨再选生产系列，采用3种选别工艺，1、2、4、5系列处理白云鄂博主、东矿中贫氧化矿矿石，其中5系列也可处理白云鄂博主东矿磁铁矿矿石，6、7、8、9系列处理白云鄂博主东矿磁铁矿矿石，3和10系列为外购铁精矿再磨再选系列。主矿、东矿氧化矿矿石的选矿工艺为：弱磁—强磁—反浮选—正浮选。白云鄂博主矿、东矿磁铁矿矿石选矿工艺为：弱磁—反浮选。

（3）主东矿氧化矿选矿工艺

以白云鄂博矿中贫氧化矿为选别原矿，采用弱磁—强磁—浮选联合流程得到稀土精矿的过程，浮选药剂组合是捕收剂为羟肟酸类复合药剂LF—P8；起泡剂为LF—Q6；调整剂为水玻璃。

选矿工艺流程为：连续磨矿—弱磁—强磁—反、正浮选。磨矿第一段为棒磨，第二、三段磨矿为球磨。弱磁选精矿反浮产品及强磁精矿经反、正浮的产品混合为最终铁精矿，浮选尾矿为最终尾矿，强磁中矿、尾矿送稀土高科选矿厂进行稀土选别及后续深加工。

主矿、东矿氧化矿入选品位平均为TFe 32.11%，铁回收率73.99%，氧化矿铁精矿产率36.03%，TFe 65.92%。强磁尾矿TFe 9.66%，REO7.8%和强中TFe 10.84%，REO 8.87%进入稀土高科选矿厂。

（4）主东矿磁铁矿选矿工艺

磁铁矿选矿包括破碎和磨选系统工艺流程。粗碎后的磁铁矿矿石入中碎。中碎排矿粒度0～75 mm入筛分，+20 mm筛上产品入细碎，−20 mm筛下产品与细碎排矿合在一起运至闭路破碎系统筛分间进行筛分，+13 mm筛上产品入闭路破碎间进行破碎，破碎排矿运至闭路破碎系统的筛分间进行筛分，形成闭路破碎流程。

磨选系列工艺流程。主矿、东矿选矿厂设计规模年处理磁铁矿800万t，选矿原工艺为连续磨矿—磁选—反浮选工艺。2009年1月，8、9系列改造为阶段磨矿—磁选—反浮选工艺，2011年，10月6、7系列改造为阶段磨矿—磁选—反浮选工艺。

（5）主矿、东矿氧化矿强磁中矿、尾矿的稀土选矿

包钢稀土可生产30%～60%各品级稀土精矿，年产稀土精矿25万t。

表1-3　稀土浮选药剂用量

选别名称	药剂名称	用量（g/t）	添加地点
稀土浮选	水玻璃	1 343	粗选、精Ⅰ
	H205	317	粗选、精Ⅰ
	H102	173	粗选

2010年，包钢稀土稀选厂（图1-3）共处理氧化矿选矿过程中强磁中矿、强磁尾矿和磁矿354.50万t，其中强磁中矿114.42万t，品位REO 8.69%，强磁尾矿156.44万t，品位REO 9.66%，弱磁尾矿83.65万t，品位REO 7.84%。稀土精矿产量26.5万t，稀土品位REO 50.53%，稀土选矿回收率39.76%。由于受国家指令性计划要求及市场需求等因素影响，90%的稀土大部分进入尾矿坝（含REO 7%），另一部分进入高炉渣（REO 2%）。

图1-3　包钢稀土稀选厂

经包钢选矿厂选出的强磁中矿、强磁尾矿作为稀土高科稀选厂的选矿原料，进行稀土选矿过程。稀土选别工艺为浮选—过滤，浮选采用一粗二精流程（图1-4）。

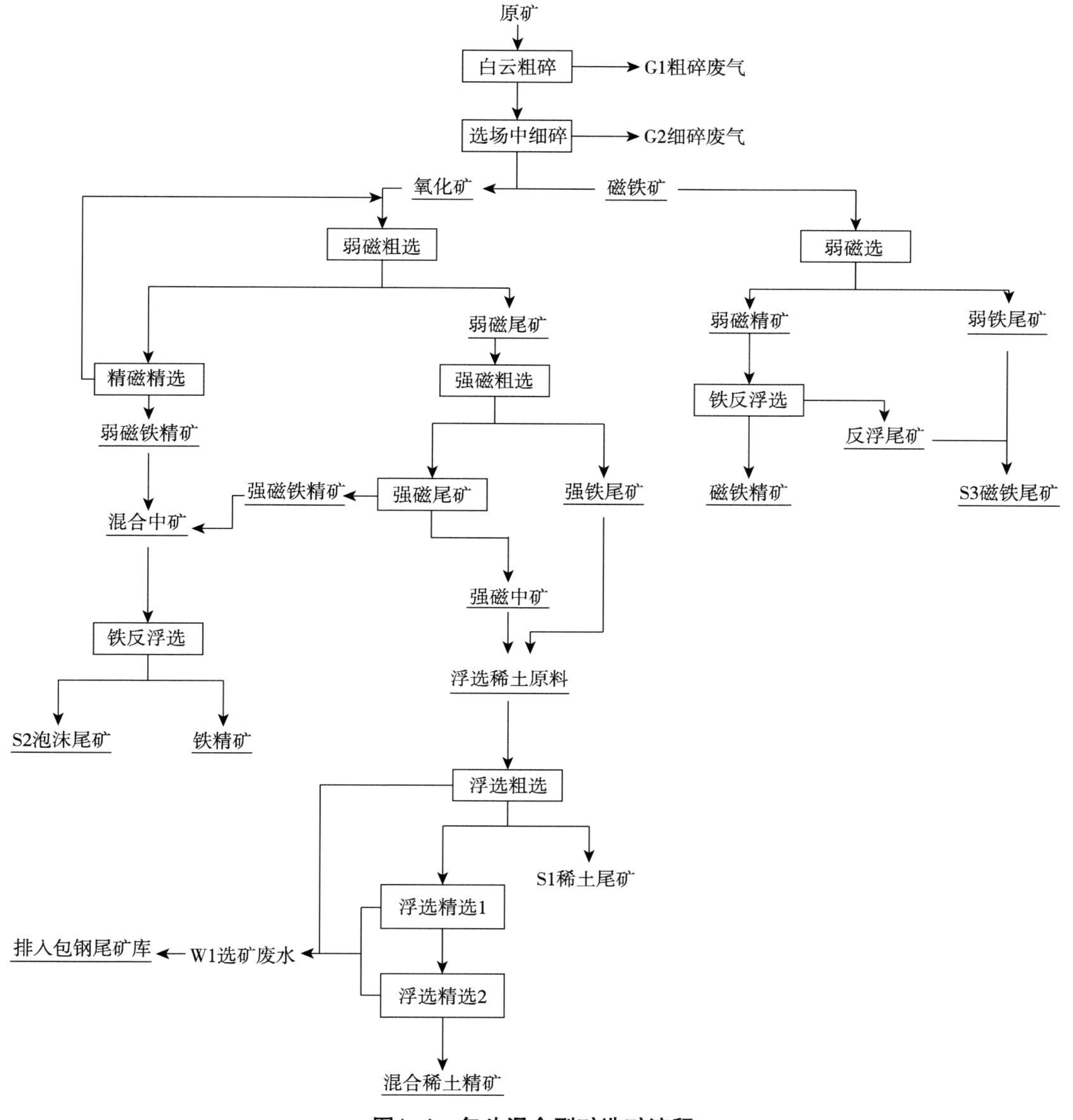

图1-4 包头混合型矿选矿流程

1.2.1.3 采选工艺产排污节点

综合分析，采选工艺中废气主要来源于矿石粗碎和选矿中细碎，均为物理加工过程，特征污染因子为TSP、Th；废水来源于选矿厂，含有少量浮选药剂和悬浮物，故特征污染因子为pH值、COD、NH_3-N、SS；固体废物主要为选矿过程中产生的尾矿，特征污染因子为Th。

1.2.1.4 采选工艺排放清单

1）采选工艺物料及元素平衡

包头混合矿选矿REO和Th平衡如图1-5和图1-6所示。

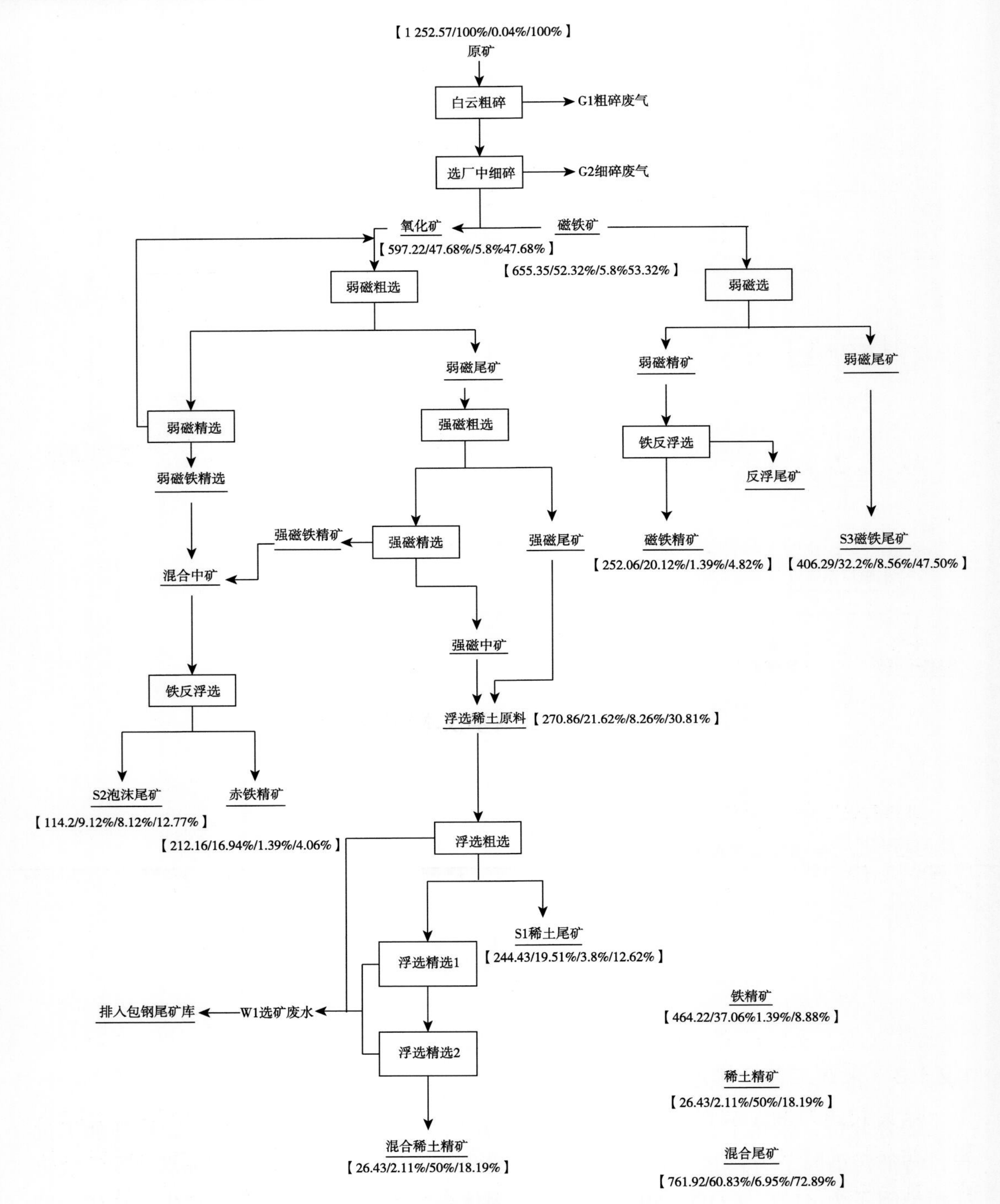

图1-5　包头混合矿选矿REO平衡

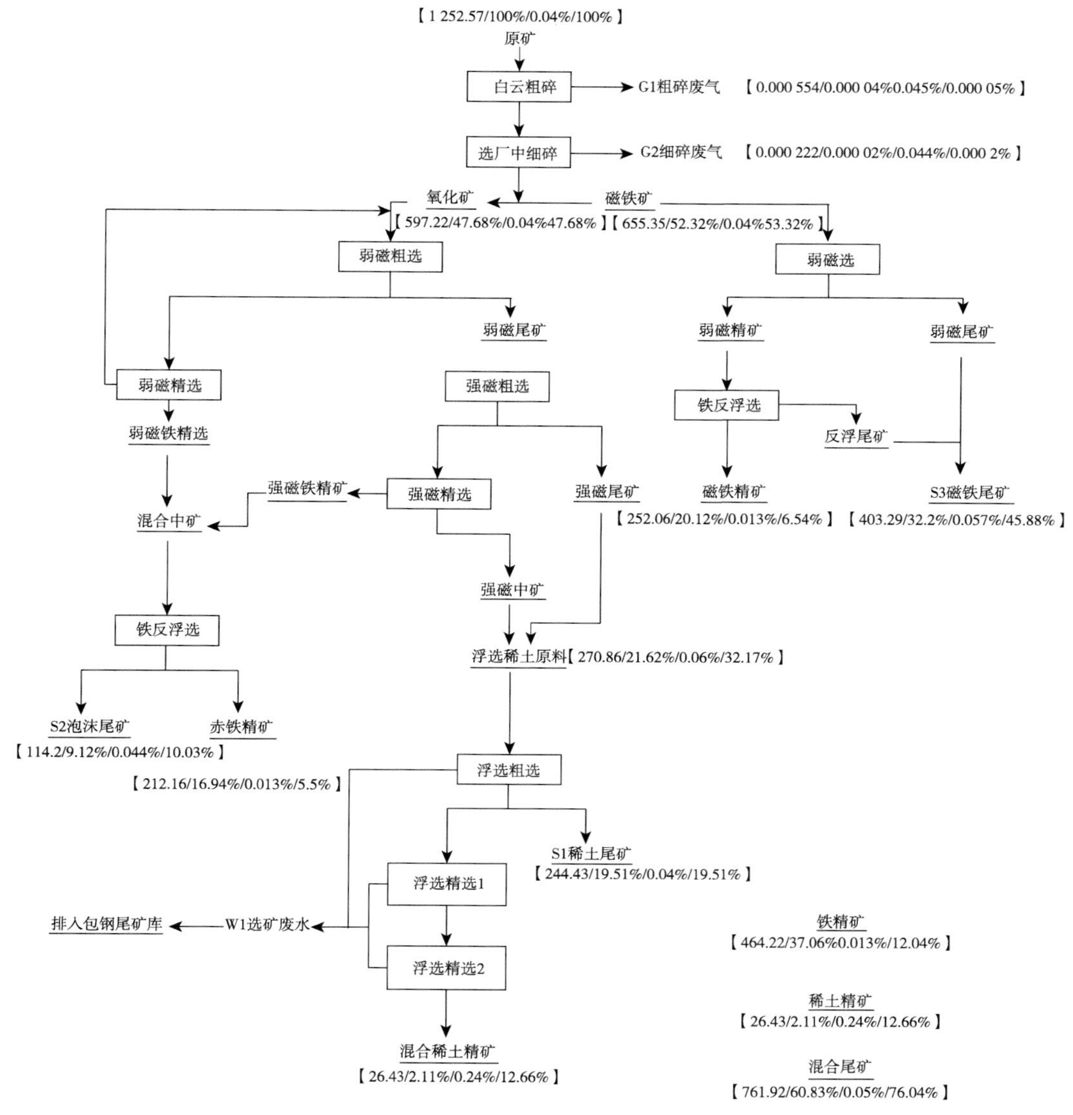

图1-6 包头混合矿选矿Th平衡

2）采选工艺污染治理措施

（1）废气

包钢破碎车间主要破碎两种矿石，一种为磁铁矿，需经过三段一闭路式破碎流程，当破碎后的磁铁矿满足粒度大于13 mm的粒级小于8%方可入选；另一种为氧化矿，直接两段开路破碎，没有粗碎直接中碎和细碎，当粒度满足同样要求时入选。

中碎选用PYB-2000型圆锥破碎机，细碎选用PYD-2200型圆锥破碎机。除尘设备采用高效布袋除尘器，除尘效率可达99%。

（2）废水

浓缩工序的废水是来矿在进行自然沉降后排出的浓缩溢流，为原料中自带的原水；在搅拌和粗选的过程中，该工序添加了捕收剂和水玻璃两种药剂，同时添加了部分回水；在经过了精选和过滤后，70%左右的水分与产品进行分离，和生产过程中产生的尾矿一起随包钢选矿厂总流程排入尾矿库（图1-7）。

图1-7　包钢尾矿库

（3）废渣

采选固体废物污染源主要是选矿后的尾矿，排入尾矿库循环使用，不排入外环境。

包钢尾矿库位于包头市的西南，距包钢厂区4 km，该尾矿库1965年8月投产，占地面积10 km^2，周长为11.5 km，地形北高南低，平均坡度4‰，经过坝体加高，坝体标高1 065 m，总库容达到2.5亿m^3，服务年限可至2025年。

目前，包钢选矿厂向尾矿库排入尾矿粉700万～800万t/a，已累计存储尾矿约1.8亿t，蓄水面积4.18 km^2，存水1 145万m^3，日循环量24万m^3。现尾矿坝体最低标高1 050.5 m，最低滩高的绝对标高1 049.4 m，水位标高1 047.25 m。

目前尾矿坝坝体长约11.5 km，其中9.43 km为筑坝，其他为尾矿粉筑坝；尾矿坝四周建有排渗明沟，以回收渗漏水和排洪使用。尾矿库靠近坝体的尾矿粉呈细沙状，且尾矿冲积滩裸露面积大，该地区又处于干旱多风地带，尾矿粉细粒随风迁移到库外，尾矿粉坝外侧有随风沙沉积的尾矿。

3）采选工艺排放清单

见表1-4至表1-8。

表1-4　废气排放清单

序号	废气种类	来源及特征	污染物	原矿处理量（万t/a）	废气产污系数m^3/t矿	数据来源	污染治理措施	烟气量（m^3/h）	粉尘（mg/m^3）	Th（mg/m^3）
G1	粗碎废气	铁矿石粗碎工序产生的废气	粉尘、Th	1 200	46	包头监测站2013监测（估算）	布袋收尘，收尘效率99%	69 625	10.05	0.004 5
G2	细碎废气	铁矿石细碎工序产生的废气	粉尘、Th	1 200	46	包头监测站2013监测	布袋收尘，收尘效率99%	70 000	40.01	0.018

表1-5 废水排放清单

序号	废水种类	来源及特征	污染物	稀土原矿处理量（万t/a）	产污系数（t废水/t稀土原矿）	数据来源	排放去向	废水量（m^3/a）
W1	选矿废水	选矿厂尾矿水	SS、COD、NH_3-N	270	1.9	稀选厂自查报告（2011.7），包头市监测站，编号SW-WTI-11087	直排包钢尾矿库，且从尾矿库取回水	5 093 363

表1-6 废水成分

废水成分（mg/L）									
pH值	COD	NH_3-N	SS	As	Pb	Cr	Cd	Zn	石油类
7.86	1 010	2 212	6 990	0.007 L	0.03 L	0.006	0.009 L	0.043	0.05

表1-7 废渣排放清单

序号	固废污染物及来源							
	固废种类	来源及特征	污染物	稀土原矿处理量（万t/a）	产污系数（t尾矿/t稀土原矿）	数据来源	排放去向	固废量（万t/a）
S1	稀土尾矿	混合稀土原矿浮选粗选产生的尾矿	Th	270	0.90	稀选厂自查报告、包头稀土院资料	直排包钢尾矿库	244
S2	泡沫尾矿	氧化矿铁反浮选产生的尾矿	Th	270	0.42	包头稀土矿调研资料		114
S3	磁铁尾矿	磁铁矿弱磁和反浮产生的混合尾矿	Th	270	1.49	包头稀土矿调研资料		403

表1-8 混合尾矿成分

混合尾矿成分（%）				
REO	Fe	Nb_2O_5	CaF_2	ThO_2
7	14.8	0.14	22.73	0.04

1.2.1.5 包头混合矿冶炼分离工艺

我国稀土工作者从20世纪70年代开始研究包头稀土精矿的冶炼分离工艺，开发了多种工艺流程，但在工业上应用的只有硫酸法和烧碱法。

（1）烧碱法分解稀土精矿

20世纪70年代末期，多家研究单位对烧碱分解包头稀土精矿进行了大量研究，并投入了工业生产。该工艺的优点是基本不产生废气污染，投资较小。但由于碱价高，用量大，运行成本高；钍分散在渣和废水中不易回收（酸溶渣总放比活度$2.3\times10^5\sim3\times10^5$ Bq/kg，超标2.5倍，含碱废水总放比活度4.6×10^5 Bq/kg，超标5.3倍）；含氟废水量大，难以回收处理；工艺不连续，难以实现大规模生产；对精矿品位要求高。目前，仅有10%的包头矿采用该工艺处理（在山东境内）。

该工艺主体流程为：稀盐酸洗钙—水洗—烧碱分解—水洗—盐酸优溶—混合氯化稀土溶液。

稀土精矿中钙含量较高，使用盐酸浸出含钙矿物，将其从稀土精矿中分离除去，脱钙工艺过程是用一定浓度的盐酸在90～95℃下进行的，基本化学反应方程式如下。

$$\text{方解石：}CaCO_3+2HCl=CaCl_2+H_2O+CO_2\uparrow$$

$$\text{磷灰石：}Ca_5F(PO_4)_3+10HCl=5CaCl_2+3H_3PO_4+HF$$

$$\text{萤石：}CaF_2+2HCl=CaCl_2+2HF$$

$$3REFCO_3+6HCl=2RECl_3+REF_3\downarrow+3H_2O+3CO_2\uparrow$$

$$RECl_3+3HF=REF_3\downarrow+3HCl$$

反应后固体为氟化稀土，常温常压下使用碱液将其转化为稀土氢氧化物。碱分解反应方程式如下。

$$3REFCO_3+9NaOH=3RE(OH)_3\downarrow+3NaF+3Na_2CO_3$$

$$REPO_4+3NaOH=RE(OH)_3\downarrow+Na_3PO_4$$

$$Th_3(PO_4)_4+12NaOH=3Th(OH)_3\downarrow+4Na_3PO_4$$

$$REF_3+3NaOH=RE(OH)_3\downarrow+3NaF$$

用盐酸溶解得到的稀土氢氧化物，碱分解工艺的最终产品为混合稀土氯化物。

$$RE(OH)_3+3HCl=RECl_3+3H_2O$$

（2）硫酸法分解稀土精矿

北京有色金属研究总院从20世纪70年代开始研究开发浓硫酸焙烧法冶炼包头混合型稀土精矿，相继开发了第一代、第二代、第三代硫酸法工艺技术，得到广泛应用并成为处理包头稀土精矿的主导工业生产技术。目前，90%的包头稀土精矿均采用硫酸法处理。

第一代硫酸法：1972年北京有色金属研究院采用回转窑浓硫酸焙烧法冶炼低品位包头稀土精矿（REO 20%～30%）生产氯化稀土（图1-8）。

浓硫酸低温焙烧—复盐沉淀—碱转型—水洗—盐酸优溶—混合氯化稀土。

200～280℃时，浓硫酸使精矿中的稀土、钍转变成易溶于水的硫酸盐。但对于稀土品位较低、铁等杂质含量高的精矿，水浸出分解产物时，浸出液中杂质含量较高。所以只能采用复盐沉淀法去除杂质才能得到合格的混合氯化稀土产品。反应方程式如下。

$$\text{氟碳铈矿：}2REFCO_3+3H_2SO_4=RE_2(SO_4)_3+2HF\uparrow+2CO_2\uparrow+2H_2O$$

独居石矿：$2REPO_4 + 3H_2SO_4 = RE_2(SO_4)_3 + 2H_3PO_4$

$Th_3(PO_4)_4 + 6H_2SO_4 = 3Th(SO_4)_2 + 4H_3PO_4$

副反应，萤石：$CaF_2 + H_2SO_4 = CaSO_4 + 2HF\uparrow$

铁矿物：$Fe_2O_3 + 3H_2SO_4 = Fe_2(SO_4)_3 + 3H_2O\uparrow$

石英：$SiO_2 + 4HF = SiF_4\uparrow + 2H_2O\uparrow$

图1-8 包头混合矿精矿分解回转窑

焙烧矿中的稀土以硫酸盐形式存在，常温下用冷水将其溶解成水溶液。

复盐沉淀工艺是在浸出液中加入沉淀剂Na_2SO_4，稀土生成硫酸钠复盐沉淀，而非稀土杂质大部分留在溶液中，从而达到稀土与非稀土杂质分离的目的。反应方程式如下。

$$RE_2(SO_4)_3 + 2NaCl + H_2SO_4 + 2H_2O = RE_2(SO_4)_3 \cdot Na_2SO_4 \cdot 2H_2O\downarrow + 2HCl$$

由于稀土硫酸钠复盐的溶解度随温度升高而降低，所以沉淀作业应在90℃以上进行。钍也能生成复盐$Th(SO_4)_2 \cdot 2Na_2SO_4 \cdot 6H_2O$，所以有部分钍也进入沉淀物中。

在加热条件下，NaOH溶液与稀土硫酸钠复盐反应生成稀土氢氧化物，反应方程式如下。

$$RE_2(SO_4)_3 \cdot Na_2SO_4 + 6NaOH = 2RE(OH)_3\downarrow + 4Na_2SO_4$$

$$Th(SO_4)_2 \cdot Na_2SO_4 + 4NaOH = Th(OH)_4\downarrow + 3Na_2SO_4$$

将碱转化产物$RE(OH)_3$用适量水调浆，再加盐酸溶解，最终得到氯化稀土溶液，反应方程式如下。

$$RE(OH)_3 + 3HCl = RECl_3 + 3H_2O$$

$$Th(OH)_4 + 4HCl = ThCl_4 + 4H_2O$$

第二代硫酸法：1979年研究成功了硫酸强化焙烧—萃取法生产氯化稀土的工艺。在包钢稀土三厂推广代替碳酸钠焙烧法生产氯化稀土，使稀土回收率由40%提高到70%。

浓硫酸高温焙烧—石灰中和除杂—环烷酸萃取转型—混合氯化稀土。

浓硫酸高温焙烧高品位稀土精矿，可以抑制某些杂质进入浸出液，300℃以下时，反应同一代硫酸法，300℃时磷酸脱水转变成焦磷酸，焦磷酸与硫酸钍作用生成难溶的焦磷酸钍，反应方程式如下。

$$2H_3PO_4 = H_4P_2O_7 + H_2O$$

$$Th(SO_4)_2 + H_4P_2O_7 = ThP_2O_7\downarrow + 2H_2SO_4$$

338℃时硫酸开始分解：$H_2SO_4 = SO_3\uparrow + H_2O\uparrow$

400℃时硫酸铁分解成盐基性硫酸铁，焦磷酸脱水，反应方程式如下。

$$Fe_2(SO_4)_3 = Fe_2O(SO_4)_2 + SO_3\uparrow$$

$$H_4P_2O_7 = 2HPO_3 + H_2O$$

650℃时盐基性硫酸铁继续分解：$Fe_2O(SO_4)_2 = Fe_2O_3 + 2SO_3\uparrow$

800℃以上时，稀土硫酸盐分解成碱式硫酸盐，反应方程式如下。

$$RE_2(SO_4)_3 = RE_2O(SO_4)_2 + SO_3\uparrow$$

$$RE_2O(SO_4)_2 = RE_2O_3 + 2SO_3\uparrow$$

焙烧产物中的稀土已转变成可溶性硫酸盐，水浸液中的酸度和杂质含量都较高，采用石灰中和浸出液中的酸并沉淀除去其中的杂质。

硫酸稀土溶液采用环烷酸萃取净化，并转型为氯化稀土溶液。

先用NH_4OH将萃取剂皂化，反应方程式如下。

$$(HA)_2 + NH_4OH = ANH_4\cdot HA + H_2O$$

萃取时，羧酸萃取剂的铵盐与RE_3^+发生交换反应，反应方程式如下。

$$6ANH_4\cdot HA + RE_2(SO_4)_3 = 2(REA_3\cdot 3HA) + 3(NH_4)_2SO_4$$

盐酸反萃稀土的反应方程式如下。

$$REA_3\cdot 3HA + 3HCl = 3(HA)_2 + RECl_3$$

第三代硫酸法：1985年推出了硫酸焙烧—P204萃取转型稀土工艺。

浓硫酸分解—水浸出—P204萃取转型—混合氯化稀土。

在300℃以下，精矿中的氟碳铈矿、独居石、萤石、铁矿石、二氧化硅等主要成分即可被硫酸分解，稀土转化为可溶性硫酸盐；以磷酸盐存在的钍也被分解为可溶性硫酸盐；随着温度的升高钍转变为难溶的焦磷酸钍。三代硫酸法的焙烧工艺同二代硫酸法，焙烧矿直接用自来水进行调浆，并在常温下进行搅拌浸出即可得到稀土硫酸盐溶液，目前工业上多采用方解石粉（$CaCO_3$）和氧化镁作中和剂。

用P204作萃取剂将硫酸溶液中的稀土全部萃入有机相，然后用盐酸反萃，即可将硫酸稀土溶液转化为氯化稀土溶液。在萃取过程中可从萃余液中排除钙、镁、铁等杂质，并通过控制反萃剂的浓度和流量得到高浓度的氯化稀土溶液。随后对得到的氯化稀土溶液进行分离或直接制成混合氯化稀土、碳酸稀土的产品。

1.2.1.6 稀土分离提纯工艺

从稀土精矿中提取出来的稀土绝大部分是由各稀土元素组成的混合物。基于各稀土元素的性质差别和用途的不同，通常要将它们彼此分离。中国稀土工业起步较晚，中华人民共和国成立前没有稀土工业，稀土产品全部依靠进口，直到20世纪50年代开始才逐步开展稀土元素分离的研究。

在20世纪50年代中期，离子交换色层法是分离混合稀土元素，制取单一稀土产品的主要方法。由于当时稀土精矿品位低，稀土精矿分解技术不完善，投入工业使用时间较短。随后此方法逐渐被生产周期短、生产效率高、成本低的溶剂萃取法所替代。但由于离子交换色层法具有能获得高纯单一稀土产品的突出特点，目前有时还被用于制取超高纯单一稀土产品以及分离除钇以外的重稀土元素生产中。

1960年，建立实验厂开始工业试验，采用离子交换法和半逆流萃取工艺试制单一稀土氧化物。生产出混合稀土氧化物、混合稀土金属和La、Ce、Pr、Nd、Sm 5种单一稀土氧化物。

1966年，开展了碳酸钠焙烧法分解稀土精矿，用P204萃取提铈和高温氯化的方法进行稀土分离，试验结束后包钢稀土三厂采用半工业实验的工艺生产氯化稀土。

1975年以后，随着羟肟酸浮选技术发展，生产出稀土品位在50%～60%的稀土精矿。随后使用二代硫酸法处理稀土精矿，用脂肪酸萃取法制得了高质量的氯化稀土。

1980年后稀土永磁体钕铁硼发展迅猛，氧化钕的用量大增，氧化铈、氧化铕市场也看好。使用从硫酸稀土溶液中直接用P204萃取分离单一稀土元素的新技术，即三代酸法。

1983年，P507-HCl体系萃取分离轻中稀土工艺投入生产，使用一种萃取剂在一种介质中延续萃取分离7种单一元素，萃取分离技术的发展和完善逐步进入国际先进水平。

由稀土精矿分解后所得到的混合稀土化合物中，分离提取出单一纯稀土元素，在化学工艺上是比较复杂和困难的，主要是由于镧系元素之间的物理性质和化学性质十分相似，在水溶液中都是稳定的三价态。稀土生产中采用的分离方法有：分步法（分级结晶法、分级沉淀法和氧化还原法）、离子交换法（萃淋树脂色层法）、溶剂萃取法。

（1）分级结晶法和分级沉淀法

利用化合物在溶剂中溶解的难易程度（溶解度）上的差别来进行分离和提纯的。分级结晶法主要操作步骤是将稀土盐类溶解在溶剂中，然后加热浓缩、冷却结晶。分级沉淀法主要操作步骤是在稀土溶液中加入沉淀剂如Na_2SO_4，稀土元素能与其形成复盐，$RE_2(SO_4)_2\cdot Na_2SO_4$。轻稀土（La-Nd）复盐不溶于水，中稀土（Sm-Gd）复盐微溶于水，而重稀土（Tb-Y-Lu）复盐溶于水，因此得到分离。

（2）氧化还原法

利用稀土化合物的不同价态性质差别进行分离的方法。主要应用于还原提铕工艺、氧化提铈工艺等。

（3）离子交换法

离子交换是指离子交换树脂中的交换基团与溶液中金属离子的多相化学反应。离子交换分离方法分为普通离子交换法和离子交换色层法两种。

普通离子交换法主要是利用被吸附离子与离子交换树脂间的亲和力的差异，进行欲分离离子与其他离子相互分离的一种分离方法。这种方法主要用于从稀土溶液中回收、净化、富集有价金属组分或除去溶液中的某些有害杂质。

离子交换色层法是利用被吸附离子与离子交换树脂间的亲和力的差异、被吸附离子与淋洗剂所生成的络合物稳定性差异和分离柱中延缓离子等的联合作用，使性质十分相近的有价组分离子进行分离和提纯的方法。离子交换色层分离时，被吸附离子与离子交换树脂间的亲和力的差异仅起次要作用，主要靠被吸附离子与淋洗剂所生成的络合物稳定性差异及分离柱中延缓离子等的联合作用。目前，离子交换色层法主要用于稀土元素的分离和分析化学及微量物质的分离。

（4）萃淋树脂色层法

萃淋树脂色层法是一种以吸附在惰性支持体上的萃取剂为固定相，无机盐类溶液或矿物酸作流动相，用以分离无机物质的新型分离技术。其实质是利用待分离元素在两相中分配系数的不同，当流动相流经固定相时，各元素在两相中多次反复进行分配，使分配系数仅有微小差异的元素得到有效的分离。

萃取淋洗树脂法，是离子交换法和溶剂萃取法相结合产生的一种分离方法。把稀土萃取剂如P507负载到固体载体上，然后用无机酸作为淋洗剂。

（5）溶剂萃取分离

利用每一个稀土元素在两种互不相容的液体之间的不同分配，可将混合稀土原料中的每一稀土元素逐一分离，这种分离的方法称之为稀土溶剂萃取分离方法。

溶剂萃取分离是指含有被分离物质的水溶液与互不相混溶的有机溶剂接触，借助于有机溶剂的萃取作用，使一种或几种组分进入有机溶剂，而另一些组分仍留在水溶液，从而达到分离的目的。稀土萃取过程绝大部分是在水溶液中进行的，所以将由水溶液组成的相称为水相，由有机溶剂（萃取剂与稀释剂）组成的相称为有机相。含有萃合物的有机相称为负载有机相，也称萃取液。反之，不含有萃合物的有机相称为空白有机相。

在稀土元素溶剂萃取分离工艺中，萃取过程的主要阶段包括萃取、洗涤和反萃取3个阶段。

萃取原理：P507：HL

萃取反应：$3HL + RE_3^{+} = REL_3 + 3H^{+}$

反萃取反应：$REL_3 + 3H^{+} = RE_3^{+} + 3HL$

皂化反应：$HL + NH_3 \cdot H_2O = NH_4L + H_2O$

皂化萃取反应：$3NH_4L + RE_3^{+} = REL_3 + NH_4^{+}$

1.2.1.7 冶炼分离工艺产排污节点

目前包头矿的主体工艺为浓硫酸高温焙烧法。使用浓硫酸焙烧分解，分解后的焙烧矿使用水浸出后，用氧化镁中和。液固分离后的水浸液可用P507萃取，使用盐酸反萃，得到氯化稀土的料液；也可以使用碳铵/碳酸钠沉淀制得混合碳酸稀土，再以盐酸溶解得到混合氯化稀土溶液。该溶液可浓缩结晶得到混合氯化稀土，也可使用P507萃取，分离得到单一的氯化稀土溶液，再通过碳沉、浓缩结晶等得到单一的碳酸稀土或氯化稀土，碳酸稀土灼烧后又可得到单一稀土氧化物。

综合分析，冶炼分离工艺中废气主要来源为稀土精矿焙烧分解中产生的焙烧烟气，废气特征污染因子为烟粉尘、F、硫酸雾、Th；废水来源主要为混酸浓缩处理尾水、碳铵沉淀废水、镁皂和钠皂化废水，废水特征污染因子为F、NH_3-N、全盐量、Th；固体废物主要来源为水浸渣和污水处理中和渣，特征污染因子为Th。

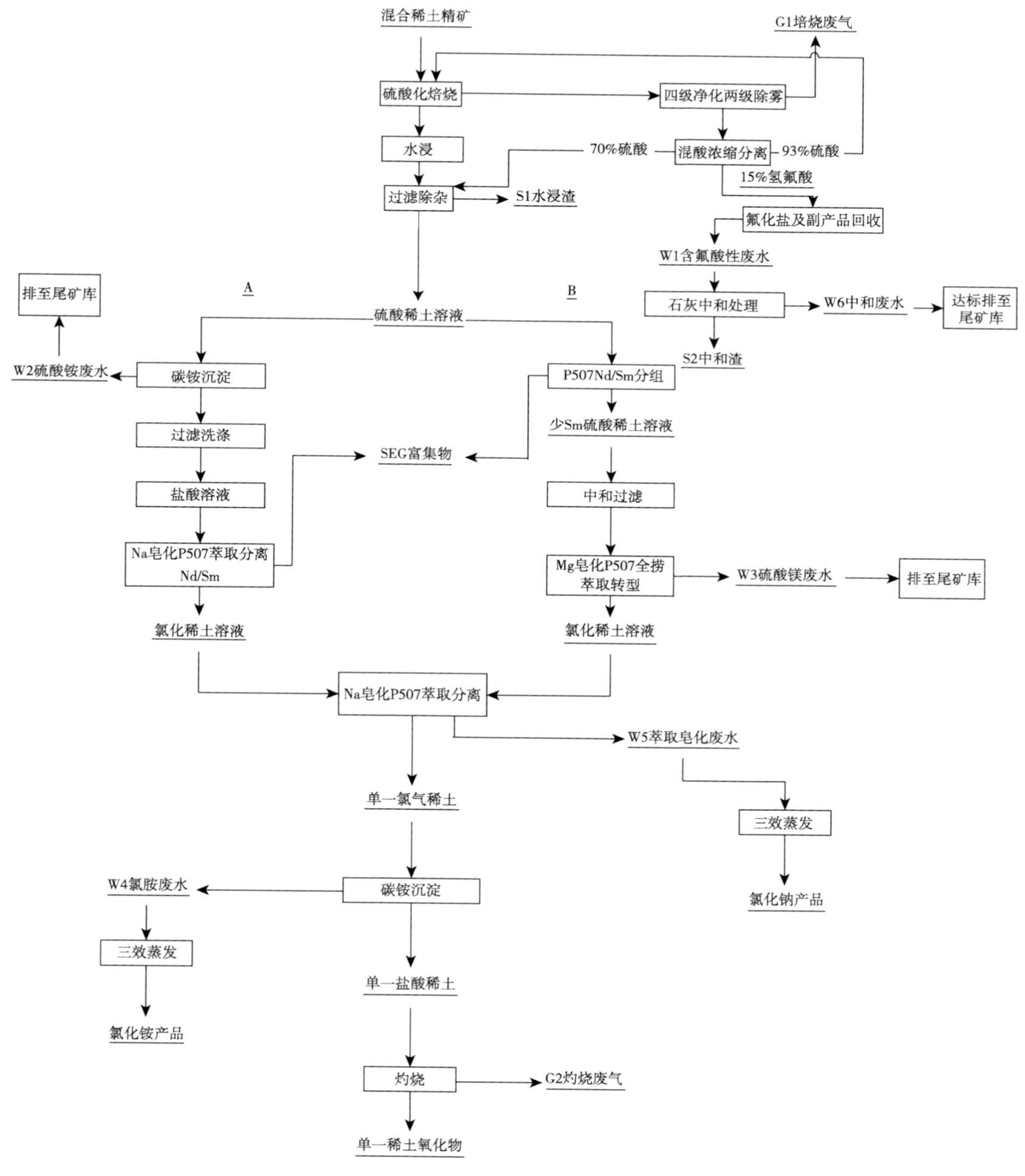

图1-9　包头混合矿冶炼流程

1.2.1.8 冶炼分离工艺排放清单及污染治理措施

（1）废气

稀土冶炼分离过程中产生的废气主要为精矿焙烧尾气、碳酸稀土灼烧氧化物废气以及工艺生产过程中有机、酸碱等挥发性气体。其中精矿焙烧尾气经过冷激器—混冷塔—多级喷淋后，水相经过蒸发器回收硫酸和氢氟酸，气相排入大气中（图1-10，图1-11）。

包头稀土华美喷淋塔

包头稀土华美电除雾器

包头华美焙烧窑烟囱

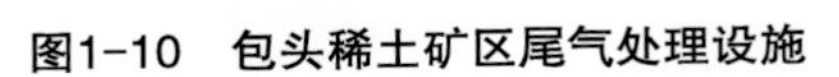

图1-10 包头稀土矿区尾气处理设施

图1-11 包头华美辊道窑

精矿焙烧尾气：该尾气来源于稀土精矿浓硫酸高温焙烧工序，该废气主要含有硫酸雾、二氧化硫、氢氟酸、氟硅酸。目前采用的治理措施主要为多级喷淋。经过多级喷淋，废气中的硫酸雾、氢氟酸、氟硅酸进入水相中，达到一定浓度以后采用蒸馏塔蒸馏分离硫酸和氢氟酸。得到的硫酸可以回收用到工艺中，氢氟酸再经过氟盐生产工序，以氟化物的形式回收下来作为产品出售。此时尾气中还有二氧化硫，经过脱硫装置后，尾气作为合格气体排入大气中去（表1-9，表1-10）。

表1-9　废气排放清单

序号	废气种类	来源及特征	污染物	处理量（t精矿/a）	产污系数（m^3废气/t精矿）	数据来源	污染治理措施
G1	焙烧废气	稀土焙烧回转窑内产生，废气排放量大，成分复杂	硫酸雾、二氧化硫、氮氧化物、氟化物、烟尘	100 000	7 920	包头监测站2012年检测	酸综合回收利用技术
G2	灼烧废气	稀土草酸盐或碳酸盐灼烧窑产生（形式分辊道窑和隧道窑）	二氧化硫、氮氧化物、烟尘	3 855	81 265	包头监测站2013年检测（浓度修正）	多管旋风除尘工艺

表1-10　废气污染物种类

单位：mg/m^3

序号	废气种类	SO_2	烟尘	NOx	氟化物	硫酸雾
G1	焙烧废气（1）	380	45	130	4	30
	焙烧废气（2）	67	9.43	34	20.01	42.11
G2	灼烧废气	102	36.32	25		

碳酸稀土灼烧尾气：该尾气来源于碳酸稀土灼烧工序，该尾气主要含二氧化碳和水。目前该尾气经过换热回收热量后，直接排入大气。

（2）废水

稀土冶炼过程产生的废水主要为：全捞转型过程中产生的镁皂废水、分离萃取过程中的皂化废水以及碳沉过程中产生的碳沉废水。全捞转型废水主要含有硫酸镁，分离萃取皂化废水通常是氯化镁或氯化钠。此类废水目前经过中和后直接排放。碳沉废水主要是氯化铵废水，此类废水经过多效蒸发浓缩可得到氯化铵产品和蒸馏水，蒸馏水可以回收用到萃取工艺中去（表1-11，表1-12）。

表1-11　废水污染物及来源

序号	废水种类	来源及特征	污染物	处理量（t精矿/a）	产污系数（t废水/t精矿）	数据来源	污染治理措施
W1	含氟酸性废水	回转窑尾气综合回收产生的酸性废水	SO_4^{2-}、F^-、COD	100 000	2.7	包头稀土院2012年检测	石灰中和
W2	硫酸铵废水	硫酸稀土溶液采用碳酸氢铵沉淀过程中产生，氨氮浓度低、杂质含量高	NH_3-N、COD	66 666	17.0	包头稀土院2012年检测	直排

（续表）

序号	废水种类	来源及特征	污染物	处理量（t精矿/a）	产污系数（t废水/t精矿）	数据来源	污染治理措施
W3	硫酸镁废水	硫酸稀土溶液萃取转型过程产生的萃余液废水	硫酸镁	33 333	13.8	包头稀土院2012年检测	直排
W4	氯铵废水	氯化稀土溶液碳铵沉淀稀土过程中产生的氨氮废水	NH_3-N、COD、磷	100 000	0.46	—	多效蒸发，水回用，盐外售
W5	萃取皂化废水	萃取剂P507采用氢氧化钠或氧化镁皂化产生的废水	$MgCl_2$、NaCl	100 000	5.0	—	多效蒸发，水回用，盐外售
W6	中和废水	酸性废水经石灰中和后的外排水	含盐量高、SS	100 000	2.7	包头稀土院2012年检测	终端排口，排入尾矿库

表1-12　废水污染物种类

序号	废水种类	REO（g/L）	Pb（mg/L）	Zn（mg/L）	U（mg/L）	Th（mg/L）	SO_4^{2-}（g/L）	Cl^-（g/L）
W1	含氟酸性废水	0.50	0.49	0.25	<0.10	1.03	77.81	—
W2	硫酸铵废水	<0.50	<0.10	11.12	<0.10	0.25	35.78	—
W3	硫酸镁废水	<0.50	<0.10	<0.10	<0.10	<0.10	35.80	4.89
W4	氯铵废水	—						
W5	萃取皂化废水	—						
W6	中和废水	<0.50	<0.10	<0.10	<0.10	0.14	4.91	0.62

序号	废水种类	Ba（mg/L）	F（g/L）	Si（g/L）	Al（g/L）	P（g/L）	K（mg/L）	Mn（mg/L）
W1	含氟酸性废水	0.58	20.23	0.015	0.05	0.002 1	2.65	1.84
W2	硫酸铵废水	0.41	0.009 1	0.014	<0.050	<0.001 0	18	77.9
W3	硫酸镁废水	<0.10	0.016	0.054	<0.050	0.004 5	20	100
W4	氯铵废水							
W5	萃取皂化废水							
W6	中和废水	0.10	0.16	0.061	<0.050	<0.001 0	5	3.06

（续表）

序号	废水种类	Ca（g/L）	Mg（g/L）	Fe（g/L）	Na（g/L）	SS（mg/L）	COD（mg/L）	NH_4^+（g/L）
W1	含氟酸性废水	0.14	0.05	25.5	0.18	20	544	0.099
W2	硫酸铵废水	0.48	3.3	<0.5	0.2	33	389	12.97
W3	硫酸镁废水	0.63	10.5	<0.050	0.31	<20.0		
W4	氯铵废水							
W5	萃取皂化废水							
W6	中和废水	0.51	11.02	<0.050	0.5	87		

全捞转型废水：精矿焙烧后水浸液用P507或P204萃取稀土，留下的废水称为全捞转型废水，该废水的主要污染物为硫酸镁。该废水目前中和后直接排放至尾矿坝。若治理，目前成熟工艺有氧化钙中和法，氧化钙加入硫酸镁废水中会形成硫酸钙沉淀和氢氧化镁沉淀，达到脱盐目的，过滤得到的水可以回用于水浸。

萃取皂化废水：稀土分离过程中常用的萃取剂P507需经过皂化处理。常用的皂化剂为氢氧化钠，部分企业采用氧化镁皂化，皂化后的有机相与氯化稀土料液接触，生成氯化钠或氯化镁的废水。目前该废水排放至尾矿坝。处理措施，可采用蒸馏的方式回收废水中的盐类，得到的蒸馏水可回用到工艺中。

碳沉废水：精矿焙烧水浸液用碳酸氢铵沉淀，可得到混合碳酸稀土。产生的废水主要含有硫酸铵。此类废水可采用多效蒸发的方式得到硫铵产品及蒸馏水，蒸馏水可回用到工艺中去。单一氯化稀土溶液用碳酸氢铵沉淀为碳酸稀土，该过程中会产生大量氯化铵废水。目前低浓度的氯化铵废水可直接回用于配碳铵，高浓度的氯化铵废水采用多效蒸发的方式得到氯化铵产品和冷凝水。氯化铵外售，冷凝水可以直接回用至工艺中去。

（3）废渣

稀土冶炼过程中产生的废渣主要为：精矿浓硫酸焙烧—水浸过程中产生的放射性水浸渣，以及废水中和排放过程中的产生的中和渣。水浸渣存放在内蒙古包头放射性废物库。中和渣主要成分为氟化钙和硫酸钙，对环境无危害，可以作为建筑材料填埋处理（表1-13）。

表1-13 废渣污染物种类

序号	固废种类	来源及特征	污染物	处理量（万t精矿/a）	产污系数（t渣/t精矿）	数据来源	污染治理措施
S1	水浸渣	焙烧后的稀土精矿经水浸后的不溶渣，低放废物	Th、pH、S	10	0.5	包头稀土院2012年检测	放射性渣库堆存
S2	中和渣	含氟酸性废水经石灰中和后的残渣，盐分较高	—	10	0.27	包头稀土院2012年检测	作为建材外售

（续表）

序号	固废种类（%）	REO	SO_4^{2-}	Cl^-	S	Pb	Zn	U	Th
S1	水浸渣	5.18	—	—	8.3	0.31	0.013	<0.001	0.230
S2	中和渣	7.34	1.62	1.05	—	0.003 1	0.012	<0.001	<0.001
序号	固废种类（%）	Nb	Ba	F	Si	Al	P	K	Mn
S1	水浸渣	0.094	2.03	0.1	0.81	0.26	3.34	0.026	0.091
S2	中和渣	0.005 8	0.01	0.5	1.44	<0.10	0.086	0.012	0.42
序号	固废种类（%）	Ca	Mg	Fe	Na	As	Cd	Cr	
S1	水浸渣	10.16	1.21	9.8	0.16	0.007 5	<0.001	0.013	
S2	中和渣	0.58	28.8	0.62	0.021	—	—	—	

水浸渣：稀土精矿浓硫酸焙烧后，水浸焙烧矿，经板框过滤，所得到的渣为水浸渣。该渣中含有不溶的硫酸钡、硫酸钙、磷酸铁、焦磷酸钍等物质，该渣具有放射性，目前存放于包头放射性废物库。

内蒙古包头放射性废物库是全国第一批经国家环保局规划，内蒙古自治区住房和城乡建设厅与包头市人民政府批准建设的城市放射性废物库，1985年建设，1986年投入运行。该库是全国唯一具有储存废放射源、放射性废弃物和稀土放射性废渣功能的放射性废物库。该放射性废物库的扩建工程于2009年投入使用，预计服务期30年。内蒙古包头放射性废物库库区占地面积28.2万m^2，稀土废渣库库容为22万m^3。放废库由稀土废渣东库区、西库区和废放射源库（管理区）三部分组成。废物库到2008年实际使用22年，共储存稀土放射性废渣43.57万t。库址北靠乌拉山，南临河套平原，位于山前的阶地上，主要用于储藏放射性水平较高的稀土废渣。废渣埋藏区位于囫囵沟的东西两侧台地上，相对比高17～20 m，上层为1.6～2 m的轻亚松土，下面为数十米厚的砂砾石层，废渣被处置在砂砾石层中，用二次合金渣（遇水后性质同水泥）进行底部防渗透处理。废渣为稀土生产产生的水浸渣（总α比活度为$0.9\times10^5\sim4\times10^5$ Bq/kg，总β比活度为1.4×10^4 Bq/kg）。

1.2.1.9 包头钢铁厂生产工艺及相关污染物排放清单

包钢始建于1954年，经过近60年的建设和发展，现已形成了由采矿、选矿、烧结、焦耐、冶炼、轧钢、稀土、动力能源及公用辅助设施和建筑施工等组成的综合生产和建设体系。特别是经过“十一五”规划实施技术改造，包钢钢铁产业目前具有年产$1\,000\times10^4$ t钢的综合产能，形成了板、管、轨、线（棒）四大系列钢铁产品生产线。主要钢材产品包括：钢轨、大型材和优质棒材、螺纹钢、线材、中厚板、热轧板卷、冷轧板卷和热镀锌板卷、无缝钢管和焊管等50多个品种、6 600多个规格，是我国重要的钢轨生产基地和无缝管生产基地（表1-14）。2011年，包钢生产生铁976.43×10^4 t、粗钢$1\,030.67\times10^4$ t、钢坯$1\,020.11\times10^4$ t、商品钢材963.17×10^4 t，包钢冶炼厂废气排放总量、废水排放总量、废渣排放总量、废气特征污染物、废气特征污染物排放状况和固体废物特征污染物见表1-15至表1-20。

表1-14　包钢主要生产厂组成及生产规模（与Th排放相关部分）

序号	分厂名称	主体生产设施或生产线	设计生产规模（10^4 t/a）		2011年产品及产量（10^4 t/a）	
			产品	产量	产品	产量
1	选矿厂	8个自产矿生产系列	原矿，铁精矿	1 200，450	铁精矿	459.14
		1个外购矿处理系列（包括2套铁精矿再磨再选系统）	铁精矿	425	铁精矿	275.83
2	焦化厂	65孔4.3 m焦炉4座，50孔6 m焦炉6座	焦炭	472	焦炭	449.88
		3套125 t/h干法熄焦配3台70 t/h、3.82 MPa干熄焦锅炉和3座15 000 kW凝汽式汽轮发电机组	干熄焦	300	干熄焦	269.61
		洗煤车间1个	洗精煤	150	洗精煤	81.87
		焦油加工车间	处理焦油	15	处理焦油	15.82
3	炼铁厂（含烧结和球团）	一烧：210 m^2烧结机2台；二烧：90 m^2烧结机2台；三烧：265 m^2烧结机1台；四烧：265 m^2烧结机2台	烧结矿	1 399	烧结矿	1 264.58
		球团：162 m^2焙烧机1台；8 m^2竖炉4座	球团矿	260	球团矿	298.73
		2 200 m^3高炉3座，1 800 m^3高炉1座，1 500 m^3高炉1座，2 500 m^3高炉1座	生铁	954.8	生铁	976.43

表1-15　包钢冶炼厂废气排放总量　　单位：t/a

指标	污染物项目								
	烟尘	粉尘	SO_2	NOx	氟化物	BaP	H_2S	NH_3	苯
现状排放量	15 210.45	21 905.05	50 927.85	18 503.17	928.30	1.50	5.18	37.34	0.55

表1-16　包钢冶炼厂废水排放总量　　单位：t/a

指标	污染物项目					
	废水排放量	SS	COD	油	氨氮	BOD_5
现状排放量	2 065.91	506.15	695.80	0.93	197.50	154.94

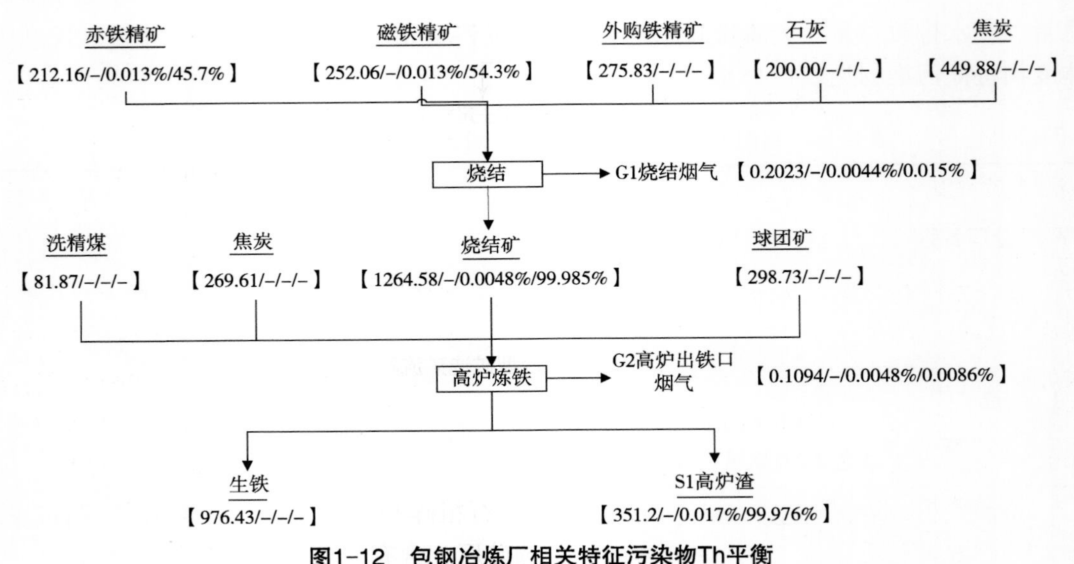

图1-12　包钢冶炼厂相关特征污染物Th平衡

表1-17　包钢冶炼厂废渣排放总量

单位：$\times 10^4$t/a

指标	污染物项目									
	尾矿	高炉渣	钢渣	氧化铁皮	转炉尘泥	粉煤灰、炉渣	脱硫渣	危险废物	其他废物	合计
现状排放量	497.29	351.20	132.31	71.87	16.50	5.67	6.50	10.54	128.94	1 220.82

表1-18　包钢冶炼厂废气特征污染物

序号	废气种类	来源及特征	污染物	处理量	产污系数（m^3废气/t）	数据来源	污染治理措施
G1	烧结烟气	铁精矿烧结机废气排放量大，成分复杂	二氧化硫、氮氧化物、氟化物、烟尘	1 264.58万t烧结矿/a	3 200	中冶东方环评报告	多电场电除尘器净化，进入脱硫塔脱硫、脱氟，再经SCR脱硝装置脱硝
G2	高炉出铁口烟气	高炉出铁口出铁时散发	烟尘	976.43万t生铁/a	6 100	中冶东方环评报告	袋式除尘器净化

表1-19　包钢冶炼厂废气特征污染物排放状况

序号	废气种类	SO_2	烟尘	NO_x	氟化物
G1	烧结烟气	200	50	300	4
G2	高炉出铁口烟气	—	18	—	

表1-20 包钢冶炼厂固体废物特征污染物

序号	固废种类	来源及特征	污染物	处理量（万t生铁/a）	产污系数（t渣/t生铁）	数据来源	污染治理措施
S1	高炉渣	高炉熔炼后经水淬的炉渣	Th	976.43	0.36	中冶东方环评报告	高炉渣堆场堆存

包钢高炉渣放射性水平较高，截至2011年累计堆存量近5 700万t，占地1.27 km^2，坝高20～30 m，渣场已投入使用40年。1996年以后，由于铁矿实行精料方针，而且加大外购矿入炉配比，高炉渣放射性水平较1996年之前有较大幅度降低。1996年之前高炉渣中的钍含量为0.024%～0.092%，1997—2004年高炉渣钍含量为0.017%～0.025%，2005—2008年高炉渣钍含量为0.013%～0.016%。1996年以后的新高炉渣约2 500万t。

1.2.1.10 包头混合稀土矿特征污染物分配分析

通过对包头混合稀土矿采矿、选矿、稀土冶炼、钢铁冶炼（相关部分）工艺的系统分析，考察特征污染物Th的走向及分布。

白云鄂博混合稀土矿原矿年产量1 252万t，按矿石中钍平均品位0.04%计算，共计含钍量5 008 t/a。

白云矿开采剥离后，经粗碎和选厂细碎，产生含有放射性物质的粉尘。其中白云破碎粉尘年排放量5.54 t，含钍量2.49 kg/a；选厂细碎车间破碎粉尘年排放量22 t，含钍量9.68 kg/a。

经包钢选厂及稀选厂精选后，放射性核素钍富集于稀土精矿、铁精矿和尾矿。其中稀土精矿26.43万t/a，含钍量634.32 t/a，占总钍量的12.67%；铁精矿464万t/a，含钍量603.2 t/a，占总钍量的12.04%；尾矿761.93万t/a，含钍量3 770.67 t/a，占总钍量的75.29%。

自产铁精矿与外购铁精矿混合后进入包钢钢铁厂冶炼，通过烧结和高炉冶炼两个工序，放射性核素钍主要富集于高炉渣，高炉渣351.2万t/a，含钍量603.01 t/a，占总钍量的12.04%。在此过程中，产生烧结烟尘2 023 t/a，含钍量89.01 kg/a；产生高炉出铁口烟尘1 094 t，含钍量52.51 kg/a。

稀土精矿26.43万t/a，其中15.1万t/a精矿外送到甘肃903厂及其他地区进行冶炼分离，另外11.33万t/a精矿供包头本市的华美、红天宇、金蒙三家稀土冶炼企业采用酸法工艺生产稀土氧化物。

稀土精矿经高温焙烧及水浸后，放射性核素钍主要富集于水浸渣及中和渣，水浸渣6.46万t/a，含钍量264.78 t/a，占总钍量的5.3%；中和渣1.25万t/a，含钍量6.11 t/a，占总钍量的0.1%。其余微量的钍主要分布于焙烧烟尘及废水中，含钍量分别为317.24 kg/a和713.79 kg/a。

综上所述，原矿中带入的放射性核素钍除随部分稀土精矿输送到外省（约7%），其余主要分布于选矿尾矿（约75%）、高炉渣（约12%）、水浸渣（约5.3%）及中和渣（约0.1%）4种固体废物中，以及微量分布于各类烟粉尘中和废水中。

在包头市域范围来看，包头钢铁采选及冶炼对钍排放的贡献占比67.81%，而稀土选矿及冶炼分离对钍排放的贡献占比24.95%，外部性输出贡献占比7.24%。

由表1-21可知，稀土冶炼厂排放的相关特征污染物中废水里NH_3-N在该地区贡献较大，废水中COD贡献占比为16.42%；工业废气排放中氟化物的贡献占17%左右，而包头钢铁厂氟化物贡献占83%，烟尘和二氧化硫对地区贡献仅分别占1.04%和3.34%。

表1-21　包头地区稀土开发相关污染物排放量及稀土冶炼占比

序号	项目	包钢冶炼厂排放量	包钢选矿厂排放量	包头地区稀土冶炼排放量	地区相关总排放量	稀土冶炼占比（%）
1	工业废水量（万t）	2 066	576	442	3 084	14.33
	COD（t）	696	1 172	367	2 235	16.42
	NH_3-N（t）	198		407	605	67.27
2	工业废气量（万m^3）	88 653 000		896 410	89 549 410	1.00
	烟尘（t）	37 115		390	37 505	1.04
	二氧化硫（t）	50 928		1 760	52 688	3.34
	F（t）	928		190	1 118	16.99

1.2.2　赣州离子吸附型稀土矿

1.2.2.1　稀土矿资源特征

1）矿床地质

该区均为离子型稀土资源，稀土元素主要呈离子吸附状态赋存于花岗岩风化壳内，受风化壳面型分布特点影响，离子型稀土赋存一般为面型分布，受地形、地貌影响较大。

龙南足洞矿区范围内地貌属低山丘陵地形，地形东高西低，沟谷纵横发育。海拔标高一般在300～400 m，最大标高为530.7 m，相对高差多在50～200 m。由于风化堆积作用大于剥蚀作用，造成山形多呈不规则的浑圆状或馒头状外貌，保存了比较完整的风化壳；定南岭北矿区范围也属低山丘陵地貌，地势相对东南高、西北低，沟谷发育，海拔标高一般在390～600 m，相对高差50～150 m。

矿区风化壳在垂直剖面上其岩性、结构构造、物质成分存在明显的分带性，自上而下划分为：表土层、全风化层、半风化层。

表土层：又可进一步划分为腐殖层、黏土层、黏土化层3个亚层。一般厚0.5～2.4 m。上部缺失或有很薄的腐殖土，腐殖土呈灰黑色、灰绿色，结构松散，见有植物根系，由亚黏土、亚砂土及腐殖质组成；岭北矿区厚一般0～0.3 m，足洞矿区厚一般为0～0.4 m，其稀土含量甚低。腐殖土以下为黏土层，大木本植物根系可达此层，颜色多呈土黄色、红褐色，由上而下颜色变浅，铁质减少；该层含黏土成分高，石英颗粒较稀散，黏性高，固结性较好；岭北矿区本层厚度0.5 ~ 1.5 m，足洞矿区黏土层厚0.4 ~ 2.0 m，一般稀土含量较低。表土层的厚度变化一般是从山脊、山腰往山脚变厚。

图1-13 离子型稀土矿块剖面

全风层：全风化层厚度相差不大，一般随矿化岩体地貌类型及微地貌部位属性不同而差别较大，一般1 ~ 20 m，呈灰白色、土黄色、黄褐色、砖红色等杂色，结构松散，主要成分为高岭石、石英、水云母；成岩矿物多已解体，长石被风化为高岭土，呈土状产出，手搓具滑感，部分残留长石自形、半自形板状、柱状形态；黑云母多析出铁质，部分已蚀变为白云母片，但足洞矿区石英颗粒一般比岭北矿区的粗。微裂隙甚为发育，裂隙中往往被黏土矿物充填。该层具有在山头、山腰厚度大，山脚薄的特点。岭北矿区稀土品位一般变化在0.004% ~ 0.154%，足洞矿区稀土品位一般变化在0.007% ~ 0.103%；全风化层是离子吸附型稀土矿床的主要赋矿层位，矿体主要赋存于该层位的中上部。

半风化层：厚度不详，其颜色、结构构造特征与原岩差别不大，质地较松散到稍成块，手搓不易成粉末状，长石解离很不完全，多呈碎粒状，局部亦发育高岭土化，裂隙宽1 mm不等，且多为铁质充填。其稀土含量一般很难达到工业要求，为离子吸附型稀土矿体的底板层，其下为新鲜基岩。

稀土矿体均赋存于花岗岩风化壳的全风化层中，全风化层的全部或部分是矿体，矿体的分布与花岗岩全风化层基本一致，且大体连续成片，具有面型风化壳特征，但严格受风化壳范围及地形地貌因素制约，被冲洪积层覆盖的沟谷部位一般不存在矿体，基岩分布区也无矿体存在。矿体一般分布于风化层中上部。

2）矿体特征

（1）矿体产状、形态

离子型稀土基本赋存于全风化层中，风化壳一般呈面型似层状分布，矿体随风化壳呈似层状断续产出，剖面上受地形起伏变化控制，一般多随地形起伏而变化，但其起伏变化小于地形；平面上呈面型分布，形态受风化壳形态的控制。表层黏土层厚薄不一，甚至缺失，矿体一般有表土覆盖，也有部分裸露地表，且大多分布于山顶及山脊部位，产状随地形起伏而变化。矿体分布范围及形态产状严格受风化壳的发育程度及地形地貌因素制约。

矿体形态较为简单，平面上多呈不规则多边形及似椭圆状，剖面上呈似层状产出，产状随地形起伏而变化，倾向与坡向一致。矿体厚度一般山顶最厚，山脊厚度次之，山坡两翼及坡脚矿体厚度较薄；矿体总体形态较为简单。但就单矿体而言，其平面形态略为复杂，多呈阔叶状，矿体中部圆滑山包或山梁的部分平面呈椭圆状，而矿体周边则为数条沟谷分割为一些沿山脊或山坡展布支体。

矿体剖面形态较为简单，总体呈似层状波浪起伏。各单矿体剖面上呈盖形，矿体由中部往四周倾斜，沿山脊矿体倾斜较缓，一般为5°~10°。沿山坡矿体倾斜较陡，多数为20°~30°，坡角矿体局部达40°。

总之，本区为似层状面型表露矿体，形态较为简单，其产状和形态变化明显受地貌形态的制约。

（2）矿体的厚度变化特征

矿体垂向上单工程揭露厚度一般为5~15 m，最厚约30 m。各块段矿体平均厚度4~16 m不等；其中山顶矿体较厚，山脊矿体厚度次之，山坡两翼及坡脚矿体厚度较薄

（3）矿石化学成分

稀土矿石的主要成分包括SiO_2、Al_2O_3和K_2O等，具体含量见表1-22。

表1-22　矿石主要元素分析结果

序号	矿区	SiO_2	FeO	Al_2O_3	Fe_2O_3	CaO	MgO	K_2O	Na_2O	烧失量	稀土总量
		10^{-2}	10^{-2}	10^{-2}	10^{-2}	10^{-2}	10^{-2}	10^{-2}	10^{-2}	10^{-2}	10^{-6}
1	足洞	74.74	0.385	14.48	0.672	0.176	0.040	4.94	1.47	2.33	460
2	细坑	71.21	0.364	14.04	3.20	0.113	0.352	5.59	0.313	3.94	442.6
3	木子山	66.10	0.186	19.19	4.66	0.124	0.171	2.01	0.120	7.84	510.1
4	长坑尾	69.00	0.275	15.30	3.20	0.147	0.423	5.20	2.40	3.35	567.4
5	甲子背	73.86	0.104	14.58	2.03	0.099	0.164	5.30	0.213	3.93	331.6
6	白水寨	67.09	0.812	16.84	4.09	0.149	0.585	3.62	0.346	6.51	824.2
7	内头坑	67.48	0.202	16.17	3.55	0.114	0.200	7.11	0.442	3.99	380.8
8	来水坑	74.52	0.207	13.92	1.20	0.155	0.222	5.63	1.16	2.71	197.0
9	开子栋	69.54	1.11	15.80	1.78	0.135	0.462	5.96	0.498	4.32	315.1
10	三丘田	64.90	0.884	17.16	4.38	0.170	0.359	6.30	1.09	4.67	359.6
11	座家形	71.05	0.299	15.04	2.79	0.074	0.184	6.87	0.468	3.48	507.9
12	大坑	70.18	0.739	14.60	3.52	0.443	0.368	6.21	1.58	2.73	471.9

3）龙南足洞矿区矿石质量、矿床开采技术条件

（1）矿石物质组成

足洞矿区矿石成分与风化壳所处部位关系密切，花岗岩风化壳可分为3层，即残坡

积层、全风化层和半风化层，三者均为逐渐过渡关系，矿石主要由全风化层和部分残坡积层组成，各层特征、稀土富集特征及主要矿石矿物成分简述如下。

残坡积层：本层以花岗岩风化残积物为主，各处厚度不一，一般山顶较薄甚至缺失，山坡及山脚较厚，并常混杂有较多的坡积物，其上部往往有数十厘米的腐殖土，平均厚度1.3 m，稀土品位略低，但多数在最低工业品位以上，属矿体的一部分，所形成的矿石为灰褐至黑褐色，由石英砂、花岗岩风化碎块，黏土及少量云母，长石组成，质地松散易碎。

全风化层：此层稀土品位最高，TRE_2O_3平均品位为0.090 7%，为矿体主要赋存部位，矿石由黏土矿物（20%～40%），石英（30%～40%），长石（15%～20%）和云母（5%～15%）等矿物组成，常为淡红、黄白、白颜色，矿石疏松多孔，极端易粉碎（用手可以捏碎）。厚度一般10 m左右，最厚者29.20 m。

半风化层：此层稀土品位变化较大，一般低于全风化层，平均品位0.05%，黏土矿物含量显著减少，未划入离子吸附型矿体。

（2）矿床稀土配分类型

足洞矿区包括两种不同的矿石类型，在不同的矿石类型中，重轻稀土的比例和稀土配分有很大的差别。白云母花岗岩全风化层矿石重稀土占稀土总量的74.82%～88.45%，轻稀土只占11.55%～25.18%，其比值为4.4：1。黑云母花岗岩全风化层矿石重稀土占稀土总量的61.4%，轻稀土却占38.36%，比值为1.6：1；白云母花岗岩全风化层中重稀土除钇外，镝占有最大值，轻稀土除镧、铈外，钕占有最大值，而铈小于镧；黑云母花岗岩全风化层中重稀土除钇外，钆占有最大值，轻稀土除铈、镧外，钕占最大值，铈大于镧。

本矿区重稀土中的钇含量较高，Y_2O_3一般均占稀土总量的50%以上，并且钇在稀土中的比例随矿石稀土品位的增高而增加，最多可占稀土总量60%以上，为富钇型的重稀土矿床。

（3）矿床水文地质条件

地下水类型：区内主要出露第四系地层和燕山晚期花岗岩。第四系坡洪积层，岩性主要为亚黏土、粉砂质黏土夹砾石；燕山晚期花岗岩岩性为中粒白云母花岗岩和细粒花岗岩两种。根据其岩性及水文地质特征，地下水类型主要为第四系松散岩类孔隙水、风化网状裂隙水、基岩裂隙水。

水文地质条件：矿山矿体位于侵蚀基准面以上，开采方式为原地浸矿，因此不存在矿坑涌水，矿山为水文地质条件简单的矿床。

4）定南岭北矿区矿石质量、矿床开采技术

（1）矿石物质组成

定南岭北矿区矿石物质组成：在风化过程中由于原岩矿物成分的不断分解及元素迁移，稀土元素在全风化层中得到相对富集。风化后主要矿物成分黏土矿物为（35%～55%）、石英（10%～20%）、长石（25%～30%）和云母（10%～25%）等，高岭土类黏土矿物、石英和钾长石，三者约占95%，其次为磁铁矿和白云母等，约占5%，少量至微量难风化稀土矿物及副矿物。矿石中稀土矿物成分主要有磷钇矿等，矿物粒级细，多数小于0.076 mm，在0.15～0.076 mm粒级中偶然可见单晶体产出。

（2）矿床稀土配分类型

岭北矿区一般赋存于燕山早期花岗岩风化壳中。配分样品的轻稀土氧化物总量（ΣCe）占有率分别为59.25%、65.39%、63.76%、58.48%、73.64%，平均值64.10%，Y_2O_3占用率16.16%～27.55%，平均23.33%，Eu_2O_3占有率0.23%～1.08%，平均0.58%，配分结果表明，本区为中钇中铕型轻稀土，以La、Ce、Nd占有最大比值，其次为Y、Pr、Sm、Gd。浸取率为69.17%～91.36%，平均80.08%。

从原矿配分与氧化稀土产品配分对比可知，通过选矿富集后Y_2O_3、La_2O_3、Eu_2O_3得到相对富集，CeO_2占有比例明显减少，其他元素变化不大。产品配分属低—中钇中铕轻稀土富集型，产品中稀土元素以轻稀土为主，占总量的58.48%～73.64%。

（3）矿床水文地质条件

含（隔）水层地质特征：区内主要出露地层及岩性为第四系坡洪积层，岩性主要为亚黏土、粉砂质黏土夹砾石；侏罗系中细粒黑云母花岗岩、细粒含斑黑云母花岗岩、中细粒辉长闪长岩。根据其岩性及水文地质特征，地下水类型主要为：第四系松散岩类孔隙水、风化网状裂隙水、基岩裂隙水。

水文地质条件：矿山矿体位于侵蚀基准面以上，开采方式为原地浸矿，因此不存在矿坑涌水。矿山的开采如果设计或操作不当，可能导致地表水及地下水水质污染。松散岩类孔隙及风化带网状裂隙水区属于渗透性较强的污染特征区，基岩构造裂隙水属不利于地下水污染物稀释、自净的地区。因此矿区为水文地质条件中等的矿床。

5）资源储量

赣州稀土矿业有限公司将赣州市88个采矿许可证通过整合成为44本采矿许可证。整合后矿区总面积193.27 km^2，其中包括19个整合矿区及25个非整合矿区。整合项目（一期）包括龙南县和定南县稀土矿权的整合，二期工程包括全南、安远、信丰、寻乌、宁都和赣县稀土矿权的整合。

赣州稀土矿山整合项目（一期）包括龙南、定南两县下属47个（龙南15个、定南32个）稀土矿山，整合后为14个（龙南3个，定南11个）稀土矿山。整合项目（一期）整合区面积共110.60 km^2，其中龙南县矿区总面积24.17 km^2，定南县矿区总面积约86.43 km^2。

赣州稀土矿山整合项目（二期）包括全南、安远、信丰、寻乌、宁都5县下属26个（全南2个、安远8个、信丰9个、寻乌5个、宁都2个）稀土矿山，整合后为15个（全南2个、安远5个、信丰4个、寻乌3个、宁都1个）稀土矿山。

根据相关储量核实报告对赣州地区各矿山矿块保有资源储量进行了估算，详见表1-23。

表1-23　赣州矿区保有资源储量

序号	采矿权	矿石量（万t）	TR_2O_3（t）	SR_2O_3（t）
1	足洞稀土矿	2 456.52	25 652	18 197
2	东江稀土矿	10.28	126	86
3	临塘稀土矿	15.93	137	96

（续表）

序号	采矿权	矿石量（万t）	TR_2O_3（t）	SR_2O_3（t）
4	富坑稀土矿	71.84	412	304
5	开子岽稀土矿	486.56	4 702	3 560
6	来水坑稀土矿	598.22	4 034	2 806
7	内头坑稀土矿	146.92	1 040	724
8	甲子背稀土矿	2 407.37	20 995	15 532
9	三丘田稀土矿	929.26	7 583	5 320
10	座加形稀土矿	543.00	4 225	2 932
11	长坑尾稀土矿	1 455.35	12 273	8 629
12	木子山稀土矿	2 911.46	26 552	19 383
13	大坑稀土矿	2 029.61	14 162	9 364
14	白水寨稀土矿	105.57	1 537	1 238
15	涂屋一矿稀土	897.65	9 044	6 621
16	涂屋二矿稀土	456.27	4 310	3 129
17	古田稀土矿	75.61	795	583
18	铜锣窝稀土矿	110.17	1 015	737
19	牛皮碛稀土矿	39.05	332	208
20	车头稀土矿	12.12	129	92.8
21	蔡坊岗下稀土	207.23	1 864	1 311
22	赤岗稀土矿	528.79	5 133	3 537
23	窑下稀土矿	1 278.46	7 679	5 870
24	虎山稀土矿	1 269.71	10 066	7 582
25	桐木稀土矿	31.86	372	215
26	油坑稀土矿	19.88	158	116
27	安西稀土矿	29.00	261	183
28	烂泥坑稀土矿	1 278.22	11 170	6 515
29	柯树塘稀土矿	3 906.75	45 342	36 041
30	双茶亭稀土矿	1 495.97	16 107	12 878
31	南桥下廖稀土	148.40	2 945	2 107
32	上甲园墩背稀	23.24	255	220
33	黄陂稀土矿	553.48	4 569	3 326
34	大沽稀土矿	69.56	583	389
35	阳埠稀土矿	39.90	250	149

（续表）

序号	采矿权	矿石量（万t）	TR_2O_3（t）	SR_2O_3（t）
36	吉埠稀土矿	20.34	166	98
37	田村稀土矿	6.35	65	36
38	大埠稀土矿	76.24	470	334
39	韩坊稀土矿	40.05	379	272
40	大田稀土矿	57.39	412	269
41	湖新稀土矿	7.10	66	41
42	长城稀土矿	376.76	3 759	2 690
43	玉坑稀土矿	1 482.37	16 506	11 859

根据资源量统计，设计可利用总矿石量28 705.81 × 10^4 t，TRE_2O_3量267 632 t，SRE_2O_3量195 580 t。离子型稀土矿平均品位为0.066%。

1.2.2.2 赣州离子吸附型稀土矿生产概况回顾

1）现有工程历史沿革

现有矿山筹建于1970—1990年，龙南足洞矿区的历史采矿工艺主要为池浸工艺，定南岭北矿区的历史采矿工艺主要为池浸工艺和堆浸工艺。由于池浸工艺和堆浸工艺对环境危害太大，江西省国土资源局于2007年要求江西省内稀土采矿全面禁止采用池浸工艺和堆浸工艺，采用原地浸矿工艺。现有矿山的开采特点为“多、小、乱、差”，矿山很多，无序开采，没有统一规划，同时还存在着生产工艺水平不一，很多矿山的回收率达不到要求等问题。采用露采池浸工艺，每生产1 t混合稀土氧化物破坏植被160 ~ 200 m^2，排出尾砂1 500 ~ 2 000 t，大量良田被掩埋，而且矿产资源利用率仅在30%左右。

2）建设规模与产品方案

现有矿山整合后（一期）龙南县足洞矿区母液处理车间优化整合为9个，定南县岭北矿区母液处理车间优化整合为26个。一共为35个母液处理车间，其生产能力折合稀土元素氧化物（Rare Earth Oxides，REO）为6 950 t/a。（二期）矿山建设年产100 ~ 300 t（以REO计）离子吸附型稀土原地浸矿生产车间27个，其生产能力折合REO为2 830 t/a，总处理规模折合REO为9 780 t/a。矿区生产的最终产品为碳酸稀土，总规模为34 230 t/a。

3）现有工程组成

龙南足洞矿区自1995年后开始使用原地浸矿工艺；定南岭北矿区自2007年之后使用原地浸矿工艺。但是由于历史上采用池浸和堆浸采矿时间较长，造成了大量的裸露废弃地和尾砂淤积地，导致矿区现有工程的历史遗留场地面积巨大。赣州18个县均存在稀土开采污染的情况，废弃稀土矿区有302个，尾砂累计堆存量达1.91亿t，毁坏土地面积达97.34 km^2。

现有矿山的采矿工艺2007年之后均采用原地浸矿工艺，母液处理工艺基本一致。现有工程主要由历史遗留场地、原地浸矿采场、母液处理工程、环保工程组成。

（1）历史遗留场地

现有工程历史遗留场地分为池浸、堆浸场地，原地浸矿采空区和遗留废弃工业场地。由于池浸工艺早于堆浸工艺，并且大量池浸工艺被堆浸场覆盖，因此在统计时将池浸和堆浸一起进行统计。现有工程历史遗留场地情况见表1-24。

表1-24　历史遗留场地情况

工程名称	建设位置	主要内容
池浸历史遗留场地	稀土采场及其周边	历史上采用池浸法进行采矿生产的遗留废弃地，由于搬山作业，这部分废弃地山体表面遭到严重的破坏，表土被剥离，池浸工艺产生的尾砂淤积河道，造成了严重的水土流失问题
堆浸历史遗留场地		历史上采用堆浸法进行采矿生产的遗留废弃地，由于是搬山作业，这部分废弃地山体表面遭到严重的破坏，表土被剥离，并且堆浸工艺遗留的堆浸场没有进行很好的恢复，导致大量水土流失，对附近的生态造成了严重破坏
原地浸矿采空区		主要是采用原地浸矿工艺进行采矿生产的采空区，这部分场地通常分为两类，第一类为进行了大量植物清理的原地浸矿采空区，这部分采空区植被很少；第二类为保持了较好植被的原地浸矿采空区
遗留废弃工业场地	母液处理车间、尾水处理车间等	主要是由于母液处理车间生产完毕后，形成的废弃场地，其中包括现有矿区内的很多历史遗留的其他工业场地，如尾水处理车间、渣头渣处理车间等。这部分遗留废弃工业场地的特点是遗留了很多的池体，需要进行填方工作

（2）原地浸矿采空区

典型的原地浸矿采空区工程情况见表1-25。

表1-25　现有原地浸矿采空区工程情况

工程名称	建设位置	主要内容
注液孔	采场表面	典型的原地浸矿采场注液孔按1.5 m × 1.5 m的间隔布置，深0.5 ~ 3 m，直径0.5 ~ 0.8 m，每个注液孔安装注液管道及闸阀控制注液量
收液沟	采场周边	收液沟沿原地浸矿采场山脚布置，为圆带状，收液沟深0.5 ~ 1 m，收液沟宽0.5 ~ 2 m，收液沟均未进行防渗处理。裸脚式矿山主要采用收液沟的方式进行稀土母液收集
收液巷道	采场内部	原地浸矿采场的收液巷道数量一般按15 ~ 20 m间隔布置，收液巷道的建设规格为宽0.8 ~ 1 m，高约1.8 m，长度约为矿山纵断面的1/3左右，收液巷道未进行防渗处理。全覆式矿山主要采用收液巷道工程进行母液收集
收液池	收液沟和收液巷道下游	收液池布置在收液沟或收液巷道的下游，主要作用是对原地浸矿采场的浸出母液进行收液，现有收液池长4 ~ 6 m，宽3 ~ 4 m，高2 ~ 3 m，部分底部铺设了防水毡布处理，部分则直接为原土质土坑

（续表）

工程名称	建设位置	主要内容
排土场	采场附近布置	收液巷道和收液池等施工产生的无法回填的弃土堆存到排土场中，弃土回填率约为50%，排土场一般面积较小，高度较低、数量较多，现有排土场很不规范，大多为随意堆弃，一般没有采取挡土等防护工程措施
高位池	采场山顶	高位池一般布置在原地浸矿采场山顶，作用是进行原地浸矿注液，通常尺寸Φ5 m×4 m，池底和池壁使用防水毡布进行覆盖
母液输送管	母液处理车间与原地浸矿采场	母液处理车间浸矿液配制池制备的浸矿液，用泵送至高位池，由注液管自流至各个注液孔，注液管采用PVC管。注液量由安装在注液孔注液管道上的闸阀控制

（3）母液处理工程

现有工程中典型的母液处理工程内容见表1-26。

表1-26 母液处理工程基本组成

工程名称	主要内容
母液集中池	母液集中池一般规格为200～600 m^3，作用是集中各采场收液池浸矿母液；同时母液集中池相当于一个调节池，调节母液的质量与流量，使后续的母液处理工艺运行更加稳定
除杂池	现有除杂池容积普遍在200～600 m^3，作用是将母液进行除杂使母液中Al^{3+}、Fe^{3+}等离子杂质生成沉淀，上清液进入沉淀工序。除杂过程产生的除杂渣主要为$Al(OH)_3$和$Fe(OH)_3$，含有一定量稀土元素，作稀土废料外售
沉淀池	沉淀池规格普遍在200～600 m^3，主要作用是向沉淀池中加入碳酸氢铵溶液，使母液中稀土元素生成碳酸稀土沉淀
回收池	回收池规格普遍在100～200 m^3，作用是收集除杂池上清液和压滤滤液，调节pH值后循环利用
脱水车间	将沉淀下来的碳酸稀土通过板框压滤机进行压滤脱水，滤饼用内塑料薄膜袋，外编织袋包装，即为碳酸稀土产品
配液池	沉淀池上清液和压滤机滤液统一收集到废液回用池中，返回浸矿液配液池，用硫酸铵和硫酸调节pH值，配制硫酸铵浸矿液，用泵输送至高位池

（4）环保工程

现有工程的主要环保工程为母液处理车间的废水和生态相关的环保工程，环保工程主要内容见表1-27。

表1-27 环保工程主要内容

<table>
<tr><th colspan="2">工程名称</th><th>建设位置</th><th>现有情况</th></tr>
<tr><td rowspan="4">废水</td><td rowspan="2">防渗工程</td><td>原地浸矿采场</td><td>现有矿区基本没有对原地浸矿采场收液系统采取防渗措施</td></tr>
<tr><td>母液处理车间</td><td>母液处理车间的池体均没有进行专业的防渗，通常采用的为防水毡布进行防渗</td></tr>
<tr><td rowspan="2">清污分流</td><td>原地浸矿采场</td><td>现有矿区基本没有对原地浸矿采场进行清污分流</td></tr>
<tr><td>母液处理车间</td><td>部分母液处理车间采取了水泥硬化地面，进行了清污分流，但是绝大部分车间地面均没有进行水泥硬化，水土流失严重</td></tr>
<tr><td rowspan="2">生态</td><td>水土保持</td><td>母液处理车间</td><td>部分母液处理车间进行了地面硬化，边坡防护等水土保持措施，但是大部分母液处理车间均未采取相关水保措施</td></tr>
<tr><td>土地复垦</td><td>原地浸矿采场、母液车间</td><td>小部分矿山进行了废弃原地浸矿采场和母液处理车间的土地复垦工作</td></tr>
</table>

4）矿山主要技术经济指标

矿山主要技术经济指标统计见表1-28。

表1-28 主要技术经济指标

<table>
<tr><th colspan="2">名称</th><th>数量</th></tr>
<tr><td rowspan="2">生产规模</td><td>碳酸稀土（t/a）</td><td>34 230</td></tr>
<tr><td>REO（92%）（t/a）</td><td>9 780</td></tr>
<tr><td colspan="2">母液回收率（%）</td><td>65～75</td></tr>
<tr><td colspan="2">母液处理回收率（%）</td><td>95</td></tr>
<tr><td colspan="2">稀土总回收率（%）</td><td>62～72</td></tr>
</table>

注：开采工艺为原地浸矿工艺。

5）浸出工艺流程

矿区建矿之初均为池浸工艺或堆浸工艺，1995—2007年慢慢发展到原地浸矿工艺。下面对池浸工艺、堆浸工艺和现有原地浸矿工艺进行介绍。

（1）池浸工艺

稀土矿山建矿最初均采用池浸工艺。池浸工艺主要分为3个主要工序：首先是对划定的矿段进行表土剥离和矿石剥离，矿石剥离方式为人工剥离，采用手推车、铁铲等较原始的人工手段进行矿石剥离。将剥离下的矿石卸入浸矿池中，同时加入浸矿药剂（草酸、硫铵）进行浸矿作业。池浸池的体积较小，一般为100～150 m^3，其生产能力较小。最后将浸矿池中的浸矿液从池底导出，进入母液处理车间，将浸矿尾矿捞出、排尾。尾矿的排尾直接从山坡高处卸向低处。长期的池浸排尾已经导致当地形成了很多不规范的尾砂库。

池浸法开采工艺开采流程见图1-14。

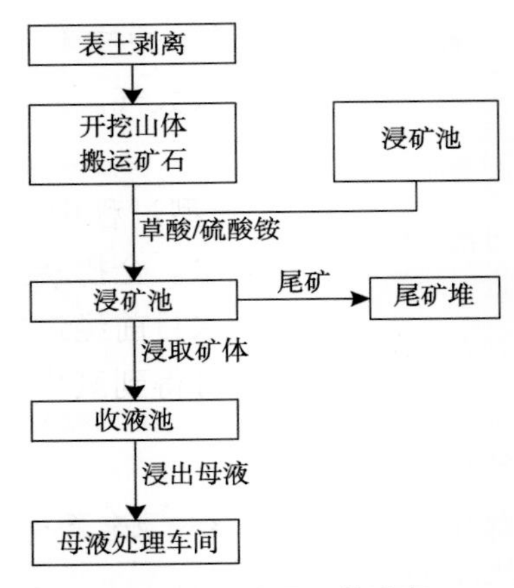

图1-14　池浸工艺流程

（2）堆浸工艺

堆浸工艺流程主要包括矿石准备、堆浸场建造、筑堆、渗滤浸出、洗堆与卸堆和稀土回收等工序。

矿石准备：对划定的矿段进行表土剥离和矿石剥离，矿石剥离方式为人工剥离，采用手推车、铁铲等较原始的人工手段进行矿石剥离。

堆浸场建设：堆浸场建于山坡、山谷或平地上，一般要求有3%～5%的坡度。用各种工程机械对堆场底面进行清理和平整后，进行防渗处理，防渗材料普遍使用塑料薄膜。先将地面压实或夯实，其上铺聚乙烯塑料薄膜或高强度聚乙烯薄板，或铺油毡纸或人造毛毡，在垫层上铺以细粒砂和0.5～2.0 m厚的粗粒砂。

矿石筑堆：矿石筑堆是矿石堆存在堆浸场，并进行表面平整，依次在堆场表面拉沟，增强喷淋液渗透性。

喷淋：矿石筑堆结束，在堆场表面布置喷淋管道。喷淋主管道通常采用PVC管，支管可用塑料管，堆场顶部表面采用摇摆式喷头，堆场四周边坡采用雨鸟式喷头。

渗滤浸出：稀土溶于浸出液后，顺收液沟流入集液箱，清液顺管道流入母液池。

洗堆：喷淋结束后，堆场中还存在一定的浸出母液，为防止造成稀土的流失和对环境产生影响，需要洗堆。洗堆一般用工业用水进行连续喷淋。

堆浸工艺流程见图1-15、图1-16。

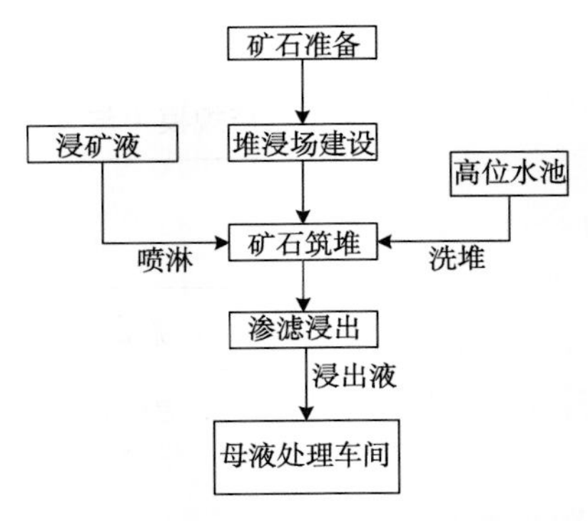

图1-15　堆浸采矿工艺流程

图1-16　堆浸工艺及浸渣堆存状况

（3）现有原地浸矿工艺

现有原地浸矿工艺与过去池浸工艺相比具有产量大、速度快、不开挖山体、不产生尾砂等显著的优点，因而在各离子型稀土矿山都在积极地推广使用这一工艺。原地浸矿工艺始于1995年，矿山综合效益较好，生产规模有明显提高。

现有原地浸矿工艺主要由高位池、注液孔工程、收液工程和管线工程组成。现有原地浸矿生产工艺流程见图1-17。

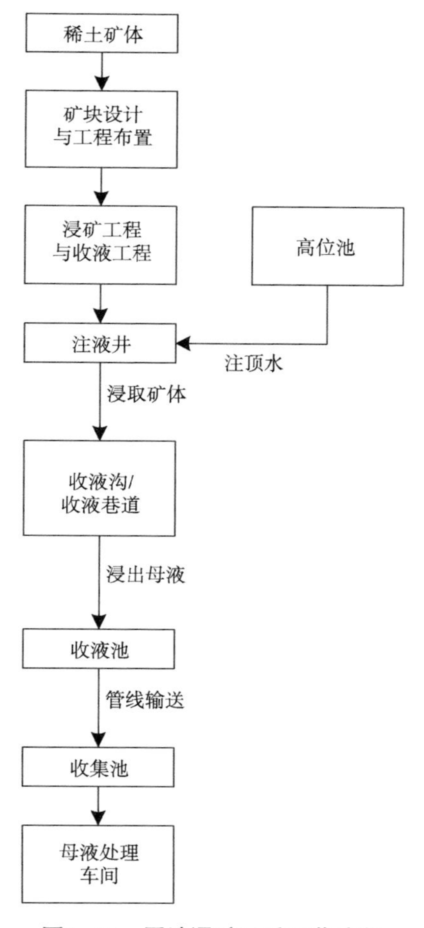

图1-17　原地浸矿开采工艺流程

高位池：高位池分为相对较固定的高位池和较简易的高位池，较固定高位池根据矿区矿量分布及地形等因素确定，较固定的高位池可服务较多矿块；简易高位池一般只服务1～2个矿块，建简易高位池成本相对较低。

注液孔工程：注液孔为φ0.3～0.5 m左右小圆孔，井深为见矿1～1.5 m，注液井网度普遍为1.5 m×1.5 m，分布采用菱形均匀布置。为减少注液盲区，在注液井之间和矿体较厚地方，再均匀布置适量的注液浅井。每个注液孔安装注液管道及闸阀控制注液量。

高位池均位于各矿段地形较高处，一般占地面积约100 m^2，容积一般100～300 m^3，池底和池壁使用防雨毡布进行覆盖，防止浸矿液渗漏和腐蚀池壁、池底。

收液工程：裸脚式原地浸矿采场根据基岩隔水层存在的高度进行收液工程的布置，如果原地浸矿采场隔水层在坡脚出露，沿其层面流的浸出液会从坡脚流出，这时只要在坡脚设置收液沟，就可将浸出液汇集回收。全覆式原地浸矿采场的矿体底板隔水层低于当地侵蚀基准面，或在坡脚处矿体底界面在潜水面以下，或隔水层（或矿体底板）起伏变化，倾向也变化。全覆式原地浸矿采场必须采取收液巷道进行收液。收液沟是指在矿体的山脚下，沿矿体边界挖一条宽约为1.0 m，深为0.5～1 m的收液沟，母液经天然底板流到收液沟，再经收液沟流到收液池。现有工程的收液沟均未采取防渗措施。收液巷道是指依据矿体的赋存条件，在矿体的下盘布置若干条巷道，巷道间距为15～20 m，巷道断面为梯形（1.2 m×1.8 m），巷道坡度为2°～5°，巷道底板完成后修成浅“V”形，现有工程的收液巷道均未采取防渗措施。收液池主要用于集中收液沟和收液巷道收集的母液。通常在收液沟和收液巷道下游建一个30 m^3左右的母液中转池，池中安装一个出水口，矿块出来的母液均流到此池中转后到母液处理车间母液集中池。

管路工程：浸矿剂管线为母液处理车间配液池至高位池管线，管路采用2.5～3英寸PVC管，根据实际的扬程和流量选定耐酸泵。顶水线路同浸矿剂管路。高位池至矿块的矿块注液主管路采用2英寸PVC管，主管路至各个注液井的管路采用1英寸PVC管。母液管路为矿块收液池至母液处理车间管路，尽可能使母液自流到母液处理车间，部分采用泵送至母液处理车间。

现有原地浸矿采矿工艺过程主要包括两个阶段。

注液浸矿：将硫酸铵溶液作浸矿剂进行浸矿作业，将浸矿液通过注液孔注入原地浸矿采场，使得浸矿液与原地浸矿采场中的稀土矿进行交换，在此过程中，原地浸矿采场母液回收量较少，主要作用为使离子型稀土交换到浸矿液中。

加注顶水：矿体中的稀土矿注液浸取完成后，需要对矿体进行加注顶水处理，加注顶水不再添加硫酸铵和硫酸，而是使用母液车间沉淀工序上清液直接注入注液孔中，将矿体中的稀土母液顶出；当从收液巷道里收集的液体稀土含量低于可回收程度后，停止注水，加注顶水完成。

图1-18　原地浸出现场全貌

原地浸出现场全貌见图1-18。

（4）历史和现有采矿工艺对比

历史和现有采矿工艺对比见表1-29。

表1-29 离子吸附型稀土3种采矿工艺对比

项目	池浸法	堆浸法	现有原地浸矿
表土剥离	大量剥离	大量剥离	少量剥离
矿石开挖	大量开挖	大量开挖	不开挖
矿石运输	矿石汽车运输	矿石汽车运输	无矿石运输
浸矿剂	NaCl、硫酸铵	NaCl、硫酸铵	硫酸铵
采矿设备	挖掘机	挖掘机	钻机、洛阳铲
运输设备	汽车	汽车	管道

历史和现有采矿工艺技术指标见表1-30。

表1-30 离子吸附型稀土3种采矿工艺技术指标对比

单位：%

项目	池浸法	堆浸法	现有原地浸矿法
入选平均品位	0.078 ~ 0.096	0.078 ~ 0.096	0.055 ~ 0.096
浸取率	83 ~ 86	83 ~ 86	84 ~ 85
母液浸取回收率	80 ~ 90	80 ~ 90	65 ~ 75
母液处理回收率	95	95	95
稀土总回收率	76 ~ 85	76 ~ 85	62 ~ 72

历史和现有采矿工艺环境污染与控制措施对比见表1-31。

表1-31 离子吸附型稀土3种采矿工艺环境污染对比

项目		池浸法	堆浸法	现有原地浸矿
生态	工程占地	露天采场、尾砂和岩土堆存占地面积大	露天采场、尾砂和岩土堆存占地面积大	注液孔、弃土场占地面积很小
	地表植被	露天采矿，破坏严重	露天采矿、破坏严重	面积小、破坏小
	土地破坏	大量开挖、压占，破坏形式复杂	大量开挖、压占，破坏形式复杂	少量打孔、巷道，破坏形式简单
	土地复垦	面积大、难度大	面积大、难度大	面积很少、容易复垦

（续表）

项目		池浸法	堆浸法	现有原地浸矿
固废	固废产生	大量废石、尾矿，少量除杂渣	大量废石、尾矿，少量除杂渣	少量废石，少量除杂渣
	固废处置	岩土、尾矿堆存量很大，固废堆场极不规范，二次污染很严重	岩土、尾矿堆存量很大，固废堆场极不规范，二次污染很严重	岩土堆存量较少，二次污染较小
地下水	防渗措施	水泥池水泥防渗	塑料簿膜防渗	利用花岗岩天然底板
	渗漏液收集	渗漏较小，未收集	渗漏较小，未收集	渗漏一般较小，未收集
	地下水监控	未监控	未监控	未监控

（5）母液处理工艺流程

①母液处理工艺概述

母液处理工艺过程主要包括母液预处理除杂、母液沉淀、压滤脱水。母液处理工艺流程见图1-19。

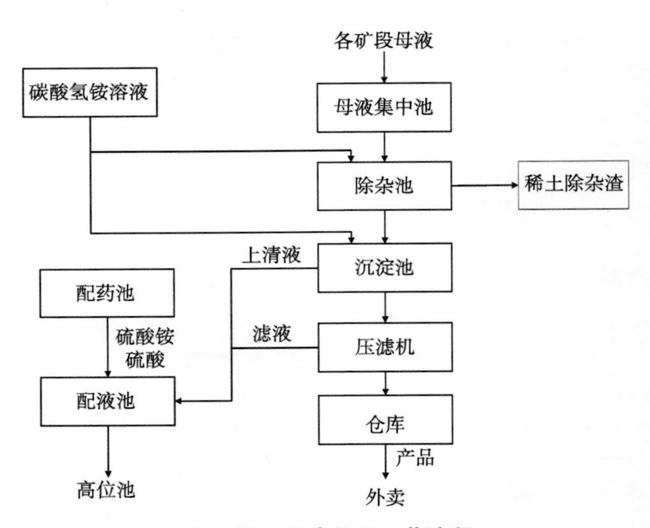

图1-19　母液处理工艺流程

母液预处理除杂：将各矿段收液池收集的母液用水泵通过母液输送管线输送到母液处理车间母液集中池。

将母液集中池中的母液泵送到除杂池进行除杂。配制碳酸氢铵溶液投入除杂池中，调节母液pH值约5.2，使母液中的Al^{3+}、Fe^{3+}等非稀土离子杂质生成沉淀，上清液进入沉淀工序。除杂过程产生的除杂渣主要为$Al(OH)_3$和$Fe(OH)_3$，含有一定量的稀土元素，作稀土除杂渣外售。

$$Al^{3+}+3OH^-=Al(OH)_3\downarrow$$

$$Fe^{3+}+3OH^-=Fe(OH)_3\downarrow$$

母液沉淀：经过除杂后的上清液进入沉淀池进行沉淀工序（图1-20）。

沉淀是向沉淀池中加入碳酸氢铵溶液，搅拌、澄清。母液中的稀土元素生成$Re_2(CO_3)_3$沉淀，上清液返回硫酸铵配液池，用于浸矿液配制，不外排。

$$2Re^{3+}+3CO_3^{2-}=Re_2(CO)_3\downarrow$$

压滤脱水：将沉淀下来的碳酸稀土通过板框压滤机进行压滤脱水，滤饼为碳酸稀土产品，装袋外运。压滤产生的滤液进入配液池循环用于生产，不外排。

滤液回收：沉淀池上清液和压滤机滤液统一收集到配液池，用硫酸铵和硫酸进行pH值的调节，然后用泵输送至高位池循环浸矿使用。

图1-20　母液沉淀池

②母液处理车间组成

母液处理车间主要由母液集中池、除杂池、沉淀池、压滤车间、仓库等组成。

母液集中池：浸矿母液从收液沟或收液巷道中流出进入各个矿段的母液中转池，再输送到母液处理车间的母液集中池。母液集中池的池容按照浸矿液的流量来进行设计，部分母液集中池采用砖混结构，池底和池壁使用防雨毡布进行防渗，部分母液集中池采用土质池底，母液集中池容积一般为100～300 m^3。

除杂池：除杂池容积一般为200～600 m^3，每个母液处理车间通常有3～10个，其作用是将母液进行除杂使母液中的Al^{3+}、Fe^{3+}等非稀土离子杂质生成沉淀。

沉淀池：沉淀池容积普遍为200～600 m^3，每个母液处理车间通常有3～10个，主要作用是向沉淀池加入碳酸氢铵溶液，使母液中的稀土元素生成碳酸稀土沉淀。

压滤间：沉淀下来的碳酸稀土通过板框压滤机进行脱水，滤饼用内塑料薄膜袋，外编织袋包装，即为碳酸稀土产品。每个母液处理车间有压滤脱水间1个。

配液池：配液池容积普遍为100～500 m^3，每个母液处理车间通常有1～4个，其作用是将沉淀池上清液和压滤机滤液统一收集到浸矿液配液池，用硫酸铵和硫酸进行pH值的调节，配制硫酸铵浸矿液，用泵输送至高位池。

离子型矿原地浸出工艺流程见图1-21。

1.2.2.3　浸出工艺产排污节点

综合分析，在原地浸矿采场中，由于收液系统不完善，浸矿母液不能全部回收，导致含硫酸铵的浸矿母液渗漏，故特征污染因子为NH_3-N和SO_4^{2-}。

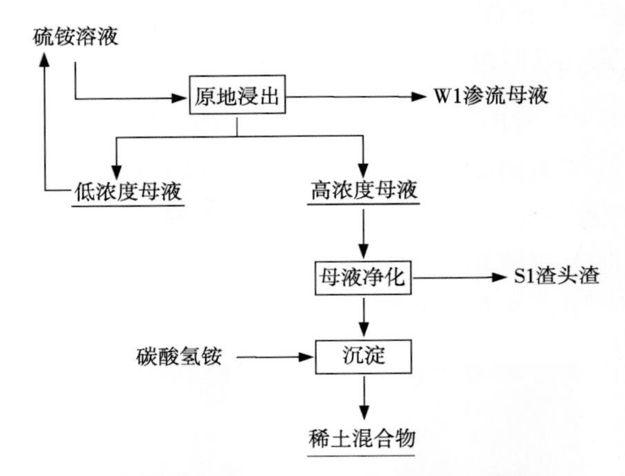

图1-21　离子型矿原地浸出工艺流程

1.2.2.4　浸出工艺排放清单

1）浸出工艺水平衡及元素平衡

（1）水平衡

现有氧化稀土生产规模以200 t/a的原地浸矿矿山为例，每天生产用水量约为800 m^3，其中补充新水量为200 m^3，回收水量600 m^3；生活生产用水水源为山泉水。采用原地浸矿工艺，废水全部回用不外排。由于原地浸矿采场未进行防渗工程，收液效果不能保证，因此20%～30%的浸矿液渗漏。

（2）氨氮平衡

裸脚式原地浸矿工艺氨氮平衡以龙南足洞矿区200 t/a母液处理车间作为标准进行详细分析。200 t/a母液处理车间每年需要的硫酸铵使用量为1 600 t/a，碳酸铵使用量为1 200 t/a。

①氨根的添加量

根据硫酸铵和碳酸氢铵的分子量计算氨氮的加入量。

硫酸铵［$(NH_4)_2SO_4$］的分子量为132，其中氨根离子分子量为36，铵的添加量为（1 600×36）/132＝436.36 t/a；

碳酸氢铵（NH_4HCO_3）的分子量为79，其中氨根离子分子量为18，铵的添加量为（1 200×18）/79＝273.42 t/a；

因此矿区氨根总加入量为709.78 t/a。

②氨根的转移消耗

与稀土交换消耗：RE为17种元素的总和，17种元素的分子量从44～174，结合本矿的矿石的原矿稀土元素配分，本矿RE的原子量约为132。

本矿年产品折合稀土氧化物（REO，分子量148）200 t，由此可计算出物质的量为1.35×10^9 mol。

按照离子等价交换原理，RE^{3+}与NH_4^+交换时物质的量比为1∶3，故交换到原地浸矿矿山中铵的物质的量为4.05×10^9 mol。

根据与稀土交换的铵的物质的量，可以计算出直接用于稀土交换消耗的铵的量为72.97 t/a。约占原地浸矿工艺铵总加入量的10.28%。

与矿体中其他元素交换的消耗量：铵在浸矿过程中除了和稀土元素金属进行交换外，还会和Al、Fe等金属进行交换，此过程也会消耗一部分铵。

矿区除杂渣的产生量为16 t/a，其中主要是$Al(OH)_3$、$Fe(OH)_3$沉淀，由于当地Fe含量较少，分析认为除杂渣以$Al(OH)_3$为主，Al^{3+}与NH_4^+交换时物质的量的比为1∶3，故交换到原地浸矿矿体中的氨根量为11.08 t/a。约占原地浸矿工艺铵总加入量的1.56%。

土壤吸附量：在原地浸矿过程中，浸矿液会流经土壤，而土壤在浸矿液流经土壤时会对浸矿液中的氨根离子产生吸附作用，使得大量的铵根离子吸附在土壤的表面和孔隙中。原地浸矿过程土壤对铵的吸附量尚难以准确定量计算。参考矿块淋洗试验的数据，认为土壤中最终残留氨氮量应为88.03 t。

原地浸矿采场生产期间渗漏量：服务期为一年的原地浸矿采场其生产期包括注液和加注顶水总时间约为7个月（230 d），其中母液回收率为75%，因此有25%的母液渗漏进入地下水，生产期间的母液氨氮浓度约为1 000 mg/L，因此，生产期间的渗漏量约为65.15 t，约占原地浸矿工艺铵总加入量的9.18%。

原地浸矿采场雨水淋溶可渗漏量：根据氨氮平衡测算，矿体在生产期结束后矿块内仍存留大量的可游离态NH_4^+，该部分氨氮会随着雨水的淋溶而逐渐渗漏到外环境系统中。其最大可渗漏量为472.55 t，约占原地浸矿工艺铵总加入量的66.58%。

综上所述，200 t/a母液处理规模原地浸矿采场氨氮平衡见表1-32。

表1-32　200 t/a母液处理规模原地浸矿采场氨氮平衡　　单位：t

车间规模	氨氮		氨氮消耗		氨氮	
	分子形式	加入量	类型	吸附量	时期	渗漏量
200 t/a	硫酸铵	436.36	产品消耗	72.97	生产期	65.15
	碳酸氢铵	273.42	杂质消耗	11.08	雨水淋溶	472.55
			土壤吸附	88.03		
	小计	709.78	小计	172.08	小计	537.70

（3）硫酸根平衡

对硫酸根的去向进行分析，200 t/a母液处理车间年使用硫酸铵1 600 t，其中硫酸根约为1 163.64 t。硫酸根的具体去向有以下两个。

随浸矿液进入矿体后，吸附在原地浸矿采场内的土壤上，这部分硫酸根约为968.38 t，约占83.22%；生产期的原地浸矿采场的母液回收率约为75%，因此其余的硫酸根随着母液渗漏进入原地浸矿采场的下层土壤及地下水，生产期母液中硫酸盐平均浓度约为3 000 mg/L，所以生产期渗漏量约为195.27 t，占16.78%。

母液渗漏浓度估算：正在生产的母液处理车间母液水质特征因子监测结果见表1-33。

表1-33　母液处理车间母液水质特征因子监测结果

名称	pH值	氨氮（mg/L）	硫酸盐（mg/L）
关西矿区母液池	4.28	582	240
	4.24	571	240
	4.26	586	240
黄沙矿区母液池	3.92	493	1.01×10^3
	3.91	507	1.01×10^3
	3.93	473	1.01×10^3
细坑母液池	4.52	544	15.9
	4.50	521	16
	4.51	550	16
坳背塘母液池	3.97	1.11×10^3	101
	3.96	1.06×10^3	101
	3.97	1.09×10^3	100
来水坑母液池	4.05	1.26×10^3	107
	4.04	1.33×10^3	108
	4.01	1.25×10^3	107

试验矿块母液浓度：根据对试验矿块的母液水质监测，母液中硫铵浓度变化在0.1%～0.5%，其中氨根离子的浓度在270～1 350 mg/L，硫酸盐浓度为1 460～3 650 mg/L。其中最高浓度0.5%基本出现在注液生产的中期，最低浓度均出现在生产期的末尾，详见表1-34。

表1-34　试验矿块母液水质特征因子监测结果

名称	序号	pH值	氨氮（mg/L）	硫酸盐（mg/L）
龙南足洞试验矿块	1	4.26	19.18	2 429
	2	4.21	485.5	5 024
	3	4.22	745.8	3 551
	4	4.28	832.3	4 076
	5	4.43	881.6	4 140
	6	4.41	868.3	3 265

（续表）

名称	序号	pH值	氨氮（mg/L）	硫酸盐（mg/L）
定南岭北试验矿块	1	4.17	352.5	3 509
	2	4.27	813.9	4 579
	3	6.75	727.5	4 324
	4	4.40	667.2	4 201
	5	4.31	590.3	2 906
	6	4.63	261.8	1 722

综合实验测定的数据，并结合矿山生产实际确定原地浸矿采场渗漏的水质参数。原地浸矿采场母液渗漏量为300 m^3/t REO，母液中氨氮的浓度在生产期取1 000 mg/L，硫酸盐的浓度为3 000 mg/L；雨水淋溶期氨氮浓度为500 mg/L，硫酸根的浓度为1 500 mg/L；淋溶结束后氨氮浓度取15 mg/L，硫酸盐浓度取50 mg/L，详见表1-35。

表1-35　离子型稀土矿区原地浸矿采场渗漏的水质主要污染物渗漏浓度　　单位：mg/L

时期	氨氮	硫酸根
生产期	1 000	3 000
雨水淋溶期	500	1 500
淋溶结束后	15	50

2）浸出工艺污染治理措施

（1）废水

原地浸矿采场的渗漏水可以采用人工注入顶水的方式进行矿块清洗，清洗后的清洗废水收集后，部分作为下一采场的浸矿液配制，部分进行氨氮处理，处理达标后，作为清水清洗的水源加以利用。清洗废水的处理工艺一般为“石灰沉淀＋生化组合＋氧化”的组合工艺。

（2）废渣

母液经过除杂工艺产生除杂渣，每生产100 t碳酸稀土，除杂渣的产量约为8 t，全部外卖到渣处理车间。除杂渣经过处理后产生渣头渣，渣头渣的产量约为5 t，全部外卖给建材企业。

3）浸出工艺排放清单

见表1-36至表1-38。

表1-36　离子型稀土矿区母液废水

序号	废水种类	来源及特征	污染物	处理量（tREO/a）	产污系数（t废水/tREO）	数据来源	排放去向	废水量（m^3/a）
W1	渗流水	母液渗漏	NH_3-N、SO_4^{2-}	9 780	300	赣州稀土整合环评报告	外环境	2 934 000

表1-37　离子型稀土矿区母液废水成分　　单位：mg/L

时期	氨氮	硫酸根
生产期	1 000	3 000
雨水淋溶期	500	1 500
淋溶结束后	15	50

表1-38　固体废物污染物及来源

序号	固废种类	来源及特征	污染物	含量（%）	处理量（tREO/a）	产污系数（t渣/tREO）	数据来源	排放去向	固废量（t/年）
S1	渣头渣	母液除杂产生的除杂渣经处理后的尾渣	Pb	0.52	9 780	0.05	赣州稀土整合环评报告	建材综合利用	489

现有矿区各车间按预期生产规模9 780 t/a计算主要污染源及污染物渗漏量，渗漏水量为2.93×10^6 t/a，氨氮渗漏总量为2 934 t/a（生产期）。

1.2.2.5　离子型矿冶炼分离工艺

根据离子吸附型稀土矿的特点，将稀土矿、盐酸加入溶解桶充分搅拌，反应完全，得到分解料液和沉渣，分解料液再经净化澄清处理后泵送萃取车间。

料液入新型箱式萃取槽，采用P507联动萃取技术进行分组、分离，得到单一氯化稀土或稀土富集物。采用P507（2-乙基己基磷酸单2-乙基己基酯）——煤油——HCl体系对离子型混合氧化稀土进行萃取分离。

萃取分离的氯化稀土料液泵送沉淀车间，按产品要求加入沉淀剂草酸或碳酸氢钠，通过加热、搅拌，沉淀完全，采用真空抽滤或带式过滤机固液分离后，得到单一草酸（碳酸）稀土或稀土富集物固体。

经灼烧窑灼烧，得到单一氧化稀土或稀土富集物。

工艺过程为：酸溶—萃取—沉淀—灼烧—筛混—包装，附属工艺还有皂化及配制工序。主要工艺流程概述如下。

（1）酸溶工序

在反应槽中投入一定量的水，然后将盐酸（28%）及稀土精矿按一定的比例投入到反应槽中，搅拌，并且控制pH值在1.5左右，搅拌0.5 ~ 1 h，使得Fe、Al等水解沉淀，在溶解完全后，利用蒸汽加热溶液至80℃左右，投入一定量的$BaCl_2$去除SO_4^{2-}。用氢氧化钠溶液调整溶液pH值至4左右，将所得液过滤精制12 h之后压滤，压滤液送储存桶静置，酸溶渣送往酸溶渣暂存库暂存。

将水加入料液储槽中，配置成一定浓度的料液。配置后的氯化稀土溶液送往萃取工序。

主要化学反应方程式如下。

$$RE_2O_3 + 6HCl = 2RECl_3 + 3H_2O$$

（2）萃取工序

萃取工序包括萃取剂配制、皂化工段、P507萃取工段以及盐酸反萃取工段。

萃取剂配制：将磺化煤油与P507萃取剂按体积比为1∶1混合，将3 mol/L的P507稀释到1.5 mol/L，混合稀释得到的空白有机相送皂化工段皂化。

皂化工段：用配置好的液碱（即氢氧化钠）（规格30%）来皂化配置好的萃取剂，得到P507皂料。化学反应方程式如下。

$$NaOH + H_2A_2 = NaHA_2 + H_2O$$

P507萃取工段，用皂化好的有机溶剂采用联动萃取分离技术萃取酸溶工段送来的氯化稀土酸溶液，得到负载有机相［$RE(HA_2)_3$］。主要化学反应方程式如下。

$$3NaHA_2 + RECl_3 = RE(HA_2)_3 + 3NaCl$$

盐酸反萃取工段，用盐酸（28%）反萃负载有机相中的稀土，产出各种单一稀土氯化物料液，氯化稀土料液送沉淀工序。主要化学反应方程式如下。

$$RE(HA_2)_3 + 3HCl = RECl_3 + 3H_2A_2$$

（3）沉淀工序

沉淀剂有草酸及碳酸钠两种。沉淀工序分草酸沉淀和碳酸钠沉淀。

以萃取产出的各种单一稀土氯化物溶液为原料，草酸为沉淀剂，将各稀土元素从液态转化成固体沉淀，并用自来水洗涤，离心甩干，得到合格的各单一稀土草酸盐。主要化学反应方程式如下。

$$2RECl_3 + 3H_2C_2O_4 = RE_2(C_2O_4)_3 + 6HCl$$

以萃取产出的单一的镧系氯化稀土料液及富钇稀土氯化稀土料液为原料，纯碱为沉淀剂，将稀土元素从业台转化为固体沉淀，用水洗涤，离心甩干，得到合格的单一稀土碳酸盐。主要化学反应方程式如下。

$$2RECl_3 + 3Na_2CO_3 = RE_2(CO_3)_3 + 6NaCl$$

草酸沉淀及碳酸钠沉淀之后得到的稀土草酸盐及稀土碳酸盐送往灼烧工序进行灼烧。沉淀母液（沉淀废水）送废水处理站进行处理。

（4）灼烧工序

将沉淀工序产生的稀土草酸盐及稀土碳酸盐，装进坩埚，然后送入推板窑及梳式窑（燃煤作为燃料）；在一定的温度下（约为1 000℃），将单一稀土草酸盐及稀土碳酸灼烧转化成单一稀土氧化物。主要化学反应方程式如下。

$$2RE_2(C_2O_4)_3+3O_2=2RE_2O_3+12CO_2$$

将灼烧后的稀土氧化物通过一定目数的筛网，去除粗粒物，并以批量混合均匀，包装入库。

1.2.2.6　冶炼分离工艺产排污节点

废气来源主要为酸溶工序废气、盐酸入库废气和配酸工序废气，废气特征污染因子为HCl。废水来源主要为萃取车间皂化废水和草酸沉淀废水，废水特征污染因子为COD、氨氮、含盐量。废渣来源主要为酸溶车间的酸溶渣，废渣特征污染因子为U（图1-22）。

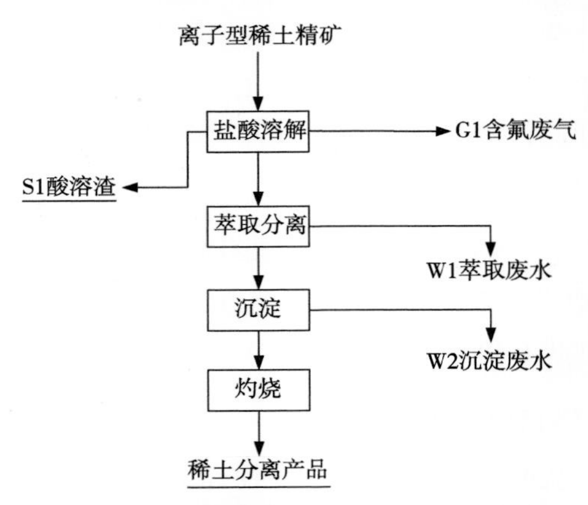

图1-22　离子型矿酸溶分解工艺流程

1.2.2.7　冶炼分离工艺排放清单

1）冶炼分离工艺污染治理措施

（1）废气

各工艺环节蒸发逸散产生的HC1气体，主要采用酸雾净化吸收塔进行处理（图1-23）。

图1-23　酸雾净化吸收塔

（2）废水

萃取车间皂化及洗涤废水先集中收集，采用隔油池＋石灰调节pH值＋喷淋柱连续曝气吹脱氨氮16～24 h＋石灰中和絮凝沉淀，确保第一类污染物达标处理后与其他废水混合（图1-24）。

萃取废水撇油池

曝气除氨塔

图1-24 萃取车间皂化及洗涤废水设施

沉淀车间母液及洗涤废水先分别在各车间冷却沉淀回收草酸稀土，再集中送废水处理站采用真空抽滤的方式进一步回收稀土，之后通过澄清过滤塔与处理后的萃取车间废水于中和反应塔中混合。

混合后的废水在中和反应塔中加入石灰乳液调节pH值，污水形成大颗粒的矾花，混凝沉淀，进入污泥沉淀池内作固液分离板框压滤处理来降低中和废水中的悬浮、沉淀物，经多级澄清池的澄清均化后废水达标排放（图1-25）。

图1-25 石灰搅拌池

（3）废渣

酸溶渣：酸溶渣为稀土矿盐酸溶解后的过滤残渣。其主要成分为SiO_2、Fe_2O_3、Al_2O_3和少量稀土并富集铀钍，酸溶渣属于低放射性废物。

2）冶炼分离工艺排放清单

见表1-39至表1-44。

表1-39　冶炼分离废气排放量

序号	废气种类	来源及特征	污染物	处理量（t REO/a）	产污系数（m^3 废气/t REO）	数据来源	污染治理措施
G1	含HCl废气	高浓度盐酸使用工序，挥发性强	HCl	2 360	2 400	寻乌南方稀土	两级碱喷淋处理，处理效率85%～90%

表1-40　冶炼分离废气种类

序号	废气种类（mg/m^3）	HCl
G1	含HCl废气	25

表1-41　冶炼分离废水污染物及来源

序号	废水种类	来源及特征	污染物	处理量（tREO/a）	产污系数（t废水/tREO）	数据来源	污染治理措施
W1	萃取皂化废水	稀土皂化置换母液	NH_3-N、pH值、含盐量	2 360	15	寻乌南方稀土	石灰中和＋曝气吹脱
W2	草酸沉淀废水	草酸沉淀母液及洗水	COD、pH值、含盐量	2 360	25	寻乌南方稀土	石灰中和

表1-42　冶炼分离废水种类

序号	废水种类	NH_3-N（g/L）	COD（g/L）	pH值	含盐量（g/L）
W1	萃取皂化废水	4～7	—	2～5	150
W2	草酸沉淀废水	—	2.3～3.6	<1	1～7

表1-43　冶炼分离固废污染物及来源

序号	固废种类	来源及特征	污染物	处理量（t REO/a）	产污系数（t渣/t REO）	数据来源	污染治理措施
S1	酸溶渣	离子型稀土矿经盐酸溶解后的不溶渣，低放废物	U	2 360	0.06	寻乌南方稀土	放射性渣库堆存

表1-44 冶炼分离固废污染物类别 单位：Bq/g

序号	固废种类	总α放射性比活度	总β放射性比活度
S1	酸溶渣	20.2 ~ 870.5	5.6 ~ 280.7

1.2.3 四川氟碳铈稀土矿

1.2.3.1 四川氟碳铈矿资源特征

（1）牦牛坪氟碳铈矿概况

牦牛坪稀土矿区位于四川省冕宁县城240°方向，直线距离22 km处，属冕宁县森荣乡。地理坐标：东经101°58′17″~ 101°59′45″，北纬28°26′28″~ 28°28′25″。矿区共探获稀土矿资源储量（REO）3 169 497 t，矿石量10 745.8万t，REO平均品位2.95%。

牦牛坪稀土矿区位于扬子地台西缘的康滇台与盐源—丽江台褶带的过渡部位，矿区处于北东向展布的燕山期冕西碱长花岗岩体中段，矿区附近出露的岩浆岩有流纹岩、碱长花岗岩，以及产出它们之中的燕山期霓石碱性花岗岩的小岩株。稀土矿脉多分布在霓石碱性花岗岩中，部分延及附近的碱长花岗岩和流纹岩中。

地质构造主要为断裂构造，控岩控矿构造为哈哈断裂带，其方向为NNE延伸。

（2）矿产资源特征

四川冕宁稀土矿是近年来发现的大型氟碳铈矿，它不仅含有丰富的稀土元素，而且还含有可综合利用的伴生元素Ba，Pb，Bi和Ag等。整个矿体氧化深度达70 ~ 150，氧化带中伟晶岩型矿石和霓辉石稀土矿细脉为全风化状，原生结构的构造基本破坏，仅局部残留。

矿床中矿物的自然组合类型主要有4种：霓辉石—重晶石—黑云母—氟碳铈矿，这种类型组合的特征是矿物晶体粗大，氟碳铈矿是粗晶板状与造岩矿物相互嵌生，或其本身呈一种板状晶簇。霓辉石和重晶石都已经风化，霓辉石只保留空洞，空洞中全是铁、锰质黑色氧化物，重晶石呈骸晶被保留下来。

矿石结构主要有自形晶结构、半自形—它形晶结构、嵌晶结构、伟晶结构、包含结构、交代结构、风化残余结构、碎裂结构等。矿石构造主要有斑杂状构造、团块状构造、浸染状构造、细脉—浸染状构造、细脉—网脉状构造、条纹条带状构造、土状构造、多孔状构造等。

矿石风化严重，霓辉石多已风化为褐黑色土状粉末，氟碳铈矿风化弱已成碎片，结晶粒度较粗。矿石中发现的矿物有20多种，它们是方铅矿、辉钼矿、黄铁矿、彩钼铅矿、褐铁矿、针铁矿、磁铁矿、钠铁闪石、石英和长石等。其中主要矿物种类含量氟碳铈矿为4.57%，方铅矿0.81%，重晶石为33.4%，萤石为10.01%。

牦牛坪稀土矿的多元素分析结果见表1-46。

表1-46　牦牛坪稀土矿的多元素分析结果

元素	REO	Fe_2O_3	FeO	SiO_2	BaO	CaO	Al_2O_3	K_2O
含量（%）	3.7	4	0.43	31	21.97	9.62	4.17	1.39
元素	Na_2O	MgO	Pb	MnO	P205	F	S	CO_2
含量（%）	1.35	1.1	0.81	0.73	0.55	5.5	5.33	4.11
元素	TiO_2	Nb_2O_5	SrO	ThO_2	U	Mo	Bi	
含量（%）	0.4	0.023	0.75	0.05	0.02	0.007	0.037	

1.2.3.2　四川氟碳铈矿采选工艺

（1）采矿工艺

矿体为露天开采（图1-26），单一汽车开拓运输。露天开采最终境界堑沟口位于露天采场南部及东部，矿石、废石运输出口标高+2 720 m。矿石运输采用45 t自卸式汽车直接运输至选矿厂。露天采坑剥离废石通过91 t自卸汽车运输至矿区南部排土场排弃。

图1-26　露天采场

根据矿山的地形特点，排土场选在露天采场南侧的牦牛沟主山谷中（图1-27），占地面积约273 hm^2。排土场沟底标高约2 455 m，废石堆置总高度暂定285 m，最终堆至高度2 740 m，排土场总容积约31 198.0万m^3，满足矿山开采堆弃废石的堆存要求。

图1-27　排土场规划选址

（2）选矿工艺

牦牛坪稀土矿属易选冶稀土矿，Fe、Ca、P、F、U等有害杂质含量低；其主要稀土工业矿物为氟碳铈矿，次有少量氟碳钙铈矿、硅钛铈矿，富集于碱性基性伟晶岩及同类细网脉和方解石碳酸岩型矿脉中，在霓石英碱正长岩中仅有少量分布。其他矿物还有褐帘石、铅硬锰矿、铅钒、白铅矿、彩钼铅矿、重晶石—天青石系列矿物、萤石等矿物。矿石中氟碳铈矿为主的稀土矿物嵌布粒度较粗，嵌布粒度大于0.08 mm约占85%，对重选分离稀土矿物较为有利；重晶石的嵌布粒度以细—微细粒为主，主要粒度范围在0.02 ~ 0.32 mm；萤石多呈细脉状，嵌布粒度较均匀，主要粒度范围在0.04 ~ 0.32 mm，铅硬锰矿是铅的主要矿物，其嵌布粒度较细，主要粒度范围在0.01 ~ 0.08 mm。彩钼铅矿的嵌布粒度较均匀，主要粒度范围在0.04 ~ 0.16 mm。从送样原矿筛分结果分析可知，+10 mm粒级中稀土含量为0.97%，且占有率为9.23%；解离度测定结果表明，0.4 mm以上稀土矿物解离度较低，而在0.25 mm以下粒级稀土矿物可达到良好的解离（表1-46）。

表1-46　牦牛坪稀土矿选矿工艺指标　　单位：%

产品	产率	品位			回收率		
		REO	$BaSO_4$	CaF_2	REO	$BaSO_4$	CaF_2
稀土精矿	3.44	65.00	—	—	80.00	—	—
重晶石精矿	10.57	—	86.00	—	—	46.60	—
萤石精矿	8.20	—	—	95.00	—	—	58.80
尾矿	77.79	—	—	—	—	—	—
原矿	100.00	2.795	19.510	13.254	100.00	100.00	100.00

稀土赋存状态表明，牦牛坪稀土矿以氟碳铈矿和氟碳钙铈矿矿物形式存在为主，其占原矿稀土总量的86.62%。矿石中铅含量较低，但铅矿物种类很多，共有5个铅矿物，以赋存于铅硬锰矿中的铅最多，铅呈氧化矿物存在，矿物种类多，变化大，具有较大的回收难度。矿石中彩钼铅矿是唯一的钼矿物，赋存于彩钼铅矿中的钼占原矿总钼量的63.70%，其余钼呈分散状态存在。

采用"磁—重—浮"稀土选别流程和脱泥浮选重晶石、再浮选萤石流程。矿石经半自磨闭路磨矿后，进行一段弱磁除杂，两段湿式强磁抛尾，精矿分粗细粒级进行摇床精选，中细粒级的磁选精矿进行两段摇床选别得到重选稀土精矿，粗粒级磁选精矿经两段摇床选别后再经一段湿式强磁精选得到粗粒级磁选精矿。摇床尾矿及强磁精选尾矿经再磨后进行"一粗三扫三精"的稀土浮选流程得到浮选精矿。强磁抛尾的尾矿经脱泥再磨后与稀土浮选尾矿一起进行"一粗四精"的重晶石选别得到重晶石精矿，重晶石尾矿再进行"一粗四精"的萤石选别得到萤石精矿。重晶石精矿、萤石精矿采用浓缩、过滤两段脱水流程，过滤后精矿含水10% ~ 12%。稀土精矿除浓缩、过滤脱水外，还进行干燥，最终精矿含水<4%。

1.2.3.3 采选工艺产排污节点

综合分析，采选工艺中废水主要来源于选矿厂，含有少量浮选药剂和悬浮物，故特征污染因子为COD、SS、Pb；固体废物主要为选矿过程中产生的尾矿（图1-28），特征污染因子为Pb。

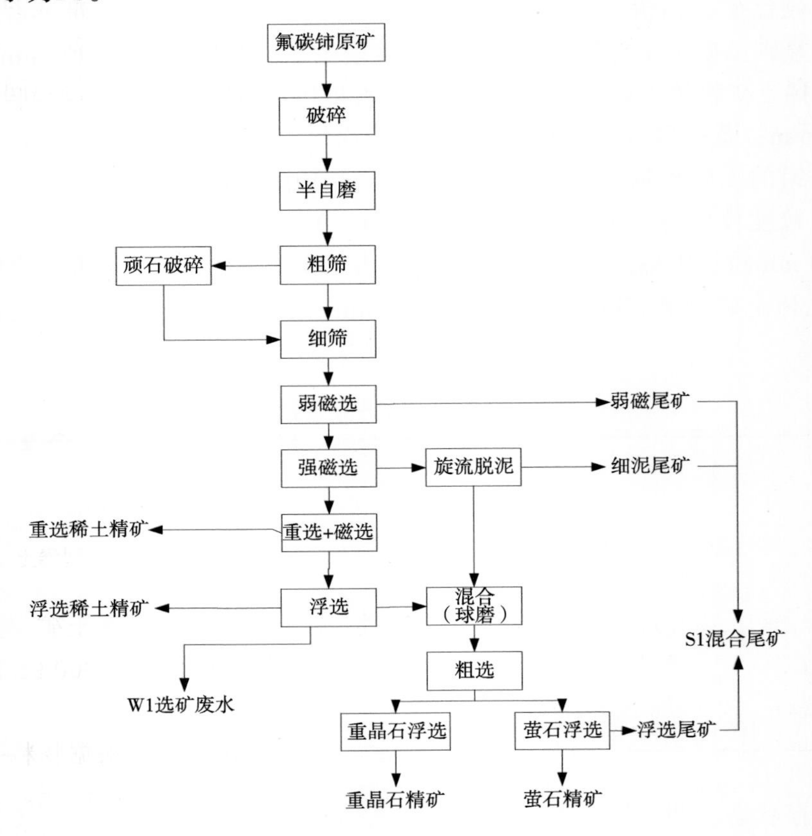

图1-28 牦牛坪稀土矿工艺流程

1.2.3.4 采选工艺排放清单

1）采选工艺物料及元素平衡

采选工艺物料及元素平衡图见图1-29至图1-32。

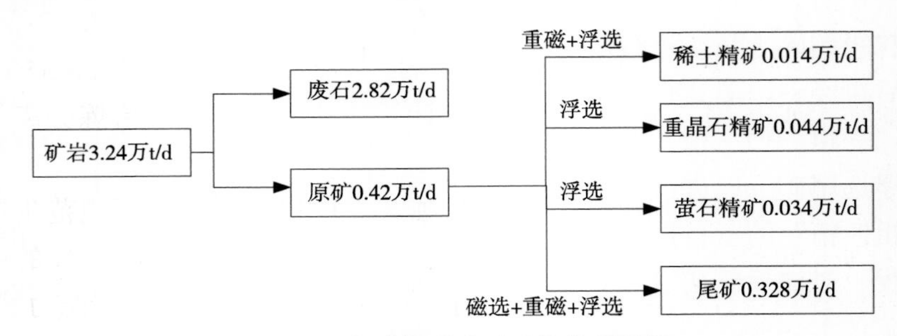

图1-29 牦牛坪稀土矿采选物料平衡

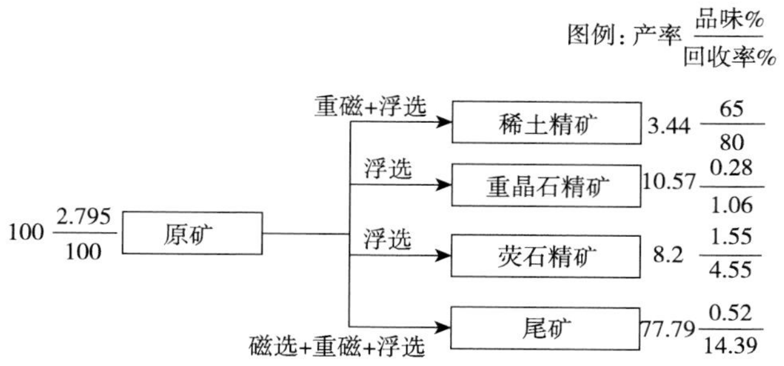

图例：产率 品味% / 回收率%
重磁+浮选
稀土精矿
3.44 65 / 80
浮选
重晶石精矿
10.57 0.28 / 1.06
100 2.795 / 100
原矿
浮选
萤石精矿
8.2 1.55 / 4.55
尾矿
77.79 0.52 / 14.39
磁选+重磁+浮选

图1-30　牦牛坪稀土矿采选REO分配平衡

图例：产率 品味% / 分配比%
重磁+浮选
稀土精矿
3.44 0.4 / 2.12
浮选
重晶石精矿
10.57 0.75 / 12.20
100 0.65 / 100
原矿
浮选
萤石精矿
8.20 0.72 / 9.08
尾矿
77.79 0.64 / 77.60
选矿粉尘
0.001 3 0.65 / 0.001 3

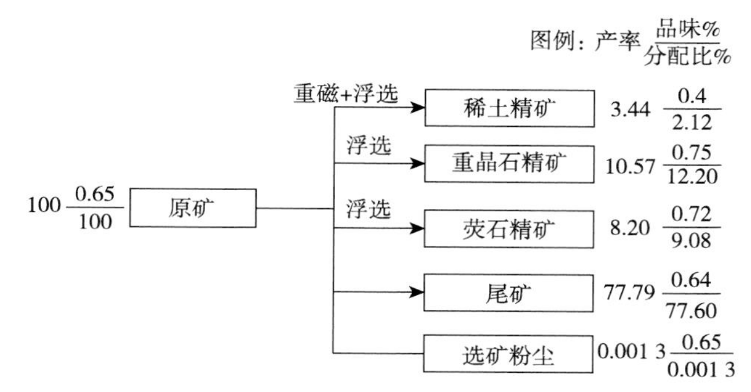

图1-31　牦牛坪稀土矿采选Pb分配平衡

图例 产量（比活度Bq/kg）
重磁+浮选
稀土精矿
140 t/d（7 686.1）
4 200 t/d
（479.91）
原矿
浮选
重晶石精矿
440 t/d（118.6）
浮选
萤石精矿
340 t/d（59.5）
尾矿
3 280 t/d（264.38）

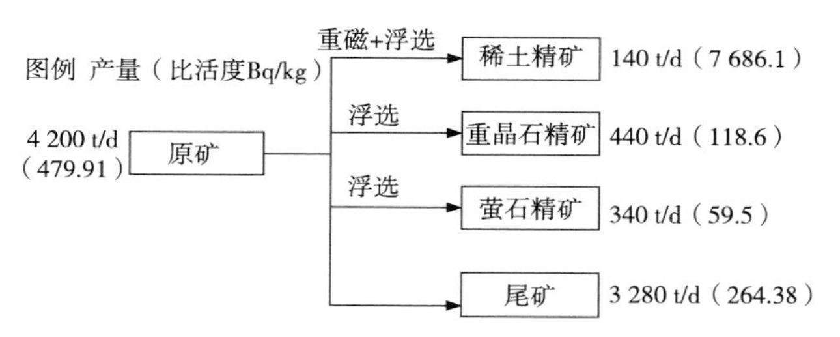

图1-32　牦牛坪稀土矿采选Th分配平衡

2）采选工艺污染治理措施

（1）废水

废水主要来源于稀土矿浮选工序产生的尾水，随尾矿一起带入尾矿库，经自然降解和静置沉淀后可达标外排。

（2）废渣

采选固体废物污染源主要是选矿后的尾矿，排入尾矿库堆存，不排入外环境。

瓦都沟尾矿库位于选矿厂东侧3 km处，库底最低标高为2 314 m，尾矿堆积坝至标高2 450 m，总坝高136 m；总库容2 313万m^3，有效库容1 823万m^3，可为矿山服务24.3 a。瓦都沟尾矿库总占地面积为86万m^2。

尾矿库防渗采用HDPE土工膜防渗，HDPE土工膜渗透系数较小，小于1×10^{-10} cm/s。为防止对下游的污染，在坝下游约700 m处设置一高8 m、长72 m的截渗坝，坝体土石方量2 000 m^3，形成蓄水库容4 000 m^3。截渗坝整个库区均采用与尾矿库相同的防渗结构。截渗坝下游设渗水回水泵站，泵站标高2 266 m，将所截渗水均泵回尾矿库内，再由尾矿库回水设施回至选矿厂重复利用。

3）采选工艺排放清单

见表1-47至表1-50。

表1-47　采选工艺废水排放量

序号	废水种类	来源及特征	污染物	处理量（万t稀土原矿/a）	产污系数（t废水/t稀土原矿）	数据来源	排放去向	废水量（m^3/a）
W1	选矿废水	选矿厂尾矿水	SS、COD、Pb	135	0.7	牦牛坪稀土矿可研	直排尾矿库	945 000

表1-48　采选工艺废水成分

成分	pH值	COD	NH_3-N	SS	Pb
含量（%）	7.66	11	1.5	80	0.512

表1-49　采选工艺固废污染物及来源

序号	固废种类	来源及特征	污染物	处理量万（t稀土原矿/a）	产污系数（t尾矿/t稀土原矿）	数据来源	排放去向	固废量（万t/a）
S1	尾矿	氟碳铈稀土原矿选矿产生的尾矿	Pb	135	0.78	牦牛坪稀土矿可研	直排瓦都沟尾矿库	105

表1-50　采选工艺尾矿成分

成分	REO	Pb	CaF_2	CaO	TiO_2	P205	MnO
含量（%）	0.52	0.64	3.65	2.5	0.025	2.47	0.32
成分	Fe	$BaSO_4$	Mo	MgO	Al_2O_3	SiO_2	其他
含量（%）	0.024	14.31	0.014	0.13	9.52	39.23	26.65

1.2.3.5　氟碳铈型稀土矿冶炼分离工艺

氟碳铈矿的化学分子式为$REFCO_3$或$RE_2(CO_3)_3\cdot REF$，是稀土碳酸盐和稀土氟化物的复合化合物，其中以轻稀土元素为主，铈占稀土元素的50%左右。氟碳铈稀土精矿产品的REO品位为70%左右，精矿中含氟6%～7%，钍含量与白云鄂博混合矿相近。目前应用广泛的是氧化焙烧—稀盐酸优先浸出非铈稀土—碱分解二氧化铈富集物工艺。工艺主要包括焙烧工序、酸浸工序、萃取工序、沉淀工序和灼烧工序等。主要工艺流程概述如下。

1）精矿焙烧

冕宁氟碳铈稀土精矿$RE_2(CO_3)_3\cdot REF_3$（以下简写为$REFCO_3$），在温度约550℃的回转窑中焙烧（图1-33），稀土矿的结构发生变化，分解释放出CO_2并产生大量微孔，有利于酸的渗透从而提高REO的浸出率。同时，矿中的三价铈被氧化成为四价，为将含铈稀土和非铈稀土分离创造了必要条件，其氧化分解反应如下。

$$3REFCO_3 = RE_2O_3 + REOF + 3CO_2\uparrow$$

$$4CeFCO_3 + O_2 = 2CeO_2 + 2CeOF_2 + 4CO_2\uparrow$$

图1-33 氧化焙烧窑

2）酸浸

（1）盐酸酸浸

在稀盐酸环境浸取过程中Ce^{4+}不容易浸出，绝大部分保留在酸浸渣中，仅少部分Ce^{3+}进入浸取液，而其他非铈稀土浸出进入浸取液，从而得到少铈氯化稀土溶液。浸取反应如下。

$$RE_2O_3 + 6HCl = 2RECl_3 + 3H_2O$$

REOF在一定的条件下盐酸浸取的过程中也形成$RECl_3$，其中的F形成转移与铈结合而留存于渣中不被浸出（酸浸加入催化剂，利用氟的优先络合原理，使液态中的铈与氟离子生成氟化铈而进入渣，三价稀土进入液态。从而提高固态物中铈的纯度，降低液态中铈的含量）。

（2）除杂浓缩

少铈氯化稀土溶液中含有铁、钍等少量杂质，以氯化物形式存在。

将少铈氯化稀土溶液在反应罐中搅拌并缓慢加入液碱，pH值调至4.5，铁、钍则沉淀成铁钍渣与稀土分离，反应过程如下。

$$FeCl_3 + 3NaOH = Fe(OH)_3\downarrow + 3NaCl$$

$$ThCl_3 + 3NaOH = Th(OH)_3\downarrow + 3NaCl$$

铁钍渣属低放废物，逆流洗涤并经压滤后送专门的库房暂存。洗涤废水送真空蒸发浓缩。

少铈氯化稀土溶液进入下一反应罐，罐中加入Na_2S除铅。

$$PbCl_2 + 2Na_2S = PbS\downarrow + 2NaCl$$

铅渣属危废，逆流洗涤并经压滤后送专门的库房暂存。洗涤废水送真空蒸发浓缩。

经过浓缩后的少铈氯化稀土溶液进入除放射性工序。向浓缩液中加入少量氯化钡后充分搅拌，再加入少量硫酸中和形成钡渣。钡渣属放射性废物，逆流洗涤并经压滤后送专门的库房暂存。洗涤废水送真空蒸发浓缩。

经浓缩除杂后的少铈氯化稀土溶液进入萃取工段。浸取后的铈富集物经烘干后作为铈富集物产品出售。

（3）萃取分离

溶剂萃取分离法是在含有被分离物质的水溶液与互不混溶的有机溶剂接触，借助于萃取剂的作用，使一种或几种组分进入有机相，而另一些组分仍然留在水相，从而达到分离目的。该项目采用P507（在反应式中以HA表示）作为萃取分离稀土元素的萃取剂。该工段主要包括有机溶剂的皂化反应、稀土元素的萃取反应以及反萃取反应，具体如下。

皂化反应：$NaOH + (HA)_2(P507) = NaHA_2 + H_2O$

萃取反应：$3NaHA_2 + RECl_3 = RE(HA_2)_3 + 3NaCl$

反萃取反应：$RE(HA_2)_3 + 3HCl = RECl_3 + 3(HA)_2$

萃取车间（图1-34）产生的皂化废水和萃余液经除油后送环保车间蒸发浓缩回收氯化钠。反萃取中氯化稀土分离出来的先后顺序为：钐铕钆、镨钕、镧铈。

图1-34　萃取分离车间

（4）碳沉

被分离后的氯化稀土溶液进入碳沉车间，在反应罐中加入碳酸钠，使之沉淀生成碳酸稀土沉淀。

$$2RECl_3 + 3Na_2CO_3 + xH_2O = RE_2(CO_3)_3 \cdot xH_2O \downarrow + 6NaCl$$

碳沉反应废水主要含氯化钠进环保车间蒸发浓缩回收氯化钠。碳酸稀土沉淀经逆流洗涤、离心分离后进入后续灼烧车间，洗涤废水进废水站经中和、沉淀后外排。

（5）灼烧

灼烧车间中有推板窑（辊道窑）和回转窑。固态碳酸稀土产品进入推板窑（辊道窑），通过灼烧后生成氧化稀土产品，并外售；而铈富集物进入回转窑通过烘干后外售。

碳酸稀土的灼烧反应：

$$2RE_2(CO_3)_3 \cdot xH_2O = RE_2O_3 + 6CO_2 + (2x+3)H_2O$$

$$4Ce_2(CO_3)_3 \cdot xH_2O + O_2 = 4CeO_2 + 12CO_2 + (4x+6)H_2O$$

铈富集物的烘干工序：

$$Ce(OH)_4 = CeO_2 + 2H_2O$$

（6）氯化钠回收

萃取和碳沉过程中产生大量的氯化钠废水。氯化钠废水经收集进入环保车间，经蒸发浓缩罐生成氯化钠作为副产品外售。

1.2.3.6 冶炼分离工艺产排污节点

废气来源主要为氧化焙烧尾气，废气特征污染因子为F。

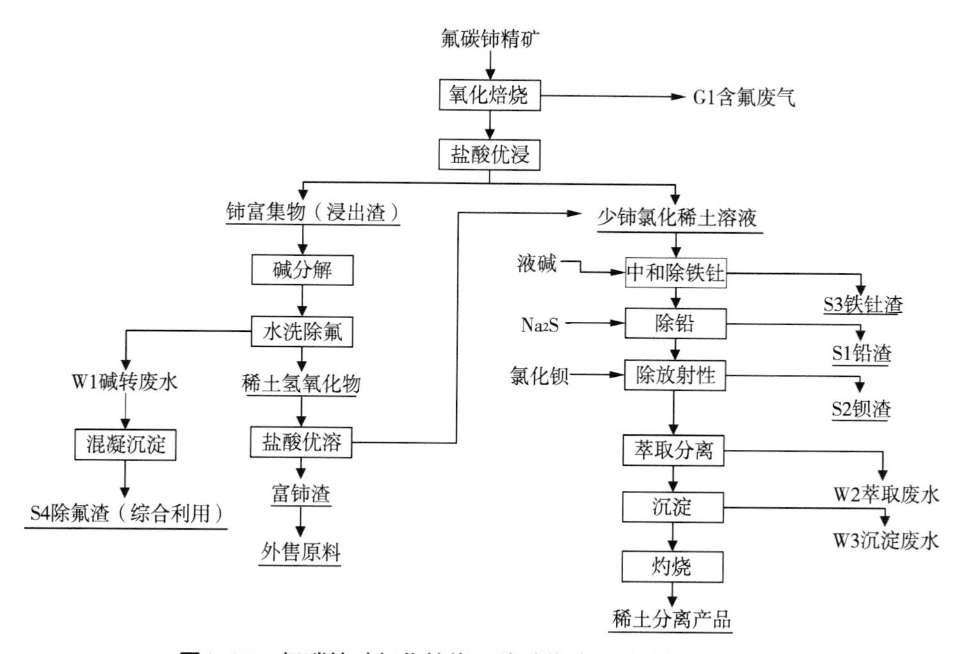

图1-35 氟碳铈矿氧化焙烧—盐酸优溶—碱分解工艺流程

废水来源主要为碱转废水、萃取车间皂化废水和沉淀废水，废水特征污染因子为COD、氨氮、氟化物、含盐量。

废渣来源主要为除杂产生的铅渣、钡渣、铁钍渣及除氟渣，废渣特征污染因子为Pb、F、Th、Ra。

1.2.3.7 冶炼分离工艺排放清单

1）冶炼分离工艺污染治理措施

（1）废气

氧化焙烧回转窑产生的焙烧尾气主要含烟尘和氟化物，一般采用旋风+布袋除尘然后经碱吸收除氟处理。

图1-36　尾气处理措施

（2）废水

碱转废水中含氟较高，一般通过加氯化钙生成除氟渣（主要成分为氟化钙）。

萃取废水先集中收集，采用隔油池＋石灰调节pH值＋曝气＋真空浓缩回收氯化钠。

沉淀车间母液及洗涤废水主要含NaCl，送真空浓缩回收氯化钠。

（3）废渣

铅渣：少铈氯化稀土溶液中加入Na_2S除铅后产生铅渣，其主要成分为PbS，属于危废。

钡渣：浓缩后的少铈氯化稀土溶液加入少量氯化钡后充分搅拌，再加入少量硫酸中和形成钡渣。钡渣属低放射性废渣。

铁钍渣：少铈氯化稀土溶液中加入液碱，pH值调至4.5，铁、钍则沉淀成铁钍渣与稀土分离。铁钍渣属于低放射性废渣。

除氟渣：碱转废水中含有大量的氟化物，加入氯化钙并混凝沉淀，产生主要成分为CaF_2的除氟渣。

2）冶炼分离工艺排放清单

见表1-51至表1-56。

表1-51　冶炼分离工艺废气排放量

序号	废气种类	来源及特征	污染物	处理量（tREO/a）	产污系数（m^3废气/tREO）	数据来源	污染治理措施
G1	含氟废气	氧化焙烧回转窑	烟尘、F	3 000	16 000	盛和稀土	重力沉降＋布袋＋两级碱洗

表1-52　冶炼分离工艺废气种类及成分含量　　单位：mg/m^3

序号	废气种类	烟尘	F
G1	含氟废气	4 500	19

表1-53 冶炼分离工艺废水污染物及来源

序号	废水种类	来源及特征	污染物	处理量（t REO/a）	产污系数（t废水/t REO）	数据来源	污染治理措施
W1	碱转废水	优溶渣碱转过程中的母液及洗水	氟化物	3 000	8.7	盛和稀土	调酸＋氯化钙混凝沉淀
W2	萃取废水	稀土皂化置换母液	COD NH_3-N、pH值、含盐量	3 000	5.1	盛和稀土	隔油＋石灰中和＋曝气吹脱＋真空浓缩
W3	沉淀废水	沉淀母液及洗水	含盐量（NaCl）	3 000	17.9	盛和稀土	真空浓缩

表1-54 冶炼分离工艺废水污染物种类

序号	pH值	氟离子（mg/L）	悬浮物（mg/L）	石油类（mg/L）	化学需氧量（mg/L）	总磷（mg/L）	总氮（mg/L）
W1	6～9	500	70	5	80	3	45
W2	0.5～2	20	120	10	1 500	9	50
W3	6～9	8	50	4	70	1	30
序号	氨氮	总锌	总镉	总铅	总砷	总铬	六价铬
W1	25	1.5	0.08	0.5	0.3	1	0.3
W2	35	3	1	15	2	5	1
W3	15	1	0.05	0.2	0.1	0.8	0.1

表1-55 冶炼分离工艺固废污染物及来源

序号	固废种类	来源及特征	污染物	处理量（t REO/a）	产污系数（t渣/t REO）	数据来源	污染治理措施
S1	铅渣	少铈氯化稀土沉淀除铅	Pb	3 000	0.005	盛和稀土	危废渣库堆存
S2	钡渣	氯化钡与镭的共沉淀渣	Ra	3 000	0.003	盛和稀土	放射性渣库堆存
S3	铁钍渣	铁钍的碱沉淀渣	Th	3 000	0.006	盛和稀土	放射性渣库堆存
S4	除氟渣	碱转废水的沉淀渣	F	3 000	0.2	物料平衡推算	综合利用

表1-56　冶炼分离工艺固废种类及成分含量　　单位：%

序号	固废种类	Th	Pb	F
S1	铅渣	—	18.800	0.47
S2	钡渣	—	—	1.45
S3	铁钍渣	0.5	0.426	2.29
S4	除氟渣	—	0.277	15.50

1.2.4　独居石稀土矿

独居石矿是磷酸盐矿物，国家已经禁止开采单一独居石矿，我国现有独居石矿并不是从单一独居石矿开采而来，独居石矿的主要来源是国内选矿企业从砂矿中提炼分离锆英砂、钛铁矿和金红石等矿产品的副产品，多为选矿企业的尾矿；具体来源有3个方面：一是进口砂矿，二是海南自采海滨砂矿，三是湖南洞庭湖地区采砂淘金产生的尾矿。

1.2.4.1　独居石矿资源特征

进口砂矿主要来源于越南、澳大利亚及印度。以澳大利亚海滨砂矿为例，其砂矿可分为东海岸及西海岸两大带。20世纪70年代以前，澳大利亚重矿物砂主要产自东海岸，目前西海岸重矿物砂的产量远大于东海岸。西海岸带的海滨砂矿沿海岸断续延长475 km，但主要集中在斑伯里市和巴谢尔顿两市间长约50 km的海岸带内。西海岸带砂矿重矿物的总储量在59 Mt以上，其中有许多大型钛铁矿砂矿。如按重矿物中独居石品位0.5%～1%初步估算，西海岸独居石蕴藏量300～600 kt。伊尼亚巴矿山是西海岸最大的独居石砂矿。澳大利亚西海岸地质上属于西澳克拉通，发育大量太古代古老变质岩系。砂矿中的重矿物主要来自古老的花岗片麻岩或混合岩。西海岸有3种不同时代的砂矿类型。较老的砂矿分布在离海岸线约30 km处，位于标高132～133 m的海岸阶地上。较年轻的砂矿距海岸线5～7 km。现代砂矿直接沿滨海地带分布，砂矿体赋存部位稍高出海平面。澳大利亚东海岸有金红石7×10^6 t，锆石6×10^6 t；西海岸有钛铁矿16×10^6 t，锆石1×10^6 t。

我国海南的锆英石和钛铁矿资源主要分布在海南岛东部海滨的文昌市和万宁市，其次为琼海市、陵水县、三亚市，以海滨沉积砂矿和风化残积砂矿为主。海南砂现在开采的有海南万宁和文昌两地，均属海南东海岸。海南的文昌与万宁、广西钦州、广东湛江和茂名分布有大量的选矿企业。我国锆砂矿床较分散，原矿中含ZrO_2、TiO_2较低，矿石中Th、U元素含量较高，且呈细粒晶格嵌布，并与钛铁矿、金红石、独居石、褐钇矿共生。海南文昌现探明可开采面积为100 km^2，以开采深度8 m、重矿物含量4%计算，锆英砂储量应该在300万～350万t。

以海南省万宁市保定滨海沉积型钛铁矿砂矿床为例，该矿体呈向北西突出的北东向弧形不规则带状，平行南海海岸线分布，其北段矿体形态不规则且宽度变化大，南段矿体形态较规则且宽度变化小。矿体全长17 km，平均宽度930 m，平均厚度8.35 m；

平均品位为钛铁矿18.2 kg/m^3、锆石3 kg/m^3；钛铁矿矿物储量C＋D级226.09万t、锆石矿物储量C＋D级37.31万t，属大型矿床。根据矿区地质和毗邻出露岩体人工重砂分析对比研究，该砂矿床的成矿物质（钛铁矿、锆石）来源主要是海西—印支期的灰白色中、粗粒似斑状黑云母花岗岩和海西—印支期的石英闪长岩。矿床的成矿地质条件是：含矿母岩风化残留的石英（为主）、钛铁矿、锆石等矿物，经地表流水搬运入海，在海岸沉积环境、海水分选富集和地壳升降运动的综合作用下，先后形成古沙堤、近代滨海沙堤、阶地和干涸湖组合的滨海沉积型钛铁矿、锆石砂矿床。矿体与围岩的界线不清晰，需靠样品的分析品位圈定。根据矿石的重砂全分析，矿石的矿石矿物为钛铁矿和锆石；可伴生利用的矿物为独居石和金红石；其他矿物主要是中—细粒的石英，此外还有磁铁矿、电气石、黑云母、石榴子石、绿帘石、铬铁矿、榍石、褐铁矿、赤铁矿、菱铁矿、角闪石、透闪石、白钛石、锐钛矿、刚玉、黄晶石、黄铁矿、重晶石等。

1.2.4.2　独居石矿采选工艺

锆钛砂矿的尾矿中稀土主要以独居石为主，独居石矿中含有钛铁矿、含铁锆英石包裹体及少量石英。选矿工艺为磁选、电选及重选联合工艺，其工艺流程为两级磁选、两级电选、一级摇床选别。选矿工艺流程见图1-37。

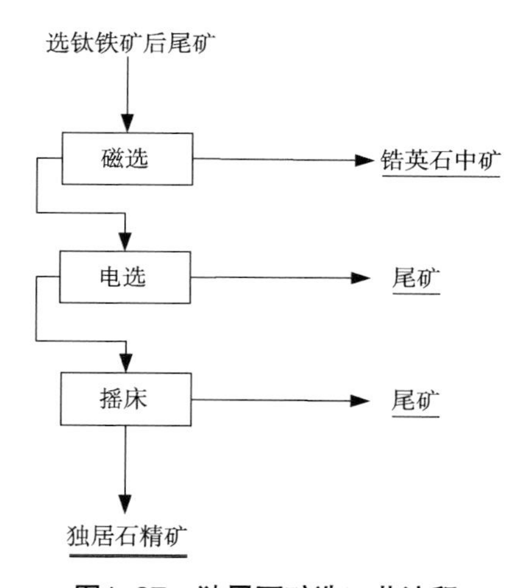

图1-37　独居石矿选工艺流程

1.2.4.3　独居石矿冶炼分解工艺

独居石是稀土和钍的磷酸盐矿物，化学式为（Ce，La，Th）PO_4。独居石稀土精矿具有如下特点：

精矿中独居石的矿物量可达95%～98%，其中REO 50%～60%。

铈组元素占矿物稀土元素总量的95%～98%。

含有较多的放射性元素Th、U及微量的Th和U放射性衰变产物Ra，其中4%～12%的ThO_2，0.3%～0.5%的U_3O_8。

含磷高：25%～27%的P205。

含有少量的金红石（TiO_2）、钛铁矿（$FeOTiO_2$）、锆英石（ZrO_2SiO_2）以及石英（SiO_2）等矿物。

由于稀土磷酸盐化学性质非常稳定，现广泛用于生产的是氢氧化钠分解法（图1-38）。独居石稀土精矿中含有磷、钍、铀成分，为了回收这些有价成分及防止放射性元素污染产品和环境，在氢氧化钠分解独居石的流程中包括氢氧化钠分解、磷碱液回收、稀土与杂质分离、钍铀回收4个部分。

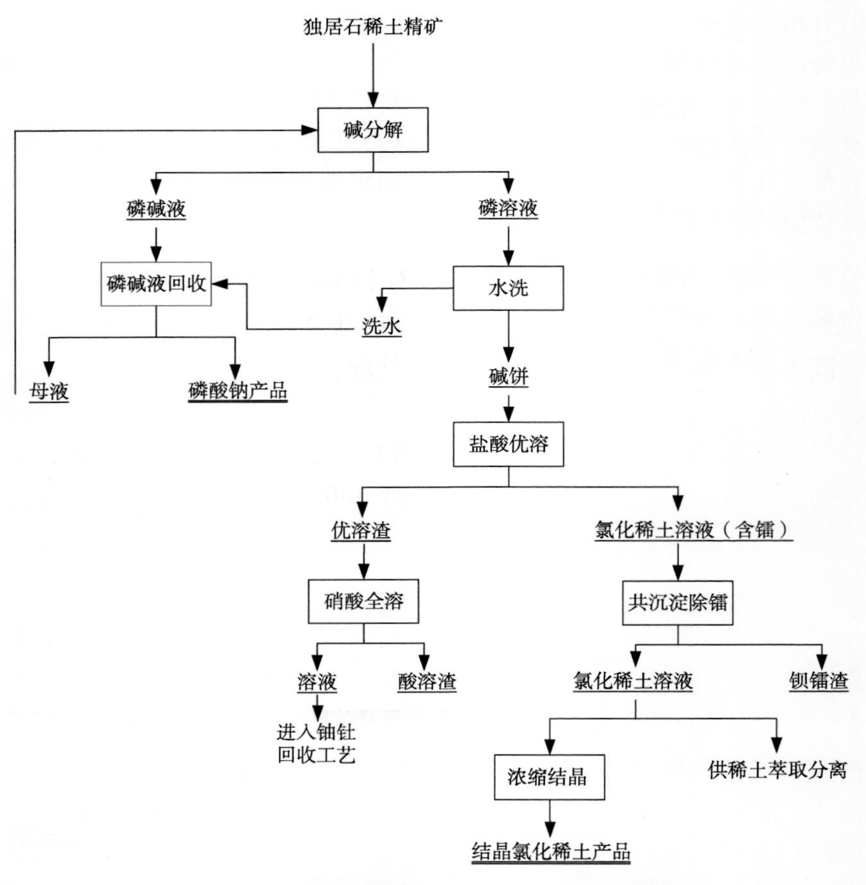

图1-38　独居石稀土精矿氢氧化钠分解工艺流程

1）氢氧化钠分解独居石稀土精矿的原理

独居石在氢氧化钠溶液中加热至140～160℃时将发生的分解反应如下。

$$REPO_4+3NaOH=RE(OH)_3\downarrow+Na_3PO_4$$

$$Th_3(PO_4)_4+12NaOH=3Th(OH)_4\downarrow+4Na_3PO_4$$

独居石中的U_3O_8在不断搅拌下与NaOH和空气中的O_2发生反应如下。

$$2U_3O_8+O_2+6NaOH=3Na_2U_2O_7\downarrow+3H_2O$$

U_3O_8实际是铀的四价和六价复合氧化物$UO_2\cdot2UO_3$，在NaOH溶液中未被O_2氧化的四价铀与NaOH作用，生成氢氧化物，反应方程式如下。

$$UO_2 + 4NaOH = U(OH)_4\downarrow + 2Na_2O$$

在NaOH过量很多的情况下，$U(OH)_4$以铀酰酸根的形态溶入碱液中，反应方程式如下。

$$U(OH)_4 + OH^- = H_3UO_4^- + H_2O$$

同时，铁、钛、铝、锆、硅等矿物也被NaOH分解，反应方程式如下。

$$Fe_2O_3 + 2NaOH = 2NaFeO_2 + H_2O$$

$$TiO_2 + 2NaOH = Na_2TiO_3 + H_2O$$

$$Al_2O_3 + 2NaOH = 2NaAlO_2 + H_2O$$

$$SiO_2 + 2NaOH = Na_2SiO_3 + H_2O$$

$$ZrSiO_4 + 4NaOH = Na_2ZrO_3\downarrow + Na_2SiO_3 + 2H_2O$$

$$ZrSiO_4 + 2NaOH = Na_2ZrSiO_5\downarrow + H_2O$$

铁、钛、铝矿物及石英的分解产物均溶于碱溶液中，与以难溶性氢氧化物存在的稀土和钍及重铀酸钠分离。

氢氧化钠分解独居石的反应属于固—液多相反应。分解反应首先在矿物的表面上进行，生成固态的氢氧化物膜。由于此固体膜致密，独居石的分解反应速率将受NaOH在固相膜中扩散速度的限制，其分解率与温度、时间、NaOH浓度、精矿粒度等工艺因素有关。

氢氧化钠分解独居石稀土精矿的过程是将一种难溶于碱液的稀土磷酸盐转化为另一种难溶于碱液的稀土氢氧化物的过程。在精矿粒度为0.043 mm，NaOH浓度为55%～60%及与其相应的温度和一定的搅拌强度下，分解率可以达到97%以上。

经氢氧化钠分解后得到的是由稀土、钍和大部分铀的氢氧化物沉淀以及未分解的矿物组成的碱溶饼和由磷及其他杂质的可溶性盐及过量的NaOH组成的碱溶浆。欲从碱溶饼中回收稀土，需要经过水洗分离碱溶性物质、盐酸溶解氢氧化物和氯化稀土溶液净化过程。

2）稀土与钍、铀和镭的分离

（1）盐酸溶解氢氧化物

经水洗得到的水不溶物中仍然是由稀土和钍以及铁的氢氧化物和其他碱不溶物以及分解的矿物，因氢氧化物难以过滤，生产中主要采用澄清和虹吸澄清液的方法，得到的浓浆称为碱溶浆。将浓盐酸缓慢加入水洗后的氢氧化物的浓浆中，稀土、钍、铁和铀的氢氧化物被分解为可溶性的氯化物，经过滤分离出分解的矿物后，得到同时含有这些元素的盐酸溶液，反应方程式如下。

$$RE(OH)_3 + 3HCl = RECl_3 + 3H_2O$$

$$Th(OH)_4 + 4HCl = ThCl_4 + 4H_2O$$

$$Fe(OH)_3 + 3HCl = FeCl_3 + 3H_2O$$

在酸溶过程中，$Na_2U_2O_7$也被盐酸分解，以U^{4+}和UO_2^{2+}形式存在于溶液中。

在NaOH分解过程中，铈磷酸盐被分解成三价氢氧化物的同时，一部分三价铈与空气中的氧接触被进一步氧化成四价的氢氧化物。在酸性溶液中Ce^{4+}具有很强的氧化性，可以将Cl^-氧化，以氯气的形式从溶液中逸出。

$$Ce(OH)_4 + 4HCl = CeCl_3 + 4H_2O + 1/2Cl_2$$

四价铈的碱性较低，pH值>0.7时就开始水解，形成$Ce(OH)_4$沉淀。生产中为了提高铈的收率，将反应酸度控制在pH值为1.5～2，并加入少量的H_2O_2将四价铈还原为三价，以促进$Ce(OH)_4$的充分溶解。

（2）盐酸优溶除钍和镭

盐酸溶解时氢氧化物浓浆中的杂质，铁、钍、铀以及微量的镭进入氯化稀土溶液中。基于溶度积原理，调整溶液的pH值，使铁、钍、铀水解成氢氧化物沉淀，从溶液中除去。

首先在酸度较高的条件下（pH＝1～2）将稀土完全溶解，此时部分铁和钍液被溶解。酸性较强的溶液通常用水洗后的氢氧化物的浓浆或碳酸稀土将酸浸溶液的pH值由1～2调至4.5左右，并加入少量凝聚剂，使呈悬浮状态的铁和钍的水解产物迅速凝聚沉淀，再经澄清、过滤，得到的滤渣中含放射性元素钍较高，称为优溶渣。

（3）共沉淀法除镭

“盐酸优溶”得到的氯化稀土溶液中含有微量的钍和铀衰变产物镭，难以去除。在搅拌条件下，向70～80℃的氯化稀土溶液中加入硫酸铵和氯化钡溶液，由于镭的离子半径（14.2 nm）与钡（13.8 nm）相近，镭和钡硫酸盐的溶度积分别为4.2×10^{-11}和1.1×10^{-10}，均属于难溶性物质。在两种离子共存的条件下，能形成类质同晶共沉淀。生产中根据这一原理，借助$BaSO_4$晶体的载带作用，可以有效地除去溶液中微量的镭。

净化后的氯化稀土溶液可以作为稀土分离的原料进入萃取车间逐一分离单一稀土。也可以制备成结晶混合氯化稀土和混合碳酸稀土。

3）碱液的回收利用

（1）水洗分离碱溶性物质

水洗过程属于液、固分离过程。在澄清之前，首先用水稀释碱溶浆，并且在70℃以上陈化6～7 h，使固体颗粒凝集长大，增加沉降速度。溶液澄清后从水洗罐的中部发出上清液。因为碱溶浆中的NaOH和Na_3PO_4浓度很高，生产中通常用10倍于固体的水量，将溶液加热至60～70℃，在搅拌的作用下，重复水洗过程7～8次，才能使水洗液中P205含量小于1%，pH＝7～8。前2～3次洗液中的NaOH浓度为2 mol/L，Na_3PO_4浓度也达到了20 g/L（P205）左右，可用于回收NaOH和Na_3PO_4。

（2）从碱液中回收磷酸钠

碱溶浆的水洗液是同时含有NaOH和Na_3PO_4的碱性溶液，为了便于回收通常先在列文蒸发器中将其浓缩至NaOH浓度为12.5 mol/L，然后将溶液放入水冷结晶槽中，由于此条件下Na_3PO_4的常温溶解度小于0.3%，因此冷却过程中$Na_3PO_4 \cdot 12H_2O$不断结晶析出。

铀在碱性溶液中以六价态存在，并在回收Na_3PO_4时吸附在含12个结晶水的磷酸三钠产品上，而使产品放射性超标。这部分铀可以采用还原碱度法除去。其主要原理和方法如下：第一次析出的Na_3PO_4用热水溶解，六价铀以二价的铀酰离子UO_2^{2+}溶于水中；在加热至沸腾的条件下加入还原剂锌粉和硫酸亚铁，将铀酰离子中的铀由六价还原为四价；还原过程完成后，加入用水调剂的$Ca(OH)_2$与U^{4+}发生置换反应生成$U(OH)_4$沉淀。结晶析出$Na_3PO_4 \cdot 12H_2O$后的母液中NaOH浓度较高，可进一步提高浓度返回碱分解使用。

4） 从优溶渣中回收钍、铀和稀土

优溶渣中的主要化学成分是稀土、钍、铀的氢氧化物和少量的硅酸盐以及未分解的矿物。优溶渣用水洗去除氯离子后，通常采用硝酸溶解的方法溶出稀土、钍、铀。不溶残渣中的主要化学成分是金红石、钛铁矿、锆英石、石英和其他未分解的矿物。酸溶过程的化学反应方程式如下。

$$RE(OH)_3 + 3HNO_3 = RE(NO_3)_3 + 3H_2O$$

$$Th(OH)_4 + 4HNO_3 = Th(NO_3)_4 + 4H_2O$$

$$Na_2U_2O_7 + 6HNO_3 = 2UO_2(NO_3)_2 + 2NaNO_3 + 3H_2O$$

溶液中微量的镭，需加入少量的$Ba(NO_3)_2$除去。除镭后的硝酸溶液，通常采用TBP-煤油组成的有机溶剂萃取分离稀土、钍、铀，得到重铀酸铵、硝酸钍及混合稀土化合物。

1.2.4.4 独居石冶炼分解排放清单

一般来说，独居石精矿成分：REO 55%～60%，U 0.3 %～0.5%，Th 4%～12%，P205 25%～27%。处理1 t独居石精矿产生$RECl_3$（折REO）为0.51 t，副产品磷酸三钠为1.2 t，酸溶渣为0.3 t。

（1）废气

放射性废气主要为独居石精矿、酸溶渣及镭钡渣在堆放过程中由于镭的衰变而产生的少量氡气。

（2）废水

独居石碱分解时的矿浆洗水，盐酸优溶后酸溶渣的洗水，均含微量U和Th具放射性。

（3）废渣

酸溶渣产率为10%～35%、其中富集了U及Th总量的99%，镭钡渣产率为0.6%左右、其中富集了U及Th总量的1%。酸溶渣放射性比活度为5.5×10^5 Bq/kg，镭钡渣比活度为6.2×10^5 Bq/kg。

1.3 典型稀土矿开发与生产环境污染现状

从排放因子来看，近年来随着稀土行业清洁生产水平的提高和污染治理措施的改善，产污系数和排污系数均不同程度上有所下降。

本次调研结果表明，包头混合型稀土矿的稀土选别工艺为浮选—过滤，浮选采用一粗二精流程。粗碎及中细碎粉尘均采用高效布袋除尘器，除尘效率可达99%。选矿废水经与产品精矿脱水分离后打入尾矿库循环利用。尾矿全部排入包钢尾矿库堆存。包头混合型稀土矿采用三代酸法分解工艺：浓硫酸分解—水浸出—P204萃取转型—混合氯化稀土。回转窑焙烧废气采用酸综合回收利用技术，灼烧废气采用多管旋风除尘工艺。含氟酸性废水采用石灰中和法，氯铵废水及萃取皂化废水采用多效蒸发工艺回收盐。水浸渣在放射性渣库堆存，中和渣作为建材外售。

包头市红天宇稀土磁材有限公司采用硫酸焙烧—碳铵沉淀的方法直接生产混合碳酸稀土。包头华美稀土高科有限公司及包头市金蒙稀土有限责任公司均采用硫酸焙烧—萃取转型—萃取分离工艺生产单一稀土氧化物或稀土碳酸盐。内蒙古包钢稀土高科技股份有限公司及包头罗地亚稀土有限公司对氯化稀土溶液进行萃取分离。包头市新源稀土高新材料有限公司、包钢和发稀土有限公司及包头市飞达稀土有限责任公司对混合碳酸稀土进行萃取分离，其中包头和发尚采用氨皂化工艺。

赣州离子型稀土矿经整合开发后主要采用原地浸出工艺：注液浸矿—加注顶水，母液处理包括母液预处理除杂、母液沉淀、压滤脱水工艺。清洗废水的处理工艺一般为“石灰沉淀＋生化组合＋氧化”的组合工艺。母液经除杂处理后产生的除杂渣再经渣处理后就是渣头渣，外卖给建材企业。离子型矿的冶炼分离工艺为：酸溶—萃取—沉淀—灼烧。酸溶等各环节蒸发逸散产生的HCl气体，主要采用酸雾净化吸收塔进行处理。萃取车间皂化及洗涤废水采用“隔油＋预中和＋曝气吹脱＋石灰中和絮凝沉淀处理”工艺。沉淀车间母液及洗涤废水先回收稀土后中和处理。酸溶渣属于低放射性废物，渣库密闭处置。本次调查的12家企业均采用盐酸溶解、P507萃取分离工艺，皂化方式有钠皂和钙皂两种，根据产品纯度的要求不同分别采用草沉和碳沉工艺，部分企业含铕分离或钇分离工序。

四川氟碳铈型稀土矿采选为露天开采、稀土选别流程为磁—重—浮流程。选矿废水在尾矿库中静置达标后外排。尾矿全部进入尾矿库堆存。氟碳铈型稀土精矿分解采用氧化焙烧—稀盐酸优先浸出非铈稀土—碱分解二氧化铈富集物工艺，后续萃取—沉淀—灼烧工序与包头矿类似。氧化焙烧回转窑产生的焙烧尾气采用旋风＋布袋除尘＋碱吸收除氟处理工艺。碱转废水经加入氯化钙生成氟化钙产品外售，萃取废水采用隔油池＋石灰调节pH值＋曝气＋真空浓缩回收氯化钠工艺，沉淀车间母液及洗涤废水采用真空浓缩工艺回收盐。铅渣为危险废物，钡渣和铁钍渣均为低放射性废渣，送渣库规范堆存。

从活动水平来看，典型地区的产能和实际产量相差较大，包头混合型稀土由于随铁矿一同开采，采选产能和实际产量均较大，规范的冶炼分离能力相对较小；赣州离子型稀土矿冶炼分离能力严重过剩；四川氟碳铈稀土矿的采选冶匹配度较好。

根据国土资源部发布的《2015年度稀土矿开采总量控制指标》，内蒙古包头混合型稀土矿的开采限额为59 500 t/a REO，山东微山及四川氟碳铈型稀土矿的开采限额为27 600 t/a REO，江西等南方六省离子吸附型稀土矿的开采限额为17 900 t/a REO，全国稀土矿开采总量为105 000 t/a REO。

调研结果表明，包头混合型稀土矿的采选规模为1 200万t/a，根据物料平衡推算产生26.42万t/a稀土精矿（REO品位50%），折成REO为13万t/a左右的产能。包头地区的稀土精矿分解产能为56 650 t/a REO，冶炼分离产能为50 250 t/a REO。其余的稀土精矿除供给甘肃903厂约7 000 t/a以外，仍有大量剩余且去向不明。

江西赣州地区南方离子型稀土矿经赣州稀土矿业有限公司整合后的一期工程原地浸出处理规模为9 780 t/a REO。仅赣州地区的离子型稀土矿冶炼分离能力就为35 800 t/a REO。这说明离子型稀土矿的冶炼分离能力相对严重过剩。

山东及四川的氟碳铈型稀土矿的采选规模按整合后在建的四川江铜稀土的牦牛坪稀土矿135万t/a计算，根据物料平衡推算其产生46 440 t/a稀土精矿（REO品位65%），折成REO为30 186 t/a左右的产能。四川地区的氟碳铈矿分解能力为26 350 t/a REO。若矿山采取适度限产计划，可以满足指令性计划的指标要求，且冶炼分离能力匹配度较好。

在国家稀土指令性计划之外，还存在从独居石中提取稀土的不规范生产状况。我国独居石主要来自进口海滨砂矿（进口量约占90%），进口海滨砂矿目的主要是满足国内锆、钛材料的需求，独居石是在选矿时产生的副产物，其年生产能力约为55 000 t（REO品位50%）。全国利用独居石生产氯化稀土的企业有12家，全部为民营企业，主要集中在湖南，生产线规模一般在3 000～6 000 t，工艺技术成熟。独居石稀土企业每年需要独居石精矿35 000～40 000 t，折合成REO产能为20 000 t/a左右。目前国内以独居石精矿生产稀土的企业均未通过环保核查和行业准入。独居石经碱分解后产生放射性酸溶渣，对环境污染严重。

综上所述，我国典型地区的典型稀土矿开发过程中的环境污染现状不容乐观，尤其对于包头混合稀土矿的尾矿放射性钍对地下水的污染、赣州离子型稀土矿的氨氮对地表及地下水的污染、四川氟碳铈稀土矿的细尾矿含铅对地表水的污染要引起足够的重视。

2 矿区风险源识别及风险因子筛选

2.1 稀土采选冶工艺概述

我国稀土产业经过几十年的发展和结构调整，根据资源和市场走向已形成三大稀土资源生产基地和两大稀土产品体系。三大稀土资源生产基地分别为：以包头混合型稀土为原料的北方稀土市场基地；以江西等南方7省的离子型稀土矿为原料的中重稀土生产基地；以四川冕宁地区氟碳铈为原料的生产基地。两大稀土产品体系分别为：北方混合型稀土矿和南方离子型稀土矿。

2.1.1 混合型稀土矿

主要是以包头混合型稀土矿为原料的北方稀土生产基地。现有内蒙古包钢稀土（集团）高科技股份有限公司及其子公司包头华美稀土高科有限公司、内蒙古包钢和发稀土有限公司和甘肃稀土集团有限责任公司等骨干企业，以包头稀土精矿或混合稀土碳酸盐和混合氯化稀土为原料的稀土冶炼企业有10多家，处理包头精矿能力合计超过18万t，分离稀土能力为8万t。目前绝大部分处理包头矿的稀土企业采用酸法冶炼工艺，获得纯净硫酸稀土溶液，然后采用萃取转型或碳沉转型进入氯化稀土体系，最后采用P204或P507萃取分离，其中荧光级氧化铕采用还原萃取提取，主要产品有镧、铈、镨、钕、钐、铕等单一或混合稀土化合物及金属。

2.1.2 南方离子型矿

主要是以南方离子型矿为原料的中重稀土生产基地。现有分离企业30多家，骨干企业有中国稀土控股有限公司（宜兴新威）、江阴加华新材料资源有限公司、溧阳罗地亚稀土新材料有限公司、广东珠江稀土有限公司、江西新世纪新材料股份有限公司、江西南方稀土高技术股份有限公司、湖南益阳鸿源稀土有限责任公司等。其中年生产能力超过2 000 t的有10余家，离子矿的总分离能力已达到5万t以上。南方离子型稀土矿普遍采用硫酸铵原地浸出—碳酸盐沉淀—灼烧—盐酸溶解—P507和环烷酸萃取分离提纯钇、镝、铕、镧、钕、钐等中重单一稀土氧化物和部分富集物。主要产品为各种高纯单一稀土氧化物和金属、混合稀土金属及合金等。

2.1.3 氟碳铈矿

主要是以四川冕宁氟碳铈矿为原料，在四川形成了氟碳铈矿生产基地。现有湿法冶炼厂20余家，总分离能力3万t以上。氟碳铈矿冶炼工艺主要是以氧化焙烧—盐酸浸出法为主干流程而衍生出来各种化学处理工艺，产品为镧、铈、钕、镨（镨钕）、铈富集物为主的单一或混合稀土化合物。

2.2 稀土矿风险源初步识别

2.2.1 破坏型生态风险因子

包头混合型稀土矿采矿过程中主要产生的破坏型生态风险因子为大面积土地利用类型改变，过程中导致生物量损失、水土流失、地质稳定性、地形地貌、土壤侵蚀、景观破碎等。

2.2.1.1 土地利用

土地利用方式改变，主要干扰及影响的因素包括土壤、水体、自然灾害、物种资源等，其中表征的指标分别包括土壤碳元素、养分和肥力，地表水和地下水质、水文及旱涝，灾害密度、灾害绝对量，植物区系特征、物种多样性等。其产生的生态负效应主要见表2-1。

2.2.1.2 植被破坏

稀土矿开采引起的地表植被损失主要体现在覆盖降低，导致生物量、多样性和水土流失变化，引起土地退化、水质污染加重、生物多样性降低、森林水源涵养能力降低等生态效应，生态系统水土保持、改善气候功能削弱。

表2-1 土地利用方式改变的生态效应分析

干扰及影响因素	表征指标	生态负效应
土地利用方式改变	土壤碳元素、养分和肥力	①不同土地利用格局将影响土壤CO_2的释放量
		②长期非持续性土地利用会对草原生态系统土壤碳储量产生影响
		③土地利用方式的不合理将会导致土壤养分流失，肥力下降

2.2.2 破坏型生态风险因子筛选

破坏型生态风险因子识别主要通过景观生态学的方法。

景观格局指数Ei：不同的景观类型在维护生物多样性、保护物种、完善整体结构和功能、促进景观结构自然演替等方面的作用是有差别的；同时，不同景观类型对外界干扰的抵抗能力也是不同的。以景观格局分析为基础，构建一个景观格局指数Ei，通过各个指数简单叠加用来反映不同景观所代表的生态系统受到干扰（主要是人类开发活动）

的程度，计算公式如下。

$$E_i = aC_i + bS_i + cD_{Oi}$$

景观破碎度C_i：景观破碎化是由于自然或人为干扰所导致的景观由单一、均质和连续的整体趋向于复杂、异质和不连续的斑块镶嵌体的过程。景观破碎化是生物多样性丧失的重要原因之一，它与自然资源保护密切相关，计算公式如下。

$$C_i = n_i/A_i$$

式中C_i为景观i的破碎度，n_i为景观i的斑块数，A_i为景观i的总面积。

景观分离度S_i：指某一景观类型中不同斑块数个体分布的分离度，计算公式如下。

$$S_i = D_i/a_i$$

$$D_i = \frac{1}{2}\sqrt{n_i / A}$$

$$a_i = A_i/A$$

式中，S_i为景观i的分离度，D_i为景观i的距离指数，n_i为景观i的斑块数，a_i为景观i的面积指数，A_i为景观i的总面积，A为景观总面积。

优势度Do_i：反映斑块在景观中占有的地位及其对景观格局形成和变化的影响，计算公式如下。

$$Do_i(\%) = \frac{\frac{(R_f + R_d)}{2} + L}{2} \times 100$$

密度R_d（%）＝景观i的斑块数目/景观斑块总数×100

频率R_f（%）＝景观i出现的样方数/总样方数×100

景观比例L_p（%）＝景观i的面积/样地总面积×100

景观损失指数R_i：表示遭遇干扰时各类型景观所受到的生态损失的差别，也即其自然属性损失的程度，是某一景观类型的景观结构指数和脆弱度指数的综合。计算公式如下。

$$Ri = E_i \times F_i$$

脆弱度指数F_i：表示不同生态系统的易损性，生态系统的脆弱性与其在景观自然演替过程中所处的阶段有关。研究区各景观类型所代表的生态系统，以沼泽和水域最为脆弱，而居住用地、工业用地、交通用地等人工建筑最稳定。分别对各景观类型赋以脆弱度指数：沼泽7、水域7、裸地6、草地5、耕地4、灌丛3、林地2、居住地1、工业用地1、交通用地1，进行归一化处理，得到各自的脆弱度指数。

根据以上公式计算出C_i、S_i、D_{Oi}等指标后，由于量纲不同，采用比重法进行归一化处理。a、b和c为各指标的权重，且$a + b + c = 1$。三者在不同程度上反映出干扰对景观所代表的生态环境的影响，根据分析权衡，认为破碎度指数最为重要，其次为分离度和优势度。以上3个指数分别赋以0.5、0.3、0.2的权值。

2.2.3 污染型生态风险因子识别方法

对污染型生态风险因子采用等标负荷法进行识别。计算公式如下。

$$P_i = Q_i/C_i$$

式中，Pi为某评价因子的等标负荷；Q为某评价因子的排放量，t/a；C为某评价因子的指标。

P_i根据评价因子的指标不同，存在不同量纲。

进而计算某排放源各类风险因子的等标负荷并求和，对不同排放源进行总等标负荷排序，确定重点风险源。

$$P_{ji} = P_{1i} + P_{2i} + \cdots + P_{ni}$$

式中，P_i为某风险因子等标负荷，P_{ji}为某排放源各风险因子总的等标负荷。

2.3 破坏型生态风险因子识别结果

2.3.1 污染型生态风险因子识别结果

2.3.1.1 气中生态风险因子识别结果

综合稀土矿采选冶过程中生态风险因子排放量及排放控制指标、毒理性和环境控制指标，排放的生态风险因子危险性综合分析情况见表2-2至表2-4。

表2-2 混合型稀土采选冶过程气中生态风险因子风险度分析（排放指标）

序号	风险因子	指标（mg/m^3）	等标污染负荷（$\times 10^9\ m^3/a$）	排放风险度指数
1	HF（氟化物计）	5	1.902	6
2	烟尘	40	0.823	5
3	NO_X	160	0.455	2
4	SO_2	300	0.697	3
5	硫酸雾	35	0.816	4
6	钍、铀	0.1	0.086	1

注：等标污染负荷=排放量/控制指标（排放）。

表2-3 混合型稀土采选冶过程气中生态风险因子风险度分析（毒理性指标）

序号	风险因子	指标（mg/m^3）	等标污染负荷（$\times 10^9\ m^3/a$）	毒理性指标风险度指数
1	HF（氟化物计）	1 044	0.009	1
2	NO_X	1 068	0.068	4

（续表）

序号	风险因子	指标（mg/m^3）	等标污染负荷（$\times 10^9 m^3/a$）	毒理性指标风险度指数
3	SO_2	6 600	0.032	2
4	硫酸雾	510	0.056	3

注：等标污染负荷=排放量/控制指标LC50。

表2-4　混合型稀土采选冶过程气中生态风险因子风险度分析（环境指标）

序号	风险因子	风险度指数＝排放量/控制指标（环境控制限值）		
		指标（mg/m^3）	风险度指数（$\times 10^9 m^3/a$）	环境指标风险度指数
1	HF（氟化物计）	0.007	1 358.571	3
2	烟尘	0.07	470.429	2
3	NO_X	0.25	291.08	1
4	SO_2	0.15	1 393.067	4

注：风险度指数=排放量/控制指标（环境控制限值）。

综合上述两类指标分析判断，混合型稀土矿采选冶过程气中风险因子综合指数情况见表2-5。

表2-5　混合型稀土矿采选冶过程气中风险因子风险度综合排序情况

序号	风险因子	排放风险度	毒理性风险度	环境指标风险度	风险度综合指数
1	HF（氟化物计）	6	1	3	10
2	烟尘	5	/	2	9
3	NO_X	2	4	1	7
4	SO_2	3	2	4	9
5	硫酸雾	4	3	/	10
6	钍、铀	1	/	/	3

考虑到包头地区稀土采选冶过程中，产生的生态风险因子具有综合的生态负面效应，对动植物、人体等具有不同程度的危害。所以研究将结合各种风险因子的生态特殊危害性对其重要性进行二次修正，具体因素重要程度依次如下。

一是非高浓度暴露，对人体具有明显致癌或中毒效应，直接影响人体健康（修正度10）；二是在食物链中容易迁移，并最终富集在食物链高端或顶端（修正度7）；三是对水生生物和陆生植物生长具有明显的抑制作用，且具有植物富集性（修正度4）；四是过量含量会影响生物正常生长，受环境条件影响明显（修正度2）。

结合上述修正因子，混合型稀土矿采选冶过程气中风险因子风险度综合指数情况见表2-6。

表2-6　混合型稀土矿采选冶过程气中风险因子风险度终端排序情况

序号	风险因子	控制指标风险度指数	权重系数	生态效应风险度指数	权重系数	风险度综合指数
1	HF（氟化物计）	10	0.5	11（②+③）	0.5	10.5
2	钍、铀	8		10（①）		10
3	NO_X	7		2（④）		4.5
4	硫酸雾	8		2（④）		5
5	SO_2	9		2（④）		5.5
6	烟尘	10		2（④）		6

由此可见，混合型稀土矿采选冶过程气中重点风险因子为氟化物（HF）、钍、铀。

2.3.1.2　水中生态风险因子识别结果

水中生态风险因子危险性综合分析情况见表2-7和表2-8。

表2-7　稀土采选冶过程水中生态风险因子风险度分析（排放指标）

序号	有害物质名称	排放控制限值（mg/L）	等标污染负荷（$\times 10^6$ m^3/a）	风险指数
1	氟化物（以F^-计）	5	1 095.954	10
2	化学需氧量（COD）	60	95.478	8
3	P	0.5	7.54	5
4	氨氮	15	1 732.343	11
5	Zn	1.0	12.940	9
6	Cd	0.05	1.000	4
7	Pb	0.5	7.840	6
8	钍、铀总量	0.1	8	7
9	As	0.1	0.400	3
10	Cr	0.8	0.038	1
11	石油类	3	0.083	2

注：等标污染负荷=排放量/排放控制指标。

表2-8　稀土采选冶过程水中生态风险因子风险度分析（环境指标）

序号	有害物质名称	环境控制限值（mg/L）	等标污染负荷（$\times 10^6$ m^3/a）	风险度指数
1	氟化物（以F^-计）	1.0	5 479.770	11
2	化学需氧量（COD）	20	286.435	9
3	P	0.2	18.850	7
4	氨氮	0.2	129 925.700	12
5	Zn	1.0	12.940	6
6	Cd	0.005	10.000	5
7	Pb	0.05	78.400	8
8	SO_4^{2-}	250	312.107	10
9	Cl^-	250	8.998	4
10	As	0.05	0.800	1
11	Cr	0.05	1.000	2
12	石油类	0.05	5.000	3

注：等标污染负荷=排放量/环境控制限值。

综合上述两类指标分析判断，混合型稀土矿采选冶过水中风险因子综合指数情况见表2-9。

表2-9　混合型稀土矿采选冶过程水中风险因子风险度综合指数情况

序号	有害物质名称	排放风险度指数	环境风险度指数	综合指数
1	氟化物（以F^-计）	10	11	21
2	化学需氧量（COD）	8	9	17
3	P	5	7	12
4	氨氮	11	12	23
5	Zn	9	6	15
6	Cd	4	5	9
7	Pb	6	8	14
8	钍、铀总量	7	—	14
9	SO_4^{2-}	—	10	20
10	Cl^-	—	4	8
11	As	3	1	4
12	Cr	1	2	3
13	石油类	2	3	5

由上述分析可见，包头混合型稀土矿水中重点生态风险因子为氨氮、硫酸盐、氟化物。

2.3.2 污染型生态风险源识别结果

2.3.2.1 废气风险源识别

结合废气排放指标和环境指标，各污染源的等标负荷和风险度指数情况见表2-10和表2-11。

表2-10 混合型稀土采选冶过程废气风险度分析（排放指标）

排放环节	风险因子名称	排放指标（mg/m^3）	排放速率（t/a）	等标污染负荷	风险度指数
硫酸化焙烧烟气	SO_2	300	177.01	0.590	4
	烟尘（颗粒物）	40	21.55	0.539	
	NO_X	160	64.94	0.406	
	氟化物	5	9.51	1.902	
	硫酸雾	35	28.56	0.816	
	小计			4.253	
碳酸稀土灼烧烟气	SO_2	300	31.95	0.107	3
	烟尘（颗粒物）	40	11.38	0.285	
	NO_X	160	7.83	0.049	
	小计			0.440	
粗碎废气	钍	0.1	0.001 7	0.017	1
细碎废气	钍	0.1	0.006 9	0.069	2

表2-11 混合型稀土采选冶过程废气风险度分析（环境指标）

排放环节	风险因子名称	LC50（mg/m^3）	环境指标，（mg/m^3）	排放速率（t/a）	等标污染负荷	风险度指数
硫酸化焙烧烟气	SO_2	6 600	0.15	177.01	1 180.067	4
	烟尘（颗粒物）	—	0.07	21.55	307.857	
	NO_X	1 068	0.25	64.94	259.76	
	氟化物	1 044	0.007	9.51	1 358.571	
	硫酸雾	510	1.2	28.56	23.800	
	小计				3 130.055	

（续表）

排放环节	风险因子名称	LC50（mg/m^3）	环境指标，（mg/m^3）	排放速率（t/a）	等标污染负荷	风险度指数
碳酸稀土灼烧烟气	SO_2	6 600	0.15	31.95	213.000	3
	烟尘（颗粒物）	—	0.07	11.38	162.571	
	NO_X	1 068	0.25	7.83	31.32	
	小计				406.891	
粗碎废气	钍	—	0.07	0.001 7	0.024	1
细碎废气	钍	—	0.07	0.006 9	0.099	2

综合上述两类指标分析判断，包头混合型稀土矿采选冶过程中重点废气风险源为硫酸化焙烧烟气，其次为碳酸稀土灼烧烟气。

2.3.2.2　废水风险源识别

结合废水排放指标和环境指标，各污染源的等标负荷和风险度指数情况见表2-12和表2-13。

表2-12　混合型稀土采选冶过程废水风险度分析（排放指标）

排放环节	风险因子名称	排放控制限值（mg/L）	排放速率（t/a）	等标污染负荷	风险度指数
含氟酸性废水	氟化物（以F^-计）	5	5 462.1	1 092.420	4
	化学需氧量（COD）	60	146.88	2.448	
	P	0.5	0.57	1.140	
	氨氮	15	26.73	1.782	
	Zn	1.0	0.07	0.070	
	Cd	0.05	0	0	
	Pb	0.5	0.13	0.260	
	钍、铀总量	0.1	0	0	
	SO_4^{2-}	—	21 008.7		
	Cl^-	—	0		
	As	0.1	0	0	
	Cr	0.8	0	0	
	石油类	3	0	0	
	小计			1 098.120	

（续表）

排放环节	风险因子名称	排放控制限值（mg/L）	排放速率（t/a）	等标污染负荷	风险度指数
硫酸铵废水	氟化物（以F^-计）	5	10.31	2.062	3
	化学需氧量（COD）	60	440.86	7.348	
	P	0.5	1.13	2.260	
	氨氮	15	14 699.19	979.946	
	Zn	1.0	12.6	12.600	
	Cd	0.05	0	0	
	Pb	0.5	0.11	0.220	
	钍、铀总量	0.1	0	0	
	SO_4^{2-}	—	40 550.26		
	Cl^-	—	0		
	As	0.1	0	0	
	Cr	0.8	0	0	
	石油类	3	0	0	
	小计			1 004.436	
硫酸镁废水	氟化物（以F^-计）	5	7.36	1.472	1
	化学需氧量（COD）	60	0	0	
	P	0.5	2.07	4.140	
	氨氮	15	0	0	
	Zn	1.0	0.05	0.050	
	Cd	0.05	0	0	
	Pb	0.5	0.05	0.100	
	钍、铀总量	0.1	0	0	
	SO_4^{2-}	—	0		
	Cl^-	—	0		
	As	0.1	0	0	
	Cr	0.8	0	0	
	石油类	3	0	0	
	小计			5.762	

（续表）

排放环节	风险因子名称	排放控制限值（mg/L）	排放速率（t/a）	等标污染负荷	风险度指数
选矿废水	氟化物（以F^-计）	5	0	0	2
	化学需氧量（COD）	60	5 140.96	85.683	
	P	0.5	0	0	
	氨氮	15	11 259.22	750.615	
	Zn	1.0	0.22	0.220	
	Cd	0.05	0.05	1.000	
	Pb	0.5	0.15	0.300	
	钍、铀总量	0.1	0	0	
	SO_4^{2-}	—	0		
	Cl^-	—	0		
	As	0.1	0.04	0.400	
	Cr	0.8	0.03	0.038	
	石油类	3	0.25	0.083	
	小计			838.338	

表2-13　混合型稀土采选冶过程废水风险度分析（环境指标）

排放环节	风险因子名称	环境限值（mg/L）	排放速率（t/a）	等标污染负荷	风险度指数
含氟酸性废水	氟化物（以F^-计）	1.0	5 462.1	5 462.100	2
	化学需氧量（COD）	20	146.88	7.344	
	P	0.2	0.57	2.850	
	氨氮	0.2	26.73	133.650	
	Zn	1.0	0.07	0.070	
	Cd	0.005	0	0	
	Pb	0.05	0.13	2.600	
	钍、铀总量	—	0		
	SO_4^{2-}	250	21 008.7	84.035	
	Cl^-	250	0	0	
	As	0.05	0	0	
	Cr	0.05	0	0	
	石油类	0.05	0	0	
	小计			5 692.649	

（续表）

排放环节	风险因子名称	环境限值（mg/L）	排放速率（t/a）	等标污染负荷	风险度指数
硫酸铵废水	氟化物（以F^-计）	1.0	10.31	10.310	4
	化学需氧量（COD）	20	440.86	22.043	
	P	0.2	1.13	5.650	
	氨氮	0.2	14 699.19	73 495.950	
	Zn	1.0	12.6	12.600	
	Cd	0.005	0	0	
	Pb	0.05	0.11	2.200	
	钍、铀总量	—	0		
	SO_4^{2-}	250	40 550.26	162.201	
	Cl^-	250	0	0	
	As	0.05	0	0	
	Cr	0.05	0	0	
	石油类	0.05	0	0	
	小计			73 710.954	
硫酸镁废水	氟化物（以F^-计）	1.0	7.36	7.360	1
	化学需氧量（COD）	20	0	0	
	P	0.2	2.07	10.350	
	氨氮	0.2	0	0	
	Zn	1.0	0.05	0.050	
	Cd	0.005	0	0	
	Pb	0.05	0.05	1.000	
	钍、铀总量	—	0		
	SO_4^{2-}	250	0	0	
	Cl^-	250	0	0	
	As	0.05	0	0	
	Cr	0.05	0	0	
	石油类	0.05	0	0	
	小计			18.760	

（续表）

排放环节	风险因子名称	环境限值（mg/L）	排放速率（t/a）	等标污染负荷	风险度指数
选矿废水	氟化物（以F^-计）	1.0	0	0	3
	化学需氧量（COD）	20	5 140.96	257.048	
	P	0.2	0	0	
	氨氮	0.2	11 259.22	56 296.100	
	Zn	1.0	0.22	0.220	
	Cd	0.005	0.05	10.000	
	Pb	0.05	0.15	3.000	
	钍、铀总量	—	0	0	
	SO_4^{2-}	250	0	0	
	Cl^-	250	0	0	
	As	0.05	0.04	0.800	
	Cr	0.05	0.03	0.600	
	石油类	0.05	0.25	5.000	
	小计			56 572.768	

综合上述两类指标分析判断，包头混合型稀土矿采选冶过程中重点废水风险源为硫酸铵废水。

3 典型稀土矿区污染物的环境行为及生态效应

3.1 典型稀土矿区稀土元素环境行为

3.1.1 稀土元素的分布特征

我国稀土资源分布具有“南重北轻”的特点，即南方以重稀土为主，北方以轻稀土为主。全国探明储量的矿区分布于16个省（区），共有60多处，以赣南地区为最多，储量、产量均占全国同类稀土资源的50%以上。赣南地区稀土矿床类型为“风化壳型”，稀土元素主要以离子形态吸附于黏土矿物中，由于稀土矿区无序开采，产业经营方式粗放、乱挖滥采现象严重，在浪费大量稀土资源的同时，使得大量稀土进入周围环境并发生迁移、累积、转化和扩散，通过食物链等途径进入人体，同时由于人群暴露时间长，历史积累污染对稀土矿区居民的健康影响在短时间内难以消除。

3.1.2 不同介质中稀土元素的环境行为

中国是世界上稀土资源储量最丰富的国家，也是世界上最重要的稀土生产国之一。稀土资源的广泛开发与应用，尤其是稀土矿的开采使得大量稀土元素进入到环境，势必造成环境中稀土元素的累积。稀土元素的环境行为是一个复杂的运移过程，稀土元素迁移的特性决定于其自身的理化性质，同时受环境介质的酸碱度、氧化还原条件、矿物类型及生物有机体的组成等多种因素的影响。关于稀土元素环境行为的研究，国内外学者已经做了一定的工作，按照研究介质的不同，主要分为以下4个方面。

3.1.2.1 矿区土壤中稀土元素的分布、迁移及生物有效性

矿区土壤中稀土元素的含量：不同类型土壤中稀土含量不尽相同。对我国土壤稀土元素含量研究成果显示，我国土壤环境中稀土元素平均含量为176.8 ~ 264 mg/kg。我国部分地区土壤中的稀土元素分布模式与世界土壤及北美页岩相类似，表现为轻稀土相对富集，土壤中的稀土含量主要受成土母质影响，但气候、地形、地貌、腐殖质和黏粒含量也会对稀土含量产生作用。研究表明，不同稀土矿区环境土壤中稀土元素的含量均高于非矿区，但富集稀土元素的种类有所差别。如在江西赣县大田稀土矿区的耕作土壤中稀土元素含量明显比对照区及全国土壤均值偏高，且相对富集重稀土元素。而相关研究表明，包钢尾矿坝下风位8 ~ 10 km范围内土壤稀土累积明显，混合稀土及La、Ce、

Nd和Pr的含量均高于我国地带性主要土类的平均含量，并且距离尾矿坝越近累积越严重；稀土元素分布模式为轻稀土富集型，Eu表现为负异常。

矿区土壤中稀土元素的赋存状态：稀土元素的赋存状态，直接关系到它们的淋溶速率和随后在环境中的迁移及其生物可利用性。部分学者认为稀土元素在土壤中的存在形态是其生态环境效应和生物可利用性的重要参量，也有研究认为稀土元素在土壤中的迁移能力、生物效应以及环境化学行为在很大程度上取决于其存在形态而非总量。对于我国大多数土壤中稀土元素的存在形态，目前许多学者认为主要为残渣态，活性不大。在土壤提取液中，稀土以水溶态、可交换态、碳酸盐结合、硫化物结合态、铁锰氧化物结合态等多种形态存在。但是由于不同稀土矿区的母岩组成及所处气候等环境条件的不同，其土壤稀土的赋存状态也同时存在较大的差异。我国以红壤为主的赣南富轻、重稀土矿区土壤中稀土元素主要以铁锰氧化物结合态和残渣态存在。而在以黑土和黑钙土为主的北方矿区土壤中，稀土元素主要以无定形结合态和有机质结合态存在，交换态稀土含量不到10%。

土壤中稀土元素的分布和迁移特征：土壤对稀土具有强的吸附作用。外源稀土进入土壤后，只有极少量分布在土壤溶液中，99.5%以上被土壤固相表面所吸附而少移动，另外稀土元素在土壤中不会降解，因此在土壤中的分布模式基本上呈负斜率分布，含量从轻稀土逐渐向重稀土方向有规律的降低，在土壤剖面中的分布一般在表层（耕作层）富集。但在强烈的酸性淋溶条件下，稀土元素会向下迁移，土壤剖面底层聚集。除了被土壤吸附、固定的稀土元素，其他交换态的稀土元素很易随降雨等外界条件的变化进入水体或者被植物吸收。

研究证实，稀土元素在土壤中的迁移能力受土壤黏土矿物、氧化还原电位、pH值、离子交换、络合作用等的影响。如土壤溶液中存在F^-、CO_3^{2-}、HCO_3^-、AC^-等阴离子时，稀土与之形成配合物而发生迁移，但由于轻、重稀土的配合能力不同，致使重稀土淋失而轻稀土沉淀。碱性土壤对稀土的专性吸附作用增强，从而降低土壤交换态稀土含量，并促使土壤中稀土元素由生物有效性较高的形态向生物有效性较低的形态转化。而像红壤等pH值低、铁锰氧化物含量高的土壤，对稀土的专性吸附作用弱，土壤中交换态稀土元素的含量增加，势必增强稀土元素在土壤—植物体系中的迁移性。有学者采用同位素示踪法对外源稀土元素在土壤中迁移进行了土柱淋溶和数值模拟实验研究。在此实验条件下，在酸性土壤上每年下移2 cm，中性土壤约1 cm，而碱性土壤几乎不下移。在酸雨较重的南方稀土矿区，这可能增加稀土元素对环境污染潜势。土壤中稀土元素的迁移是一个复杂的运移过程，当土壤某些因素发生变化时，稀土迁移也随之改变，所以稀土在土壤中迁移的研究是一个复杂又艰难而且耗时长的过程，目前关于稀土元素在土壤中的迁移、转化还有很多尚待解决的问题。

有效氮、有效磷、Ca^{2+}、Mg^{2+}等作为土壤的主要养分，在稀土开采和稀土农用的影响下，这些养分在土壤中的变化已引起众多学者的关注。前人研究发现，在土壤中稀土能有效降低铵态氮的氧化，提高其含量，使得有效氮的含量增大。可见，在稀土作用下，对土壤有效氮的认识还不是很全面，氨氮形态之间的转化还有很多不确定的因素。也有研究认为，低浓度稀土促进土壤有效氮含量增加，高浓度则起阻碍的作用。

3.1.2.2 水体中稀土元素的环境行为

稀土元素在水体中的含量和形态：稀土资源的开发利用以及稀土微肥的广泛应用，使得大量可溶性稀土金属随水力搬运作用进入水体或渗入地下水，从而引发水环境污染问题。稀土元素在非矿区周边的清洁河水中浓度很低，一般浓度在$n \times 10^{-3} \sim n \times 10^{-1}$ μg/L的范围内。而正在开采或废弃重金属矿山的周围地表水体中稀土浓度会更高。有研究发现，在中等深度且碳酸盐含量低的地下水中，稀土元素含量相比其他情况要高，这些区域的人类可能存在健康风险。例如，在赣南富稀土背景的一些地区轻、重稀土富集区的饮用水中可溶性稀土总量分别为110 μg/L和30 μg/L。甚至在赣南的重稀土矿区，由于存在大量开采的尾矿砂被堆积和淋溶，或选矿废液直接排放，使地表水中稀土含量高于一般淡水的140倍。

地表水中稀土元素有3种形态：悬浮颗粒态、胶体颗粒态和溶解态。其中悬浮态（包括碎屑矿物晶格态和黏土矿物吸附态）是河水中稀土元素存在的主要方式。水体中稀土溶解态的含量极低，溶解态稀土约占原水中稀土浓度的20%～30%。轻稀土比重稀土元素在水中具有更大的溶解性。前人对稀土矿山水系中稀土的形态及分布进行了研究，发现原水中的稀土主要是水溶态，稀土的迁移和沉降受pH值控制，用此类水源灌溉为稀土迁移到农田土壤增加了可能性。赣南小流域水体中溶解态稀土元素含量及分布模式，的分析发现，赣南小流域溶解态稀土含量均值为1.28 μg/L，其浓度高于长江、珠江等内陆天然河流，具有富集稀土背景的特点；赣南小流域的水化学特征影响着溶解态稀土元素的含量及其分布模式，溶解态稀土含量随着pH值升高而降低，稀土含量和pH值呈负相关关系，而与水体中的阳离子和阴离子浓度没有明显的相关性。

稀土元素在水体中的分布和迁移：到目前为止，国内外关于稀土元素在水体中环境行为的研究报道，主要围绕在稀土元素在海水、河水和地下水中的环境行为以及水体环境条件对稀土元素性质和行为的影响。

稀土元素往往以悬浮态或溶解态在水体中迁移，绝大多数河流悬浮态显示一定程度的LREE/MREE富集。溶解态稀土的迁移方式主要是以各种不同类型的胶体和络合（配）物形式，相对于页岩标准化河水中溶解态通常是HREE富集模式相关研究显示，通过实验室模拟在雨水、酸雨淋溶作用下，对照组红壤土柱中所含稀土元素有向下迁移的趋势，并且随淋溶液pH值的降低，稀土元素向下迁移的能力增加。

稀土元素可以与自由离子或与水体中的HCO_3^-、SO_4^{2-}、NO_3^-、Cl^-、F^-等无机酸根离子和水溶性有机酸根离子形成络合物，随地表水和地下水迁移。不同的稀土元素在水体中的迁移能力有强有弱，同一类元素迁移能力的大小也会因元素之间性质的差异及环境条件的变化而不同。不同环境条件尤其是水体pH值大小和有机物的含量，对于稀土元素在水体中的行为也有着决定性的作用。一般河水中稀土丰度与水体pH值负相关。已有的有机质稳定常数表明腐殖质化合物的出现将是控制水中稀土活化的重要原因。

3.1.2.3 稀土元素在大气中的环境行为

大量流行病学研究表明，大气颗粒物尤其是细颗粒物由于粒径小，比表面积大，吸附大量有害物质，可对人体呼吸、心血管等多个系统造成危害。迄今为止，国内对于大气中稀土元素含量、赋存状态和迁移模式的研究比较少。包头市2005—2006年春季大气颗粒物中13种稀土元素的含量，发现包头市大气颗粒物中稀土元素含量分布与当地土壤中稀土元素含量分布完全一致，说明其主要来源于附近稀土矿区地壳土壤，同时La等轻稀土元素易附着在粒径小于2.5 μm的细颗粒中，Dy等重稀土元素易附着在较粗的颗粒物中。我国江西稀土矿区大气样品中稀土元素含量测定结果指出，大气中稀土元素组分与矿物中稀土组分十分接近，因此，认为其来源是该地区离子吸附性矿物，而稀土元素的浓度，以源强（矿区）为中心，向周边扩散分布。对于赣南矿区的研究指出，环境中稀土元素极少大气迁移，主要为水迁移和生物迁移。

3.1.2.4 稀土元素的生物迁移能力

植物对稀土元素的吸收：稀土元素不是植物体的必需元素，但是植物体可以吸收稀土元素，并可使稀土元素在植物体内积累。不同的植物对稀土元素的吸收能力不同。蕨类植物（*Pteridophytes*）可显著地积累稀土元素。在酸性土壤中发现的优势物种水龙骨目里白科芒萁属真蕨类植物—铁芒箕（*Dicranopteris Dichotoma*）目前被认为是稀土超富集植物，明显比其他植物更强烈地吸收稀土元素。

植株不同器官对元素的吸收也存在着明显不同。植物体内稀土元素含量分布规律一般为：根>叶>茎。但对铁芒萁和油菜，稀土元素明显在叶片中富集。植物对每个不同单一稀土元素的吸收能力是也不相同的。利用中子活化法测定江西赣南某离子吸附型稀土矿区生长的17种不同植物中8个稀土元素（La、Ce、Nd、Sm、Eu、Tb、Yb和Lu）的含量，发现对大多数植物来讲，Ce不易被吸收和输送，在该研究中只有黄栀子表现出较明显的Ce正异常。

稀土元素的生物迁移能力：研究发现，在赣南稀土矿区环境中，轻稀土的生物迁移能力高于重稀土。赣南富稀土矿区的研究发现轻稀土（La，Ce，Nd）和中稀土元素（Sm，Eu，Tb）在芒萁中的生物吸收系数大大高于重稀土元素（Yb，Lu），说明芒萁对轻、中稀土元素具有较好的选择吸收特性，也就是说轻、中稀土元素比重稀土元素在芒萁中的生物迁移能力强，在马尾松和山杜英的叶片中也存在这样的趋势。研究证明赣南矿区土壤—铁芒萁系统中，重稀土元素的迁移较轻稀土困难。

3.1.3 矿区稀土元素的生态效应

近年来，外施稀土作为增产技术在农业上被大规模推广和应用，尤其在我国最为突出。经过多年的盆栽、小区和田间对比试验，表明稀土对粮食、油料、水果、蔬菜和棉麻等经济作物具有一定增产效果。小麦、水稻、玉米等粮食作物的增产幅度平均为6%～10%；油料、甜菜、烤烟、甘蔗等经济作物为8%～12%；蔬菜、瓜果等平均增产10%～15%。但是，农用稀土促进农产品增收的同时，其所带来的生态效应和生态风险问题已引起有关研究人员的关注。同时有研究表明，喷施稀土后，植物生长状况与稀土浓度之间呈现“低促高抑”现象，即适宜剂量的稀土可提高作物产量，改善作物品质；但超过一定剂量必造成对作物生长的不良影响，进而产生毒害作用。La和Ce对玉米和绿豆根生长影响的研究发现随溶液中稀土浓度增加，两种植物的根长都减小，随之产生的毒性逐渐增大。

有研究证实，任何一种稀土元素都不是生物生长必需的元素，而过量的稀土元素则对生物显现出各种负面影响。农用稀土的生态毒理性效应研究指出，稀土可以改变土壤微生物的种群结构、种群数量及其土壤酶活性，影响植物的生长发育、生理生化过程，并对动物生殖系统、肝脏、儿童智力及人体健康造成损害。稀土累积浓度过高时对作物产生明显的毒害作用，甚至可引起作物死亡；农田稀土的累积会显著影响水稻的生长发育，产量显著降低。

3.2 典型稀土矿区重金属的环境行为

3.2.1 重金属的分布特征

3.2.1.1 包头市区分布

包头东方希望铝业有限公司（工业区，A10）大气TSP中各特征重金属含量均显著高于包头市区其他点位（图3-1），Cd、Cu、Pb、Zn浓度分别高达94.28 μg/m^3、22 579.80 μg/m^3、41 422.76 μg/m^3、2 418.19 μg/m^3（图3-2）。由于环境空气质量标准（GB 3095—2012）中规定污染物限值仅有季平均与年平均标准（表3-1），难以对比。但可取其值与对照区对比，Cd、Cu、Pb、Zn浓度分别为对照区的79.23倍、2 446.35倍、1 387.23倍、115.31倍，为该地区次高值的41.90倍、47.04倍、47.21倍、2.49倍。说明铜厂、铝业是当地大气TSP中Cd、Cu、Pb的最主要污染源，是Zn的重要污染源（表3-2）。

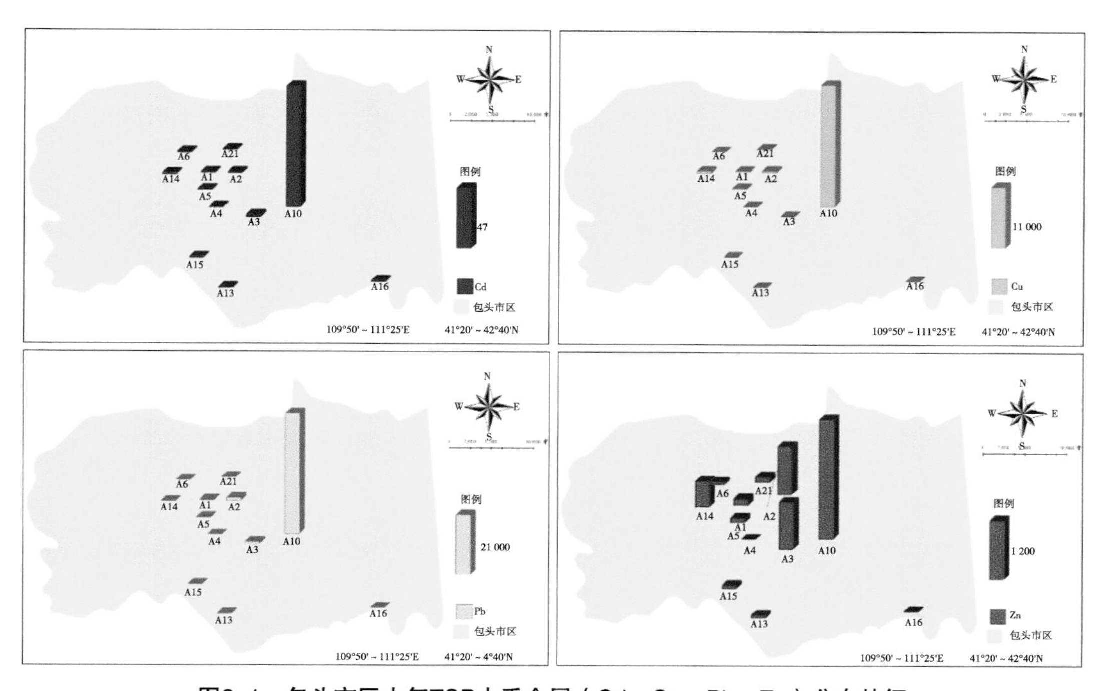

图3-1　包头市区大气TSP中重金属（Cd，Cu，Pb，Zn）分布特征

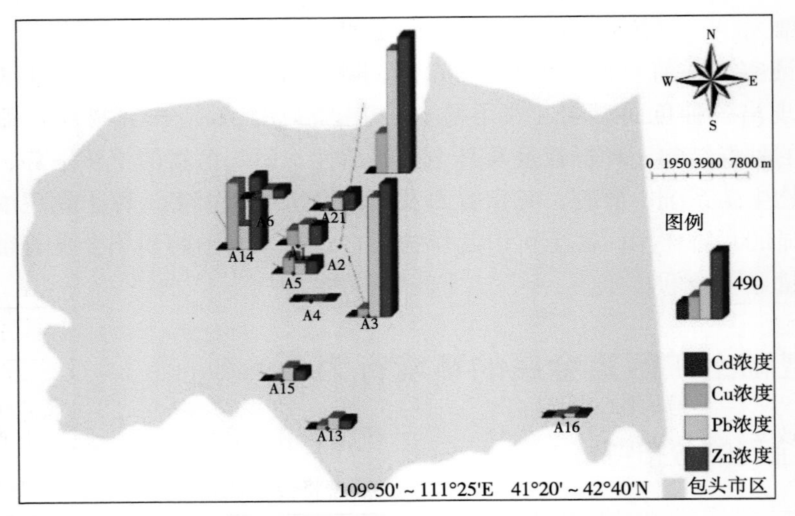

图3-2 市区大气TSP中重金属分布特征（除A10点）

表3-1 环境空气质量标准（GB 3095—2012） 单位：μg/m³

污染物项目	平均时间	污染物限值	
		一级	二级
Cd	年平均	0.005	0.005
Pb	季平均	0.5	0.5

表3-2 市区大气TSP中重金属质量浓度 单位：μg/m³

编号	Cd	Cu	Pb	Zn
A0	1.01	81.25	41.65	159.57
A1	0.87	109.71	150.02	135.83
A2	1.15	285.32	877.35	970.53
A3	2.25	57.58	861.27	953.60
A4	0.42	3.42	7.14	10.03
A5	1.00	117.20	78.62	92.88
A6	1.02	3.78	64.61	65.19
A10	94.28	22 579.80	41 422.76	2 418.19
A13	0.92	27.98	79.48	61.41
A14	1.25	479.98	169.08	523.75
A15	0.88	5.92	96.75	72.59
A16	1.19	9.23	29.86	20.97
A21	1.01	7.3	89.47	122.00

为避免极高值A10点影响市区其他点位的直观分布，去掉A10后其他采样点位TSP中重金属分布特征如图3-2所示。由图可知，除A10点外，A2、A3重金属污染显著。包头华美稀土高科有限公司（工业区，A2）TSP中Pb、Zn浓度均为次高值，分别为877.35 μg/m³、970.53 μg/m³，Cu浓度较其他地区偏高，说明稀土冶炼排放会造成周边大气TSP中携带高含量的Pb、Zn、Cu，是重要污染源。华清池宾馆（二类混合区，A3）TSP中Cd浓度为次高值2.25 μg/m³，Pb、Zn浓度仅略低于A2。神华煤化工（工业区，A4）TSP中质量浓度最低。但总体而言，市区大气TSP中Cd、Cu、Pb、Zn含量整体偏高，并具有极高点，工业局部源影响大。对人群聚集区而言，西海湖度假村（旅游区，A13）大气TSP中重金属含量相对较低，打拉亥村（居住区，A5）Cu浓度偏高，可能是由于该村位于尾矿坝西部，而夏季主导风向为东南风。农户范凯（居住区，A21）Zn浓度偏高。

3.2.1.2 白云鄂博矿区分布

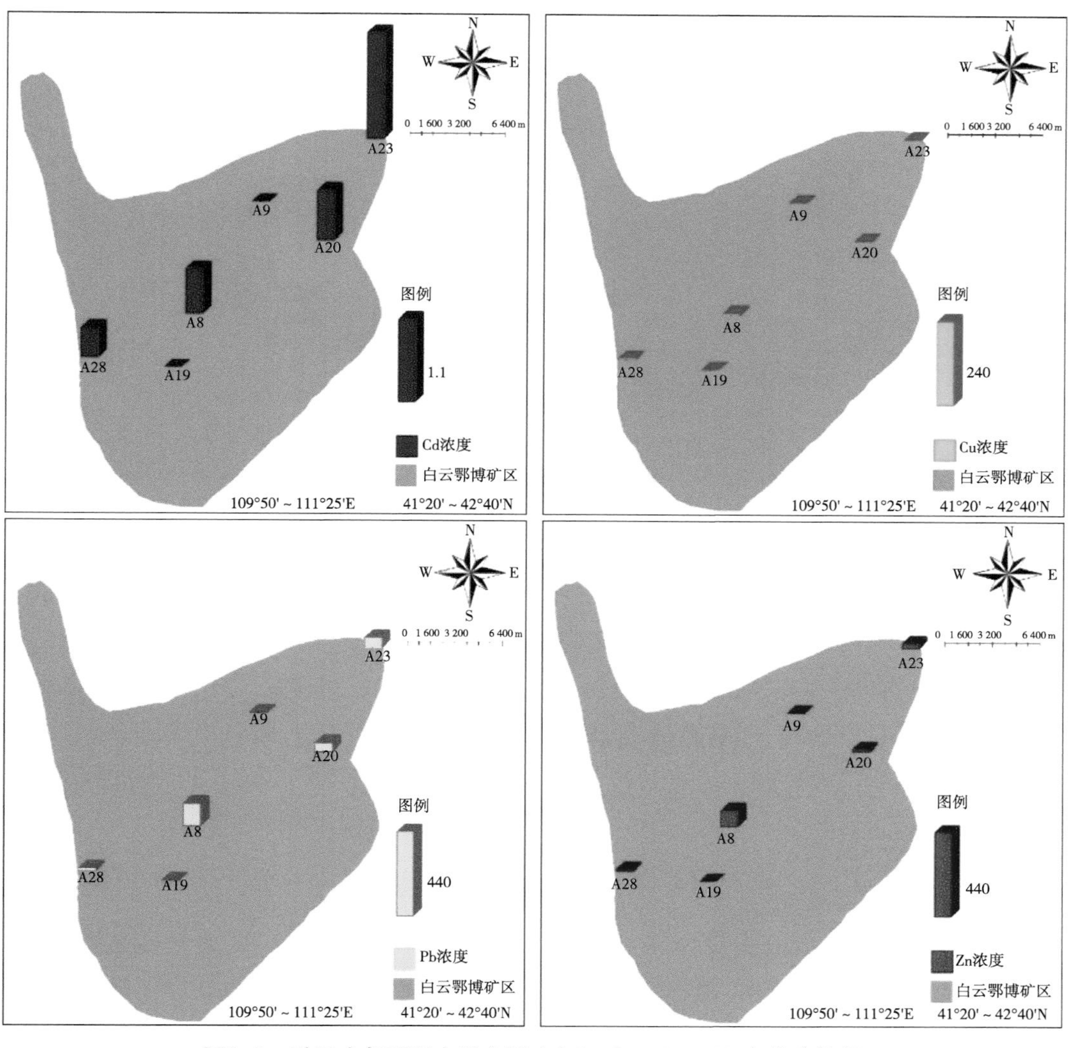

图3-3 矿区大气TSP中重金属（Cd，Cu，Pb，Zn）分布特征

表3-3 矿区大气TSP中重金属质量浓度 单位：μg/m³

编号	Cd	Cu	Pb	Zn
A8	0.6	5.73	116.46	91.16
A9	0	0.54	3.65	3.17
A19	0	0	0.64	0.47
A20	0.67	1.63	43.13	16.94
A23	1.44	0.35	54.22	28.75
A28	0.41	4.86	11.27	12.68

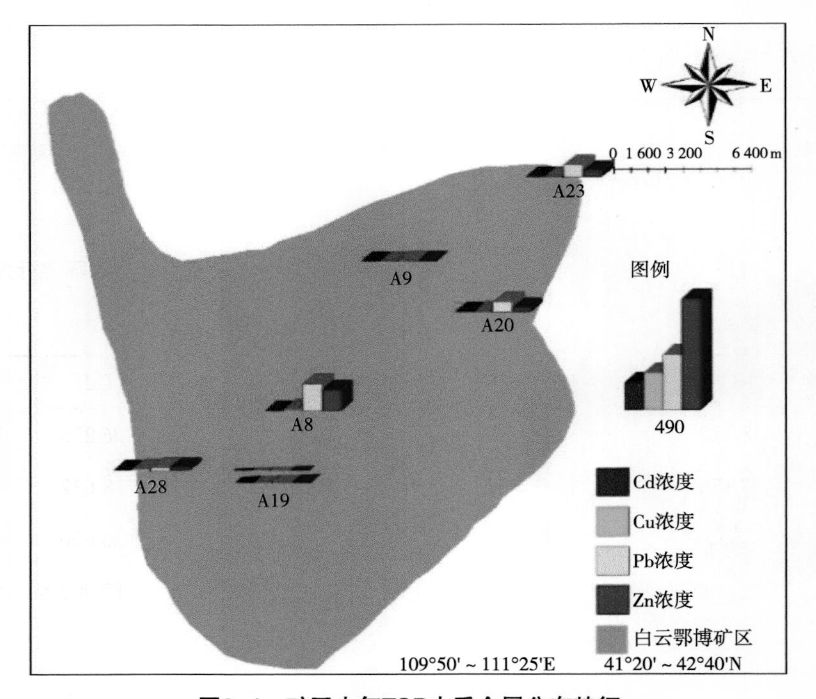

图3-4 矿区大气TSP中重金属分布特征

上述结果表明，白云鄂博矿区总体而言大气TSP中Cd、Cu、Pb、Zn含量较低，A8、A23、A20大气TSP中重金属含量高于其他地区。冀东水泥厂（工业区，A23）Cd浓度相对较高，为1.44 μg/m³。白云环保局（二类混合区，A8）Pb浓度较高，为116.46 μg/m³。

3.2.1.3 包头市区与白云鄂博矿区对比

除对照点外，以所有测试结果，得到包头市区和白云鄂博矿区大气样品重金属质量浓度的特征值（表3-4）：最大值（x_{max}）、最小值（x_{min}）、平均值（x）、标准偏差（s）、中位数。

表3-4　市区与矿区大气TSP中重金属质量浓度特征值

元素	区域	样品数（个）	ρ（μg/m³）					对照点（μg/m³）
			x_{max}	x_{min}	x	s	中位数	
Cd	市区	38	94.28	0.42	8.84	26.91	1.01	1.19
	矿区	14	1.44	0.00	0.62	0.53	0.60	0.00
Cu	市区	38	22 579.80	3.42	1 979.94	6 488.93	69.42	9.23
	矿区	14	5.73	0.35	2.62	2.51	1.63	0.00
Pb	市区	38	41 422.76	7.14	3 661.52	11 895.62	93.11	29.86
	矿区	14	116.46	3.65	45.75	44.83	43.13	0.64
Zn	市区	38	2 418.19	10.03	465.46	704.15	128.92	20.97
	矿区	14	91.16	3.17	30.54	35.11	16.94	0.47

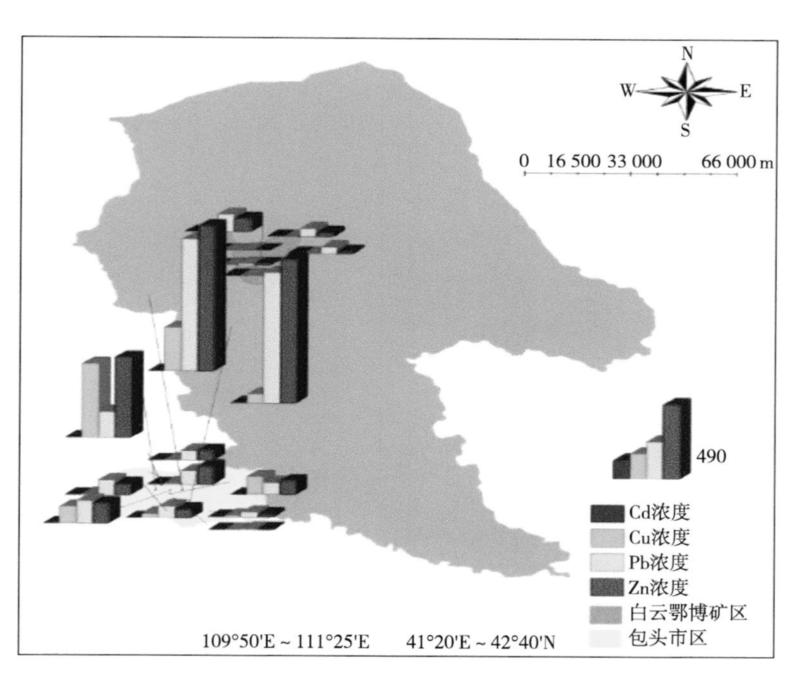

图3-5　大气TSP中重金属浓度两区对比

包头市区Cd、Cu、Pb、Zn浓度的最大值、最小值均高于白云鄂博矿区，且算术平均值分别为矿区的14.26倍、755.70倍、80.16倍、15.24倍。与对照点相比，市区Cd、Cu、Pb、Zn浓度分别高出对照点7.65 μg/m³、1 970.71 μg/m³、3 631.66 μg/m³、444.49 μg/m³，矿区Cd、Cu、Pb、Zn浓度分别高出对照点0.62 μg/m³、2.62 μg/m³、45.11 μg/m³、30.07 μg/m³，市区受到人为干扰产生的污染比矿区严重许多，尤其以Cu、Pb污染最为显著（图3-5）。这可能是由市区与矿区的产业结构所决定的，说明冶炼与加工业对大气TSP中重金属含量贡献较大，采矿与选矿业对大气TSP中重金属含量贡献小于前者。市区各重金属元素的标准偏差值明显大于矿区，则市区不同点位间污染程度差异大，矿区较市区而言，污染程度较平均。这可能由矿区工业较单一，不如市区工业多元化造成的。

3.2.2 不同介质中重金属的环境行为

内蒙古包头市白云鄂博矿区土壤重金属Cd、Cr、Pb、Zn、Cu含量基本统计结果见表3-5。Pb的变异系数最大为65.61%，其次为Zn48.81%。矿区变异系数大小为Pb>Zn>Cd>Cu>Cr。一般地，变异系数反映统计数据波动特征，一定程度上可以描述元素污染状况。变异系数越大，表明同一元素在不同地方所受污染有较大差异，或者是受外来污染影响较大，即该元素受人为活动的干扰越强烈；变异系数低反映了同一元素在不同样点污染程度具有相似性，污染程度较轻，也可能是外来污染对此种元素影响较小。而矿区Pb较高的变异系数可能反映了人类活动产生的外源Pb进入土壤。

表3-5 白云鄂博矿区土壤重金属含量描述

项目	Cu	Zn	Pb	Cd	Cr
最大值	33.81	148.20	105.60	0.43	175.80
最小值	17.84	33.55	17.92	0.88	115.30
算术平均值	23.23	64.30	35.23	0.27	136.27
几何平均值	22.99	59.96	30.57	0.26	135.46
中位值	22.56	54.37	25.81	0.27	131.80
标准差	3.69	32.80	22.70	0.07	15.85
变异系数（%）	16.01	48.81	65.61	26.45	11.54

从表3-6来看，Cu、Cd、Cr、Pb、Zn含量均高于内蒙古土壤背景值，其中，以Cd和Cr积累更为严重，以内蒙古土壤背景值作为基准，矿区样点中Cr和Cd均超标，矿区土壤中重金属Cr和Cd算术平均值含量分别高出内蒙古土壤背景值281.39%和635.135%；Cu、Pb、Zn高出内蒙古平均值82.323%、160.547%、35.248%。矿区Cr和Zn含量相近，而Cd、Cu、Pb含量有差别，尤其是Cd含量差异明显，一定程度上也说明了矿区Cd、Cu和Pb含量受人为活动影响较大。

矿区Cu算术均值以及几何均值含量均略高于全国土壤算术均值以及几何均值，分别高出2.779%和14.93%。土壤Cd和Cr算术均值分别高出全国土壤算术均值的180.412%、123.395%，几何均值分别高出全国土壤几何均值的251.351%、151.314%；包头市辖区土壤Cd和Cr算术均值分别高出全国土壤算术均值的61.856%、123.607%，Cd和Cr几何均值分别高出全国土壤几何均值的97.297%、146.276%。矿区土壤中Pb几何均值低于全国土壤几何均值，算术均值略高于全国土壤几何均值，高8.696%。矿区土壤中Zn的算术均值以及几何均值均在中国土壤算术均值以及几何均值范围以内。

表3-6 全国以及内蒙古土壤重金属含量背景值

项目	Cu	Zn	Pb	Cd	Cr
中国土壤几何均值	20.00	67.70	23.60	0.074	53.90
中国土壤算术均值	22.60	74.20	26.00	0.097	61.00
内蒙古土壤均值	12.74	47.54	13.52	0.037	35.73
世界土壤背景值	20.00	50.00	12.00	0.060	70.00

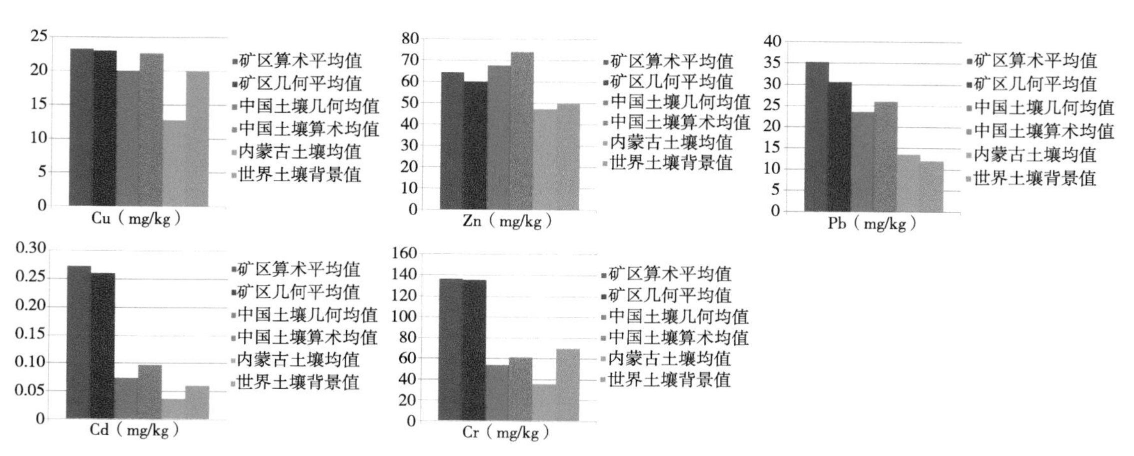

图3-6 包头市区及矿区土壤重金属均值与其他背景值比较

与国内其他城市土壤重金属含量相比（表3-7），白云矿区土壤中重金属Cr含量总体水平与国内其他城市相比较高，而Cu和Pb含量偏低。矿区土壤重金属Zn和Cd含量明显低于国内较发达地区以及开发历史悠久的城市Zn和Cd的含量，而北京和深圳除外，这可能由于北京作为中国首都，政府对各项污染物都严格控制；而深圳开发历史较短。一定程度上说明除区域背景值差异外，人类活动（主要为工业污染）历史长短及强度也是影响城市土壤重金属累积程度的重要原因。

表3-7 不同地区土壤重金属含量对比　　单位：mg/kg

区域	Cr	Cu	Pb	Zn	Cd
北京	35.6	23.7	28.6	65.6	0.15
上海	107.9	59.3	70.7	301.4	0.52
杭州	47.5	41.0	75.7	148.0	1.30
深圳	27.8	10.8	38.9	59.0	0.07
南京	84.7	66.1	107.3	162.6	—
徐州	78.4	38.2	43.3	144.1	0.54

（续表）

区域	Cr	Cu	Pb	Zn	Cd
青岛	54.0	55.0	62.0	201.0	0.30
长沙	121.0	51.4	89.4	276.0	6.90
吉林	80.4	24.7	34.7	109.2	0.20
长春	66.0	29.4	35.4	90.0	0.13
香港	23.1	23.3	94.6	125.0	0.62

白云鄂博矿床产于白云鄂博群中，该矿区矿化规模较大，自东向西分布有5个铁矿体，即东部接触带、东介勒格勒、东矿、主矿及西矿。资料显示，2011年，白云鄂博矿区工矿用地面积3 379.67 hm^2，2009—2011年，白云鄂博矿区工矿用地略有增加。白云区科学合理的规划行政区、工业区、生活区和商务区。行政区以稀土路以北为核心，部分行政机构设在通阳道、矿山路两侧；北部和西北部（东、主、西矿区及各车间）、东北部（三角河工业区）、东南部（宝山工业区和黑脑包工业区）为工业区。工业区向西、北、东拓展有较大发展空间，有利于包钢大工业和我区工业长远发展；城区主干道两侧、再就业市场以及第一、第二集贸市场为商务区；稀土路南部部分地区为风力发电场区。要以不断改善空气质量、生活环境和建设绿色城区为目标，在行政区和生活区之间规划生态绿地，工业区和生活区之间的隔离带全部作为生态绿地。

为合理的反映白云区土壤重金属污染状况，拟采用的功能区划分在白云区城市规划的基础上进行了合理的改进。由于白云鄂博矿区以采矿为主，矿区面积328.64 km^2，建成区面积10 km^2，故将研究功能区划分为采矿区（排土场、采矿坑、尾矿库）、城市居住区、城市工业区。在研究过程中，首先将单因子污染指数级内梅罗综合污染指数在ArcGIS中用反距离权重法进行空间插值，然后将插值结果与白云矿区简要功能区进行空间叠置，最后得到白云鄂博矿区土壤重金属污染空间分布规律，如图3-7所示。

研究主要讨论以采矿区为中心的土壤重金属污染。通过内梅罗综合指数的空间分布来看，白云矿区的土壤受到了严重的重金属污染，离采矿区越近的地方污染越严重，城市建成区也受到了严重的重金属污染，城市土壤主要经过扬尘与人体接触，会引发大气污染，要给予足够的重视。对单因子污染评价结果进行各重金属元素污染特征分析：对土壤污染污染最严重的重金属是Cr和Cd，其次是Pb，污染程度最小的是Cu和Zn；Cd的污染指数最小值为2.39，最大值为11.53，污染最严重的地方集中在采矿区西北方，其次是城市建筑用地；Cr的污染指数最小值为3.28，最大值为4.92，土壤均为严重污染且污染范围跨度不大，污染严重的地方集中分布在采矿区周围，说明长期的采矿活动对白云区形成了持久性污染；Zn整体为中度污染，污染主要集中在采矿区周围；Pb污染指数最小值为1.33，最大值为7.81，污染集中在矿区及其周边，城市建筑区的污染尤其严重，说明Pb的污染不仅来源于采矿活动，也来源于人们生活活动如汽车尾气的排放；Cu的污染主要集中在矿区的北边，城区内部为中度甚至轻度污染。

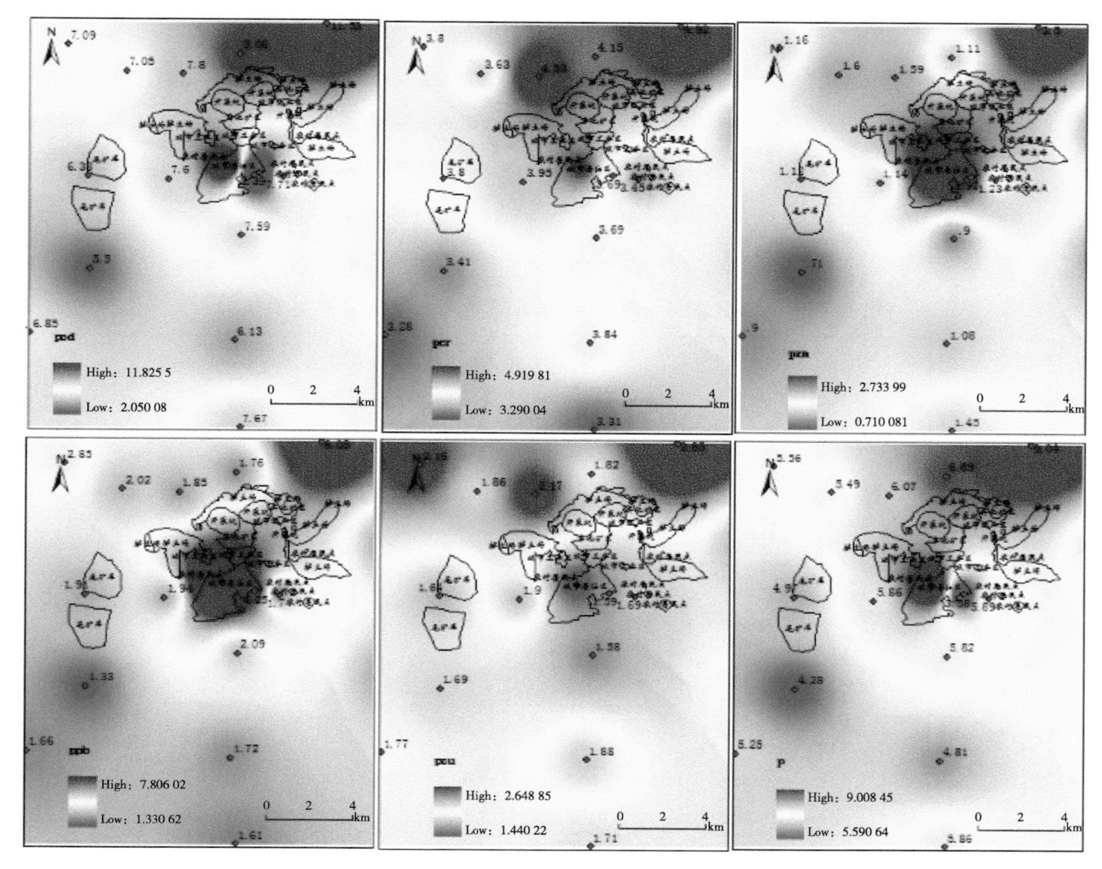

图3-7　白云鄂博矿区重金属污染空间分布

以上分析结果表明，白云鄂博矿区的采矿活动给白云鄂博矿区的土壤造成了严重的重金属污染。居民主要集中居住在城区，城区的土壤重金属污染程度也很高，对人们居住环境的健康及安全性构成了严重的威胁。城区土壤重金属来源一方面为采矿场开采过程中带来的灰尘，另一方面来自采矿工人的携带。白云鄂博矿区的环境污染程度应引起相关部门的足够重视。

3.2.3　矿区重金属的生态效应

3.2.3.1　内梅罗指数评价

研究以内蒙古土壤背景值为土壤质量标准，矿区土壤重金属各单因子指数以及内梅罗指数见表3-8。白云鄂博矿区所有采样点位的土壤质量均为严重污染。内梅罗污染指数跨度为3.58～9.04，平均值为5.67。最高值出现在矿区南边6.6 km处的077县道（S-BY-19），前5个高污染指数采样点依次为S-BY-19>S-BY-2>S-BY-12>S-BY-13>S-BY-9。

白云鄂博矿区土壤中Cr、Cu、Pb、Zn、Cd 5种重金属元素各自单因子污染指数显示，82.35%样点土壤中Cu存在潜在污染，S-BY-13、S-BY-19以及S-BY-35三个样点土壤中存在来自Cu的轻污染。除了S-BY-19以及S-BY-2点土壤受Zn的轻污染外，样点中有10个采样点土壤受Zn的潜在污染，其余5个样点Zn污染级别均为清洁。矿区周围土壤受Pb重污染的点位有S-BY-1、S-BY-2和S-BY-19，受Pb轻污染的点位有3个，受Pb潜在污染的点位有11个。Cr和Cd的污染指数较高，所有样点中土壤受Cr污染程度级别均为严重；土壤中受Cd污染程度除S-BY-1样点之外，其余样点污染程度都是严重污染，且单因子指数平均值达到7.35。

表3-8　白云鄂博矿区土壤重金属单因子指标指数及内梅罗指数

样点	Cr	Cu	Pb	Zn	Cd	$P_{内梅罗}$	污染
S-BY-1	3.688 777	1.591 837	4.247 041	1.918 595	2.386 678	3.584 087	严重
S-BY-2	4.298 908	1.440 345	7.810 651	2.738 746	10.441 510	8.294 734	严重
S-BY-9	3.453 680	1.686 813	1.703 402	1.233 488	7.710 649	5.891 714	严重
S-BY-12	4.147 775	1.820 251	1.761 095	1.107 278	9.057 716	6.886 588	严重
S-BY-13	4.528 408	2.169 545	1.850 592	1.587 505	7.804 054	6.073 597	严重
S-BY-19	4.920 235	2.653 846	6.053 994	2.498 948	11.525 030	9.039 132	严重
S-BY-21	3.627 204	1.861 852	2.015 533	1.602 230	7.053 619	5.486 343	严重
S-BY-22	3.797 929	1.636 578	1.909 024	1.116 113	6.377 119	4.973 571	严重
S-BY-23	3.954 660	1.904 239	1.935 651	1.143 668	7.603 368	5.863 282	严重
S-BY-24	3.685 978	1.577 708	2.092 456	0.903 450	7.591 059	5.816 954	严重
S-BY-25	3.618 808	1.802 983	1.789 201	0.910 391	7.326 668	5.622 533	严重
S-BY-26	3.476 071	1.638 148	1.970 414	0.934 581	6.803 122	5.247 405	严重
S-BY-27	3.406 101	1.686 813	1.325 444	0.705 721	5.496 665	4.276 953	严重
S-BY-28	3.839 910	1.879 121	1.717 456	1.082 667	6.131 508	4.805 261	严重
S-BY-31	3.282 955	1.770 801	1.659 024	0.902 608	6.845 195	5.254 571	严重
S-BY-32	3.313 742	1.709 576	1.605 769	1.449 937	7.666 557	5.860 590	严重
S-BY-35	3.795 130	2.164 050	2.846 154	1.156 289	7.085 878	5.560 322	严重

包头市市区土壤重金属各单因子指数以及内梅罗指数见表3-9。可见，市区内梅罗指数范围为2.348～9.037，最大值出现在样点S_2，前5个高污染指数采样点依次为S_2>S-BT-1>S-BT-8>S-BT-21>S-BT-77。59个样点尼梅罗综合污染指数级别为中度污染的点有16个，占总样的27.119%；其余43个样点指数均大于3，属重度污染，占总样的72.881%。

包头市区土壤中重金属单因子指数表明，市区土壤同样以Cd和Cr污染最为严重，Cd单因子指数平均值为4.25，86.4%采样点的Cd污染指数均在3以上，为严重污染级别，9个样点污染程度为轻污染。8个样点土壤Cr指数介于2～3，污染级别为轻污染，51个样点Cr指数污染级别为重度污染，Cr单因子指数平均值为3.84。采样点中有7个点土壤受Pb污染等级为严重污染，7个点为轻污染，41个点存在潜在污染，4个点为清洁。市区土壤受Cu重污染的点位有3个（S-BT-1、S-BT-26和S-BT-73），轻度污染的点位2个（S-BT-21、S-BT-69），有潜在污染的点位有44个，所占比例为74.576，清洁的点位有10个。市区土壤中受Zn重点污染的点位有4个（S-BT-13、S-BT-51、S-BT-76和S7），轻度污染的点位有5个（S-BT-1、S-BT-26、S-BT-1、S-BT-26和S-BT-73），47.458%点存在潜在污染，37.288%样点点为清洁。

以各金属所有样点土壤污染指数平均值为依据，白云鄂博矿区和包头市区土壤中各元素单因子污染指数排序均为Cd>Cr>Pb>Cu>Zn。

表3-9　包头市区土壤重金属内梅罗指数

样点	Cr	Cu	Pb	Zn	Cd	$P_{内梅罗}$	污染
S-BT-1	6.280 453	3.114 600	6.105 769	3.830 459	9.778 254	8.047 014	严重
S-BT-4	3.677 054	1.312 402	1.980 030	1.414 598	4.356 951	3.569 060	严重
S-BT-6	3.722 380	1.313 972	1.381 657	1.060 160	4.555 376	3.643 055	严重
S-BT-8	3.407 932	1.446 625	1.167 160	0.951 199	10.131 520	7.561 424	严重
S-BT-10	3.206 799	1.072 214	0.927 515	0.744 426	4.710 222	3.655 996	严重
S-BT-11	4.305 949	1.153 061	2.401 627	1.146 193	4.908 646	3.990 014	严重
S-BT-12	3.909 348	1.231 554	2.721 893	1.175 642	5.340 530	4.289 024	严重
S-BT-13	4.206 799	1.667 190	4.039 941	2.185 528	6.874 484	5.552 429	严重
S-BT-14	3.631 728	1.362 637	1.153 107	0.793 858	3.954 416	3.192 656	严重
S-BT-16	5.249 292	1.601 256	1.840 976	1.327 724	4.223 005	4.223 076	严重
S-BT-17	4.121 813	1.993 721	1.974 852	1.261 674	3.900 265	3.465 134	严重
S-BT-18	3.651 558	1.626 374	1.075 444	0.955 406	6.451 154	4.959 376	严重
S-BT-19	3.631 728	1.456 044	1.249 260	0.941 102	3.770 341	3.090 163	严重
S-BT-21	8.569 405	2.215 071	4.283 284	5.551 115	3.483 930	6.952 428	严重
S-BT-23	4.101 983	1.280 220	1.596 893	1.360 118	3.448 470	3.345 463	严重
S-BT-24	5.246 459	1.288 854	2.545 118	1.570 888	2.876 270	4.174 036	严重
S-BT-25	5.512 748	1.265 306	1.323 964	1.042 280	3.077 732	4.264 124	严重
S-BT-26	5.014 164	3.386 185	1.710 059	1.903 660	7.641 746	6.076 608	严重
S-BT-32	4.532 578	1.532 182	1.159 763	1.213 294	3.476 035	3.620 902	严重
S-BT-34	5.161 473	1.531 397	1.210 059	1.483 803	5.548 973	4.456 126	严重

（续表）

样点	Cr	Cu	Pb	Zn	Cd	$P_{内梅罗}$	污染
S-BT-35	3.903 683	1.281 005	1.321 006	0.981 279	3.217 784	3.148 207	严重
S-BT-36	5.257 790	1.985 086	1.714 497	1.548 380	4.489 032	4.280 076	严重
S-BT-41	3.563 739	0.787 284	1.679 734	0.778 292	3.401 354	2.904 336	中度
S-BT-42	3.583 569	1.282 575	1.086 538	1.150 610	3.811 932	3.106 164	严重
S-BT-43	4.824 363	1.673 469	1.469 675	1.418 805	3.698 659	3.880 923	严重
S-BT-44	4.056 657	1.712 716	1.573 225	1.207 825	4.476 046	3.662 140	严重
S-BT-45	4.067 989	1.215 071	1.283 284	1.008 835	3.417 897	3.269 743	严重
S-BT-46	4.657 224	0.974 882	1.028 107	1.039 335	3.940 911	3.681 694	严重
S-BT-47	3.878 187	0.998 430	1.267 751	0.894 825	4.536 773	3.601 557	严重
S-BT-48	4.390 935	1.543 956	1.967 456	0.931 847	6.259 911	4.914 253	严重
S-BT-51	4.235 127	1.565 149	7.463 018	2.402 188	4.019 824	5.966 451	严重
S-BT-53	3.368 272	1.504 710	1.281 065	1.135 465	3.678 830	3.028 693	中度
S-BT-54	3.439 093	0.719 780	0.981 509	0.657 131	2.580 630	2.705 097	中度
S-BT-55	3.198 300	1.009 419	1.109 467	0.714 556	3.051 578	2.600 903	中度
S-BT-56	3.079 320	1.453 689	1.169 379	0.908 708	3.373 811	2.772 231	中度
S-BT-57	2.866 856	1.291 209	1.048 817	0.721 077	2.450 046	2.348 031	中度
S-BT-63	3.405 099	1.476 452	1.188 609	1.005 259	3.540 327	2.919 048	中度
S-BT-64	3.130 312	0.758 242	4.608 728	2.016 618	2.887 359	3.769 889	严重
S-BT-65	2.903 683	0.949 765	1.176 036	0.704 670	3.203 138	2.593 752	中度
S-BT-66	2.632 861	0.821 821	1.234 467	0.653 765	3.228 041	2.584 444	中度
S-BT-67	2.866 856	1.215 071	1.240 385	0.896 298	3.019 808	2.503 315	中度
S-BT-68	3.611 898	1.940 345	1.307 692	1.305 848	2.502 354	2.966 325	中度
S-BT-69	3.611 898	2.141 287	1.347 633	1.403 450	2.122 719	2.963 370	中度
S-BT-71	2.773 088	1.017 268	2.249 260	0.860 328	2.674 168	2.382 914	中度
S-BT-72	2.548 442	0.630 298	1.241 864	0.523 138	3.111 227	2.477 401	中度
S-BT-73	4.198 300	3.140 502	4.469 675	3.456 037	3.441 738	4.121 586	严重
S-BT-74	2.949 008	1.173 469	2.206 361	1.466 344	3.655 665	3.050 308	严重
S-BT-75	3.458 924	1.912 088	2.920 118	1.764 619	3.005 438	3.064 958	严重
S-BT-76	3.209 632	1.919 937	4.351 331	2.578 881	2.039 670	3.666 461	严重

（续表）

样点	Cr	Cu	Pb	Zn	Cd	$P_{内梅罗}$	污染
S-BT-77	3.371 105	1.432 496	0.897 929	0.958 561	8.416 678	6.321 900	严重
S-BT-78	3.657 224	1.686 028	1.001 479	1.015 145	3.062 846	2.976 627	中度
S-BT-79	3.560 907	1.499 215	1.579 142	1.179 007	6.101 132	4.742 036	严重
S-BT-80	2.793 201	1.102 826	1.117 604	0.736 012	6.717 589	5.066 719	严重
S-BT-81	2.991 501	1.333 595	1.141 272	0.720 025	2.410 049	2.439 778	中度
S2	4.065 156	0.968 603	11.797 340	3.239 377	4.516 516	9.037 643	严重
S7	3.155 807	1.379 906	2.804 734	2.018 511	4.364 432	3.645 650	严重
S8	3.257 790	1.262 166	1.792 899	1.366 849	2.326 919	2.703 562	中度
S9	3.320 113	1.212 716	1.465 976	1.064 788	8.072 551	6.096 319	严重
S11	3.042 493	0.919 152	0.892 751	0.740 219	3.127 422	2.532 165	中度

3.2.3.2 地累积指数法

选择全球页岩的平均值作为元素的地球化学背景值，通过乘上修正系数k（一般为1.5）来考虑人为以及沉积作用的影响。但是一些研究者认识到不同的地区的地理环境有很大的不同，认为采用当地的土壤背景值更合理。地累积指数法考虑了自然成岩作用引起的背景值的变动，这弥补了其他方法的不足。本研究使用内蒙古土壤平均值作为元素的地球化学背景值计算地累积指数。

白云鄂博矿区Cr地累积指数均在1～2，级别为中度污染，地累积指数平均值为1.338；除S-BY-1和S-BY-27采样点外，其余采样点Cd的地累积指数表明污染级别为中度污染到强污染，地累积指数平均为2.23；Pb地累积指数在样点S-BY-1、S-BY-2、S-BY-19处污染级别为中度污染，其余样点指数均小于1；Cu的地累积指数除了在S-BY-2完全无污染外，其余均在0～1，级别为无污染到中度污染；70.59%采样点的Zn地累积指数小于0，无污染，Zn平均地累积指数为-0.25（表3-10）。

包头市市区Cr地累积指数级别在S-BT-1和S-BT-21处为中度污染到重污染，在S-BT-57、S-BT-65、S-BT-66、S-BT-67、S-BT-71、S-BT-72、S-BT-74、S-BT-80、S-BT-81 9个样点处为无污染到中度污染，其余均在1～2，级别为中度污染，地累积指数平均值为1.308；Cd的地累积指数平均值为1.396，表明污染级别为中度污染，67.8%的点位地累积指数在1～2，16.95%的点位地累积指数在2～3，其余均小于1；55.9%样点的Pb地累积指数小于0，表明无污染；Cu和Zn平均值分别为-0.129和-0.312，大多数采样点位指数污染级别为无污染。其中，在包头市区59个采样点中，仅有3个采样处的Cu地累积指数在1～2，为中度污染，样点处分别为BT-1，BT-26，BT-73，其余各点均在1以下。以各金属所有样点土壤污染指数平均值为依据，白云鄂博矿区和包头市市区土壤中重金属地累积指数排序均为Cd>Cr>Pb>Cu>Zn（表3-11）。

表3-10　白云鄂博矿区土壤重金属地累积指数

采样点	Cr	Cu	Pb	Zn	Cd
BY-1	1.298	0.085 730	1.501 496	0.355 088	0.670 042
BY-2	1.519	−0.058 550	2.380 480	0.868 553	2.799 296
BY-9	1.203	0.169 338	0.183 457	−0.282 220	2.361 890
BY-12	1.467	0.279 175	0.231 510	−0.437 940	2.594 185
BY-13	1.594	0.532 430	0.303 024	0.081 799	2.379 261
BY-19	1.714	0.823 122	2.012 925	0.736 359	2.941 736
BY-21	1.274	0.311 776	0.426 199	0.095 118	2.233 401
BY-22	1.340	0.125 720	0.347 872	−0.426 480	2.087 942
BY-23	1.399	0.344 252	0.367 856	−0.391 290	2.341 676
BY-24	1.297	0.072 868	0.480 235	−0.731 450	2.339 339
BY-25	1.271	0.265 423	0.254 353	−0.720 400	2.288 195
BY-26	1.212	0.127 103	0.393 536	−0.682 570	2.181 234
BY-27	1.183	0.169 338	−0.178 49	−1.087 790	1.873 594
BY-28	1.356	0.325 095	0.195 310	−0.470 370	2.031 279
BY-31	1.130	0.239 439	0.145 372	−0.732 790	2.190 129
BY-32	1.143	0.188 676	0.098 302	−0.048 970	2.353 616
BY-35	1.339	0.528 771	0.924 051	−0.375 460	2.239 984

表3-11　包头市区土壤重金属地累积指数

采样点	Cr	Cu	Pb	Zn	Cd
S-BT-1	2.048	1.054 084	2.025 211	1.352 555	2.704 614
S-BT-4	1.276	−0.192 750	0.400 559	−0.084 570	1.538 357
S-BT-6	1.294	−0.191 030	−0.118 560	−0.500 680	1.602 608
S-BT-8	1.166	−0.052 270	−0.361 960	−0.657 140	2.755 817
S-BT-10	1.079	−0.484 370	−0.693 520	−1.010 760	1.650 832
S-BT-11	1.504	−0.379 490	0.679 050	−0.388 110	1.710 363
S-BT-12	1.364	−0.284 480	0.859 648	−0.351 510	1.832 020

（续表）

采样点	Cr	Cu	Pb	Zn	Cd
S-BT-13	1.470	0.152 456	1.429 372	0.543 019	2.196 289
S-BT-14	1.258	−0.138 56	−0.379 440	−0.918 010	1.398 502
S-BT-16	1.790	0.094 241	0.295 509	−0.176 010	1.493 308
S-BT-17	1.441	0.410 501	0.396 782	−0.249 620	1.378 610
S-BT-18	1.266	0.116 696	−0.480 030	−0.650 780	2.104 595
S-BT-19	1.258	−0.042 910	−0.263 890	−0.672 540	1.329 732
S-BT-21	2.497	0.562 390	1.513 755	1.887 815	1.215 753
S-BT-23	1.434	−0.228 570	0.090 306	−0.141 230	1.200 994
S-BT-24	1.789	−0.218 870	0.762 770	0.066 618	0.939 237
S-BT-25	1.860	−0.245 480	−0.180 100	−0.525 220	1.036 905
S-BT-26	1.724	1.174 698	0.189 084	0.343 813	2.348 940
S-BT-32	1.578	0.030 625	−0.371 130	−0.306 030	1.212 480
S-BT-34	1.765	0.029 886	−0.309 880	−0.015 660	1.887 258
S-BT-35	1.362	−0.227 690	−0.183 330	−0.612 230	1.101 105
S-BT-36	1.792	0.404 239	0.192 823	0.045 797	1.581 442
S-BT-41	1.231	−0.930 010	0.163 270	−0.946 580	1.181 147
S-BT-42	1.239	−0.225 920	−0.465 220	−0.382 560	1.345 560
S-BT-43	1.668	0.157 880	−0.029 470	−0.080 290	1.302 040
S-BT-44	1.418	0.191 323	0.068 762	−0.312 550	1.577 262
S-BT-45	1.422	−0.303 920	−0.225 120	−0.572 270	1.188 147
S-BT-46	1.617	−0.621 660	−0.544 970	−0.529 300	1.393 567
S-BT-47	1.353	−0.587 230	−0.242 690	−0.745 280	1.596 704
S-BT-48	1.532	0.041 669	0.391 369	−0.686 800	2.061 180
S-BT-51	1.480	0.061 338	2.314 797	0.679 386	1.422 170
S-BT-53	1.150	0.004 523	−0.227 620	−0.401 680	1.294 284
S-BT-54	1.180	−1.059 330	−0.611 890	−1.190 710	0.782 761
S-BT-55	1.075	−0.571 440	−0.435 100	−1.069 840	1.024 593

（续表）

采样点	Cr	Cu	Pb	Zn	Cd
S-BT-56	1.020	−0.045 240	−0.359 220	−0.723 070	1.169 417
S-BT-57	0.917	−0.216 240	−0.516 200	−1.056 740	0.707 846
S-BT-63	1.165	−0.022 830	−0.335 690	−0.577 400	1.238 920
S-BT-64	1.044	−0.984 230	1.619 406	0.426 975	0.944 788
S-BT-65	0.935	−0.659 320	−0.351 030	−1.089 940	1.094 523
S-BT-66	0.794	−0.868 070	−0.281 070	−1.198 120	1.105 696
S-BT-67	0.917	−0.303 920	−0.274 170	−0.742 910	1.009 494
S-BT-68	1.250	0.371 351	−0.197 940	−0.199 980	0.738 323
S-BT-69	1.250	0.513 516	−0.154 530	−0.095 990	0.500 951
S-BT-71	0.869	−0.560 260	0.584 488	−0.802 000	0.834 127
S-BT-72	0.747	−1.250 860	−0.272 460	−1.519 700	1.052 521
S-BT-73	1.467	1.066 033	1.575 207	1.204 156	1.198 175
S-BT-74	0.958	−0.354 180	0.556 706	−0.032 740	1.285 171
S-BT-75	1.188	0.350 186	0.961 064	0.234 394	1.002 613
S-BT-76	1.080	0.356 097	1.536 494	0.781 783	0.443 373
S-BT-77	1.151	−0.066 430	−0.740 290	−0.646 020	2.488 288
S-BT-78	1.268	0.168 666	−0.582 830	−0.563 280	1.029 910
S-BT-79	1.230	−0.000 760	0.074 178	−0.347 390	2.024 115
S-BT-80	0.879	−0.443 760	−0.424 550	−1.027 160	2.162 981
S-BT-81	0.978	−0.169 640	−0.394 320	−1.058 840	0.684 100
S2	1.421	−0.630 990	2.975 427	1.110 754	1.590 248
S7	1.056	−0.120 390	0.902 901	0.428 329	1.540 832
S8	1.101	−0.249 060	0.257 332	−0.134 110	0.633 458
S9	1.129	−0.306 720	−0.033 100	−0.494 400	2.428 062
S11	1.003	−0.706 590	−0.748 630	−1.018 940	1.060 011

比较分析以上运用地质累积指数法和内梅罗污染指数法所得的结果，总结出以下几点。

（1）从各元素污染来看

运用地质累积指数法求得包头市区和矿区各元素污染级别顺序为Cd>Cr>Pb>Cu>Zn，内梅罗污染指数法得出的包头市区和矿区各元素单因子污染指数排序也为Cd>Cr>Pb>Cu>Zn，两者比较相似。本次排序是依据各重金属所有点位指数的平均值来排列的，其结果只能作为一般参考，而不能完全代表重金属元素污染的高低。但从单因子污染指数以及地质累积污染指数可以看出最主要包头土壤重金属Cd和Cr污染较大，污染较低的为Zn，为未污染或轻度污染。

（2）从各采样点污染来看

包头矿区运用内梅罗污染指数法得出，在矿区南边6.6 km处的077县道（S-BY-19）内梅罗指数达到最大，前5个高污染指数采样点依次为S-BY-19>S-BY-2>S-BY-12>S-BY-13>S-BY-9。而用地质累积指数法表明，Cr、Cd和Cu在S-BY-19处达到最大值，而Pb和Zn在S-BY-2处达到最大值。内梅罗指数显示包头市区土壤重金属内梅罗指数最大值出现在样点S2，前5个高污染指数采样点依次为S2>S-BT-1>S-BT-8>S-BT-21>S-BT-77，运用地质累积指数法得出，Cr、Zn在S-BT-21处达到最大值，Cu在S-BT-26处达到最大值，而Pb在S2处达到最大值，Cd在S-BT-1处达到最大。

3.2.3.3 潜在生态风险评价

潜在生态危害指数法是目前应用比较广泛的重金属污染评价方法，它综合了生态学、毒理学以及环境化学的内容，定量表达了重金属潜在危害程度。生态危害指数不仅反映了某一特定环境中各种污染物对环境的影响，及多种污染物的综合效应，而且用定量的方法划分出了潜在生态风险的程度，因而该法是土壤、水体等介质质量评价中应用最广泛的方法之一。综合潜在生态风险指数RI综合反映了土壤中Cd、Pb、Cr、Cu、Zn的污染水平及潜在生态危害性。研究中Pb、Zn、Cu、Cd、Cr的毒性系数T_r^i的值分别设为5、1、5、30、2。RI<150，潜在生态风险程度为轻度；150≤RI<300，潜在生态风险程度为中度；300≤RI<600，潜在生态风险程度为重度；600≤RI，潜在生态风险程度为严重。

从表3-12和表3-13中可以看出，白云鄂博矿区17个采样点的综合潜在生态风险等级除S-BY-1样点为轻度污染之外都达到中等以上水平，S-BY-2和S-BY-19样点风险程度为重度，其余14个样点均为中度风险。且Cd在研究区域土壤的富集程度很高，已严重污染了土壤，加之其毒性系数很高，因而表现出极强的生态风险。

包头市市区其中，34个样点为轻度风险，2个点为重度风险，23个点为中等风险。最高风险出现在S-BT-1，风险值是平均值的2.3倍。前5个高风险样点排序为：S-BT-1>S-BT-8>S-BT-77>S-BT-26>S9。总体上看，整个研究区存在中等程度的生态风险。

单项潜在生态风险指数反映了单个重金属元素的污染水平及潜在生态危害性。矿区以及市区Cr、Pb、Zn、Cu元素的潜在生态危害单项指数E_r^i均小于150，即这4种元素生态风险程度均为轻微。以各个重金属平均值计算，矿区E_r^i/RI值的贡献率顺序为Cd>Pb>Cu>Cr>Zn；包头市市区E_r^i/RI值的贡献率顺序为Cd>Pb>Cr>Cu>Zn。所有中度风险及以上级别的28个点全部集中在重金属Cd的污染点，表明Cd对生态危害的潜在风险很大，需要高度重视。

表3-12　白云鄂博矿区土壤重金属潜在风险指数

样点	Cr	Cu	Pb	Zn	Cd	RI
S-BY-1	7.378	7.959	21.235	1.919	71.600	110.091
S-BY-2	8.598	7.202	39.053	2.739	313.245	370.837
S-BY-9	6.907	8.434	8.517	1.233	231.319	256.411
S-BY-12	8.296	9.101	8.805	1.107	271.731	299.041
S-BY-13	9.057	10.848	9.253	1.588	234.122	264.867
S-BY-19	9.840	13.269	30.270	2.499	345.751	401.630
S-BY-21	7.254	9.309	10.078	1.602	211.609	239.852
S-BY-22	7.596	8.183	9.545	1.116	191.314	217.754
S-BY-23	7.909	9.521	9.678	1.144	228.101	256.353
S-BY-24	7.372	7.889	10.462	0.903	227.732	254.358
S-BY-25	7.238	9.015	8.946	0.910	219.800	245.909
S-BY-26	6.952	8.191	9.852	0.935	204.094	230.023
S-BY-27	6.812	8.434	6.627	0.706	164.900	187.479
S-BY-28	7.680	9.396	8.587	1.083	183.945	210.691
S-BY-31	6.566	8.854	8.295	0.903	205.356	229.973
S-BY-32	6.627	8.548	8.029	1.450	229.997	254.651
S-BY-35	7.590	10.820	14.231	1.156	212.576	246.374

表3-13　包头市市区土壤重金属潜在风险指数

样点	Cr	Cu	Pb	Zn	Cd	RI
S-BT-1	12.410	15.573	30.529	3.830	293.348	355.690
S-BT-4	7.266	6.562	9.900	1.415	130.709	155.851
S-BT-6	7.355	6.570	6.908	1.060	136.661	158.555
S-BT-8	6.734	7.233	5.836	0.951	303.946	324.700
S-BT-10	6.336	5.361	4.638	0.744	141.307	158.386
S-BT-11	8.508	5.765	12.008	1.146	147.259	174.687
S-BT-12	7.725	6.158	13.609	1.176	160.216	188.883

（续表）

样点	Cr	Cu	Pb	Zn	Cd	RI
S-BT-13	8.312	8.336	20.200	2.186	206.235	245.268
S-BT-14	7.176	6.813	5.766	0.794	118.632	139.181
S-BT-16	10.372	8.006	9.205	1.328	126.690	155.601
S-BT-17	8.144	9.969	9.874	1.262	117.008	146.257
S-BT-18	7.215	8.132	5.377	0.955	193.535	215.214
S-BT-19	7.176	7.280	6.246	0.941	113.110	134.754
S-BT-21	16.933	11.075	21.416	5.551	104.518	159.493
S-BT-23	8.105	6.401	7.984	1.360	103.454	127.305
S-BT-24	10.367	6.444	12.726	1.571	86.288	117.395
S-BT-25	10.893	6.327	6.620	1.042	92.332	117.213
S-BT-26	9.908	16.931	8.550	1.904	229.252	266.545
S-BT-32	8.956	7.661	5.799	1.213	104.281	127.910
S-BT-34	10.199	7.657	6.050	1.484	166.469	191.859
S-BT-35	7.713	6.405	6.605	0.981	96.534	118.238
S-BT-36	10.389	9.925	8.572	1.548	134.671	165.106
S-BT-41	7.042	3.936	8.399	0.778	102.041	122.196
S-BT-42	7.081	6.413	5.433	1.151	114.358	134.435
S-BT-43	9.533	8.367	7.348	1.419	110.960	137.627
S-BT-44	8.016	8.564	7.866	1.208	134.281	159.935
S-BT-45	8.038	6.075	6.416	1.009	102.537	124.076
S-BT-46	9.202	4.874	5.141	1.039	118.227	138.484
S-BT-47	7.663	4.992	6.339	0.895	136.103	155.992
S-BT-48	8.676	7.720	9.837	0.932	187.797	214.962
S-BT-51	8.368	7.826	37.315	2.402	120.595	176.506
S-BT-53	6.655	7.524	6.405	1.135	110.365	132.085
S-BT-54	6.795	3.599	4.908	0.657	77.419	93.378
S-BT-55	6.320	5.047	5.547	0.715	91.547	109.176
S-BT-56	6.085	7.268	5.847	0.909	101.214	121.323
S-BT-57	5.665	6.456	5.244	0.721	73.501	91.587

（续表）

样点	Cr	Cu	Pb	Zn	Cd	RI
S-BT-63	6.728	7.382	5.943	1.005	106.210	127.269
S-BT-64	6.185	3.791	23.044	2.017	86.621	121.658
S-BT-65	5.737	4.749	5.880	0.705	96.094	113.165
S-BT-66	5.202	4.109	6.172	0.654	96.841	112.979
S-BT-67	5.665	6.075	6.202	0.896	90.594	109.433
S-BT-68	7.137	9.702	6.538	1.306	75.071	99.754
S-BT-69	7.137	10.706	6.738	1.403	63.682	89.666
S-BT-71	5.479	5.086	11.246	0.860	80.225	102.897
S-BT-72	5.036	3.151	6.209	0.523	93.337	108.256
S-BT-73	8.296	15.703	22.348	3.456	103.252	153.055
S-BT-74	5.827	5.867	11.032	1.466	109.670	133.862
S-BT-75	6.835	9.560	14.601	1.765	90.163	122.923
S-BT-76	6.342	9.600	21.757	2.579	61.190	101.467
S-BT-77	6.661	7.162	4.490	0.959	252.500	271.772
S-BT-78	7.226	8.430	5.007	1.015	91.885	113.564
S-BT-79	7.036	7.496	7.896	1.179	183.034	206.641
S-BT-80	5.519	5.514	5.588	0.736	201.528	218.885
S-BT-81	5.911	6.668	5.706	0.720	72.301	91.307
S2	8.032	4.843	58.987	3.239	135.495	210.597
S7	6.236	6.900	14.024	2.019	130.933	160.110
S8	6.437	6.311	8.964	1.367	69.808	92.887
S9	6.560	6.064	7.330	1.065	242.177	263.195
S11	6.012	4.596	4.464	0.740	93.823	109.634

3.3 典型稀土矿区氟化物的环境行为

3.3.1 氟化物的分布特征

3.3.1.1 混合型稀土矿采矿区

2012年、2013年分别对白云鄂博稀土采矿区进行了大气氟化物污染的监测。采取标准指数法对监测结果进行分析，所监测的6个点中氟化物浓度均低于国家标准，单因子指数均小于0.2。从污染空间分布看，白云鄂博稀土采矿区环境空气中氟化物浓度值距离矿区较近区域明显高于距离矿区较远区域。

3.3.1.2 混合型稀土矿生产区

2012年、2013年分别对包头稀土生产区进行了大气氟化物污染的监测。结果表明，2012年各监测点环境空气中氟化物浓度均未出现超标。在14个监测点中有一个监测点处的氟化物浓度占标率大于50%。2013年监测的12个点中，11个监测点环境空气中氟化物浓度均未出现超标，有一个点出现超标。从空间分布上，包头稀土选冶生产区环境空气中氟化物的浓度分布呈现出明显的以稀土选冶生产区为中心向外展布的趋势。

3.3.2 不同介质中氟化物的环境行为

3.3.2.1 氟化物污染的植物效应

（1）氟在植物体中的吸收与蓄积

无论是气态氟还是尘态氟，植物叶片都能直接吸收并积累在叶内。植物叶片对氟的吸收与作物种类、叶面积大小、暴露时间和剂量有关。在干重条件下植物中“正常”氟含量一般为2～20 mg/kg。在常年遭受工业排放含氟气体污染的地区谷粒和谷秆中的氟含量随其距氟源距离增加而减低。

（2）对植物生理生态指标的影响

大气污染物中氟化物的增加会在一定程度上抑制植物的光合作用，而促进呼吸作用。氟化物（主要是气态HF及其酸雾等）等含量与植物的叶面积、叶绿素总量、细胞pH值和细胞质膜透性等生理生态指标的变化幅度显著相关。氟化物浓度越大，生理生态指标变化幅度越大。

氟化物会影响植物的物质代谢。多数研究表明，氟化物使植物体内含糖量减少，如用氟化氢对小麦熏气后发现，经各种浓度的HF处理后，小麦体内的游离含糖量均减少，且HF处理浓度越大，处理时间越长，含糖量减少越多。植物经氟化物熏气处理后，体内自由氨基酸含量增加，蛋白质含量下降。

（3）对植物的毒害作用

气态氟化物（HF、SiF_4）具有很强的植物毒性，比SO_2毒性大20多倍。即使氟浓度很低，但植物通过长期暴露，其叶片积累过量氟而产生毒害作用。气态氟化物比重比空气小，扩散距离远，往往在较远距离也能危害植物。

氟化物危害植物的典型症状是在叶片尖端或叶缘部分出现坏死斑。主要是嫩叶、幼芽上首先发生症状，叶片退绿，叶尖或叶缘出现伤区，伤区与非伤区之间常有一红色或黑褐色的边界线，有的植物表现大量落叶。

对作物的影响：空气传播的氟对农作物外形、代谢、产量等有一定的影响。有研究发现，在常年遭受工业排放含氟气体污染的地区谷粒和谷秆中的氟含量随其距氟源距离增加而减低。随着F^-在谷物中蓄积量增加，谷物产品的质量下降，距离氟源越近，小麦和大麦中总氮量和谷胶量下降，而淀粉、纤维素和谷灰的含量增加。同时，在最接近氟排放源地区的小麦和大麦产量减少了大约60%。

据日本调查，水稻叶片含氟量超过70 mg/kg则引起明显减产；其他研究也表明，污染点水稻叶片中氟化物含量平均高达67.72 mg/kg，已接近70 mg/kg临界值，减产最为严重。

3.3.2.2 氟化物污染的群落效应

在区域大气中氟化物处于较高浓度的情况下，对氟化物敏感的植物会逐渐死亡、群落会逐渐消失；而抵抗性较强的植物，就可以在该浓度下有较大的存货概率，甚至可以长期生存。尤其对于生物多样性较小的区域，在氟化物的作用下，其生物多样性程度会进一步减小。同时，抵抗性较强的植物体内的氟含量会逐渐累积，这些含氟植物又成为一个新的污染源，存在对区域生态环境造成污染的风险。

3.3.2.3 氟化物污染的土壤原生动物效应

土壤原生动物作为土壤生态系统微型生物群落的重要组成部分，和土壤微生物一样，在土壤生态系统的物质循环和能量流动中发挥着重要作用。由于土壤原生动物对环境变化十分敏感，因而可用土壤原生动物的环境效应参数来评价、监测和预报土壤环境的变化。

有研究结果表明，氟化物污染对土壤原生动物群落有很大影响，体现在物种多样性显著下降，群落结构简单化，物种组成与正常群落的极不相似，群落中未形成明显的优势种。氟化物污染导致土壤原生动物群落中不耐污的物种消失，从而导致污染土壤中原生动物物种多样性下降，污染后生存下来的为耐污物种。

4 赣南稀土矿区水稻土吸附稀土元素过程机理及影响因素研究

4.1 土壤中稀土元素的地球化学特征

土壤中稀土元素（REEs）包含15种镧系元素（元素周期表中从57号元素镧至第71号镥）和钪、钇，其含量（以RE_2O_3计）为0.01%～0.02%，平均为0.015%。根据现有资料，我国土壤中稀土元素含量为76.4～629 μg/g，平均为264 μg/g，并且由南到北和由东向西逐渐降低。REEs作为重金属的一类，在土壤中并不是以单一的基团或离子形式存在，而是有着各种各样的化学形态，而且土壤中REEs的形态与其生物毒性及迁移能力显著相关。欧洲标准物质局（BCR）提出的四步提取法将REEs分为弱酸提取态、可还原态、可氧化态和残渣态，4种形态中，弱酸提取态的活性最强，可还原态次之，残渣态最稳定。赣南矿区土壤REEs主要赋存形态为可还原态和弱酸提取态，二者占REEs总含量的70%以上，稳定残渣态占比最低，生物有效性较高，易被植物根系吸收。

进入土壤后的REEs，可以通过水解、沉淀、络合、吸附和氧化还原等反应与土壤中不同组分结合而发生不同形态转化。形态转化过程受到土壤黏粒矿物、土壤pH值、氧化还原电位（Eh）、有机质、阳离子交换量（CEC）等土壤理化性质的影响。例如，土壤pH升高导致土壤对稀土的专性吸附作用增强，从而降低土壤中交换态稀土含量，从而使土壤中REEs生物有效性降低。矿区居民可从周围环境（水、土、气等）和通过食物链方式蓄积REEs，人体中REEs的主要蓄积部位主要包括骨骼、脑、头发、血液等，REEs的毒性作用部位在消化系统、血液系统、生殖系统、神经系统等。虽然与Cd、Pb等重金属相比，REEs毒性较低，但是REEs仍可对人体健康产生显著影响。研究表明，当赣南矿区居民REEs摄入量为6.0～6.7 mg/d时，矿区内儿童出现智商、记忆力低下的症状。当地白血病高发率也与长期稀土暴露密切相关。研究发现，赣南矿区居民通过饮食（农作物、井水）方式摄入的REEs为295.33 μg/（kg・d），远高于REEs对人体亚临床损害剂量的临界值，可导致REEs在人体内不断地蓄积，矿区居民面临极高的健康风险。

4.2 土壤中稀土元素的吸附机理及影响因素

4.2.1 土壤对稀土元素的吸附机理

外源REEs进入土壤后，只有极少量分布在土壤溶液中，99.5%以上被土壤固相表面吸附固定。土壤中最活跃的组分包括土壤胶体和土壤微生物，土壤胶体以其巨大表面积和带电性，而使土壤具体吸附性，土壤对REEs的吸附行为，影响REEs在土壤中的溶解性和生物有效性，对其在土壤中的迁移转化过程具有重要影响。国内外学者已经对土壤中重金属吸附过程进行了系统的研究，但是对稀土矿区土壤对稀土元素的吸附机理的研究较少。

REEs属于重金属，具有重金属的属性。土壤对重金属的吸附作用主要分为表面吸附（物理吸附）、离子交换吸附（物理化学吸附）及专性吸附（化学吸附）。首先，土壤胶体具有巨大比表面积和表面能，土壤固液界面存在表面吸附作用。其次，土壤胶体常带负电荷，具体负的电动电位，易吸附阳离子，在吸附过程中，胶体每吸附一部分阳离子，会释放等量的其他阳离子，这种吸附称为离子交换吸附，这种吸附能够迅速达到可逆平衡，不受温度影响，在酸碱条件下均可进行，交换吸附能力与吸附剂、吸附质性质有关。最后，重金属阳离子也可通过化学键专性吸附在土壤胶体表面，这种吸附作用发生在胶体双电层的Stern层中，被吸附的金属离子活性低，不能被常见碱金属离子提取，只能被亲和力更强的金属离子取代，专性吸附具有选择性，吸附过程速率较慢，但是土壤对重金属的吸附过程中专性吸附发挥重要的作用。

4.2.2 土壤吸附稀土元素的影响因素

吸附过程不仅是水—土界面中污染物迁移的主要途径，也是决定其生物有效性、环境行为的重要因素。影响土壤中REEs吸附过程的因素除了土壤自身性质和REEs理化性质外，外部环境因素对该作用也具有显著的影响。影响因素的变化可能会影响REEs的迁移转化过程，使汇集有多种污染物的土壤成为典型的“二次污染源”，因此研究不同影响因子对REEs吸附行为的影响非常必要。

吸附剂吸附质性质：土壤胶体对重金属离子的吸附具有强选择性，这种吸附作用的强选择性因被吸附重金属离子和土壤胶体性质而异。冉勇和刘铮通过静态吸附实验研究我国主要类型土壤对REEs的吸附—解吸特征，结果表明，REEs在不同土壤上的最大吸附量（Q_m）依次为：黑土>黑钙土>黄棕壤>砖红壤>红壤。缪鑫等研究表明，其他条件相同时，不同类型土壤对同种污染物质Hg或As的选择性吸附差异较大。同种土壤，对不同重金属离子的吸附效果也不相同。王艳研究结果表明，黄土对不同重金属离子表现出明显的选择吸附特性：$Cr^{3+}>Pb^{2+}>Cu^{2+}>Zn^{2+}>Cd^{2+}>Ni^{2+}>Mn^{2+}$。专性吸附与离子交换吸附不同，离子交换吸附主要取决于吸附剂的电荷特性（数量及符号），专性吸附则与被吸附离子的特性以及吸附剂自身特性密切相关。

体系pH值的影响：体系pH值的大小显著影响土壤中重金属的存在形态和土壤对重金属的吸附量。在一般情况下，土壤对重金属离子的吸附量随pH值升高而增大。土壤胶体一般带负电荷，重金属在土壤环境中大多以阳离子的形式存在，因此，一般而言，体系pH越低，H^+越多，重金属解吸量越多，活动性越强。重金属离子在土壤胶体上的专性吸附与体系高pH值密切相关。随着土壤pH值升高，土壤对重金属的专性吸附作用也随之增强，促进土壤中重金属由生物有效性较高的形态向有效性较低的形态转化。

其他因素：除上述两个主要因素外，重金属吸附过程还受到其他环境条件的影响，如共存阴离子种类，温度，离子强度，氧化还原电位等。例如，已有研究发现，离子强度与重金属离子的吸附量呈负相关关系，这是因为碱金属或碱土金属离子可将吸附在土壤胶体表面的重金属离子交换出来，这也是重金属释放到土壤溶液的主要途径之一。

单一因素对污染物吸附行为的影响十分重要，而多种因素之间交互作用亦是在研究污染物迁移转化过程中不得不考虑的内容。采用新的方法和手段研究不同体系下不同因子对REEs吸附过程的交互效应相当必要，本研究采用BP神经网络模型、随机森林模型等模型就不同因素对REEs的吸附行为影响进行了系统研究。

4.3　土壤稀土元素地球化学特征

资源开发过程会对当地的水体、大气、土壤、生物等与人类生存息息相关环境要素产生负面影响，而稀土资源开发更是由于其独特的采选冶形式，对当地生态环境产生的破坏更为直接、更加突出。

4.3.1　稀土矿区土壤肥力状况

土壤综合肥力状况采用改进的内梅罗公式进行计算，并对参评的土壤肥力评价因子进行标准化处理，以消除各参评因子间的量纲差别，土壤指标分级标准以全国土壤普查标准为依据，土壤综合肥力按下式计算。

$$P=\sqrt{\left((P_i)_{\min}^2+(P_i)_{ave}^2\right)/2}\times\left[(N-1)/N\right]$$

式中，P为土壤肥力综合指数；N为参评的土壤肥力指标数。主要选取7个评价因子作为稀土矿区土壤综合肥力评价指标，分别为：pH值、有机质、阳离子交换量（CEC）、总磷（TP）、有效磷、总氮（TN）及速效钾。

研究区土壤主要为红壤，土质黏结紧密、透水性差，水稻土是主要的耕作土壤。研究区土壤基本理化性质（表4-1），如pH值、有机质、CEC的平均值分别为4.67、5.24%、7.40 cmol/kg。TN、TP、有效磷、速效钾平均值分别为0.23%、364.9 mg/kg、2.70 mg/kg、113 mg/kg，根据公式（4.1）计算得到的土壤综合肥力指数为1.11，土壤综合肥力为Ⅱ级（一般），土壤中TP及有效磷含量较低，是土壤肥力的主要限制因子。

表4-1　土壤基本理化特性及肥力指数

参数	含量	肥力指数
pH值	4.67	1.70
有机质（%）	5.24	3.00
阳离子交换量［cmol（+）/kg］	7.40	1.48

（续表）

参数	含量	肥力指数
总磷（mg/kg）	364.90	0.49
有效磷（mg/kg）	2.70	0.54
总氮（%）	0.23	3.00
速效钾（mg/kg）	113.00	2.13

4.3.2 土壤中稀土元素地球化学特征

4.3.2.1 稀土元素含量

27个土壤样品中各稀土元素测定结果见表4-2。各采样点稀土元素在含量上存在较大差异，总含量为285.74～611.05 mg/kg，平均含量为449.95 mg/kg，均高于江西省（211.0 mg/kg）、全国土壤背景值（187.60 mg/kg），而这主要与稀土矿大规模开采活动，稀土在周边农田土壤中大量累积有关。在分布上遵循Odd-Harkins规则，具体表现为原子序数为偶数的稀土元素含量大于原子序数为奇数的稀土元素含量。土壤稀土元素从La到Eu为轻稀土组元素（LREE），从Gd到Lu和Y为重稀土组元素（HREE），LREE含量显著大于HREE含量，LREE含量分布范围为181.09～422.89 mg/kg，平均值为311.07 mg/kg，占稀土总量的69.13%。

LREE/HREE表示LREE、HREE的比值，在一定程度上可以反映分析样品的LREE、HREE的分异程度，该比值越大，则说明研究区土壤中LREE、HREE分异明显，LREE相对富集，HREE则相对亏损。研究区土壤LREE/HREE数值分布在1.73～2.60的范围内，平均值为2.23，低于全国土壤LREE/HREE数值，这可能与重钇型矿区稀土资源开发活动相关。稀土资源开采和利用过程可改变周边农田土壤中REEs的配份，轻重稀土重新组合。

稀土元素Ce、Eu作为稀土中的变价元素，易受氧化还原条件的影响，与其他稀土离子发生分离。在风化成土过程中易出现Ce的正、负异常现象，Ce^{4+}在弱酸性条件下，易水解沉淀而停留原地，致使滤液产生Ce异常；Eu元素一般以Eu^{3+}价态存在，但是风化成土过程会使Eu向负异常演化，这是因为Eu^{3+}被还原成Eu^{2+}后，可迁移性增强。δEu和δCe异常是反映环境变化的重要参数，其数值大小可反映土壤氧化还原状况和淋溶作用的强弱程度，δEu和δCe大于1.05为正异常，小于0.95则为负异常。研究区表层土壤δEu和δCe指标数值总体呈现负异常状态，其数值分别在0.41～1.16，0.59～0.96的范围内波动，平均值分别为0.69、0.75。不同母质发育的土壤在成土过程中对REEs的分异产生明显的效应，已有研究表明，花岗岩发育的红壤和水稻土中存在Ce和Eu的负异常现象。

HREE和LREE发生分馏的原因主要包括“镧系收缩”（从La至Lu离子半径递减）、碱性差异（从La至Lu逐渐降低）、电价差别（Ce^{4+}、Eu^{2+}）、络合作用及被吸附能力不同等。HREE与水溶液中普遍存在的Cl^-、SO_4^{2-}、Ac^-、CO_3^{2-}、F^-等阴离子形成溶解态配合物的能力大于LREE，使得HREE相较于LREE在自然界中迁移能力更强。

表4-2 研究区域稀土元素含量 单位：mg/kg

元素	平均值	最小值	最大值	标准差	全国土壤背景值
La	86.39	53.74	123.25	18.41	39.70
Ce	130.15	67.59	171.67	29.82	68.40
Pr	21.78	8.03	32.26	8.11	7.17
Nd	47.80	24.86	66.94	15.21	26.40
Sm	22.06	12.76	35.90	5.49	5.22
Eu	2.89	1.94	4.22	0.58	1.03
Gd	8.05	4.04	14.49	2.60	4.60
Tb	4.46	2.37	7.99	1.51	0.63
Dy	22.42	14.12	30.26	4.51	4.13
Ho	4.63	2.61	7.85	1.41	0.87
Er	11.73	6.90	17.53	3.29	2.54
Tm	1.46	0.99	2.60	0.48	0.37
Yb	14.84	10.22	20.67	2.59	2.44
Lu	2.42	1.24	4.80	1.18	0.36
Y	68.88	42.85	98.27	14.68	23.74
LREE	311.07	181.09	422.89	71.27	147.92
HREE	138.88	96.89	188.16	27.20	39.68
∑REE	449.95	285.74	611.05	97.57	187.60
LREE/HREE	2.23	1.73	2.60	0.19	3.73
δCe	0.75	0.59	0.96	0.10	0.91
δEu	0.69	0.41	1.16	0.15	0.63

小提琴图结合了箱形图和密度图的特点，可用于展示稀土元素数据的分布状态、概率密度。由图4-1可知，LREE、HREE、∑REE数据分布比较分散，数值分布不均匀，存在比较明显的离散值，这表明研究区（稀土矿区周边农田土壤中）稀土含量差异性较大。

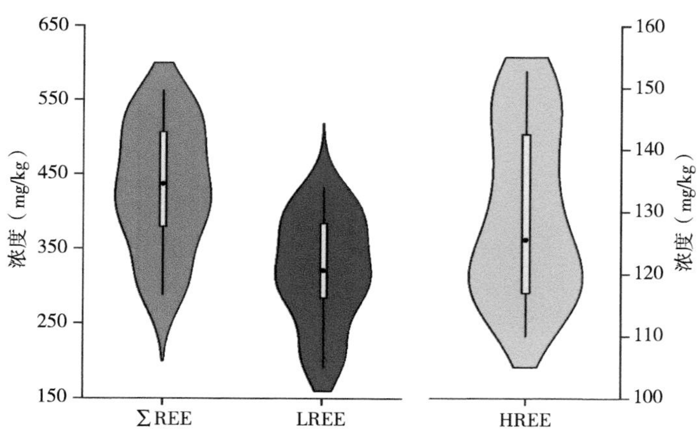

图4-1 土壤稀土元素分布特征

4.3.2.2 稀土元素分布特征

运用反距离插值法，得到矿区表层土壤稀土元素空间分布图（图4-2）。结果表明，表层土壤∑REE、LREE和HREE含量较高区域靠近足洞重稀土矿区，该区域表层土壤中稀土元素有不同程度的过量富集，且距离矿区越近，土壤中的稀土含量越高，污染问题越严重，土壤稀土含量与矿区距离呈显著的负相关关系，说明稀土资源开发活动提高了周边农田土壤中REEs的含量水平。LREE/HREE数值介于1.73～2.60，空间差异较大，呈现出中部较低，向四周升高的变化趋势，稀土资源开采等人类活动可使土壤中的轻重稀土元素重新组合。

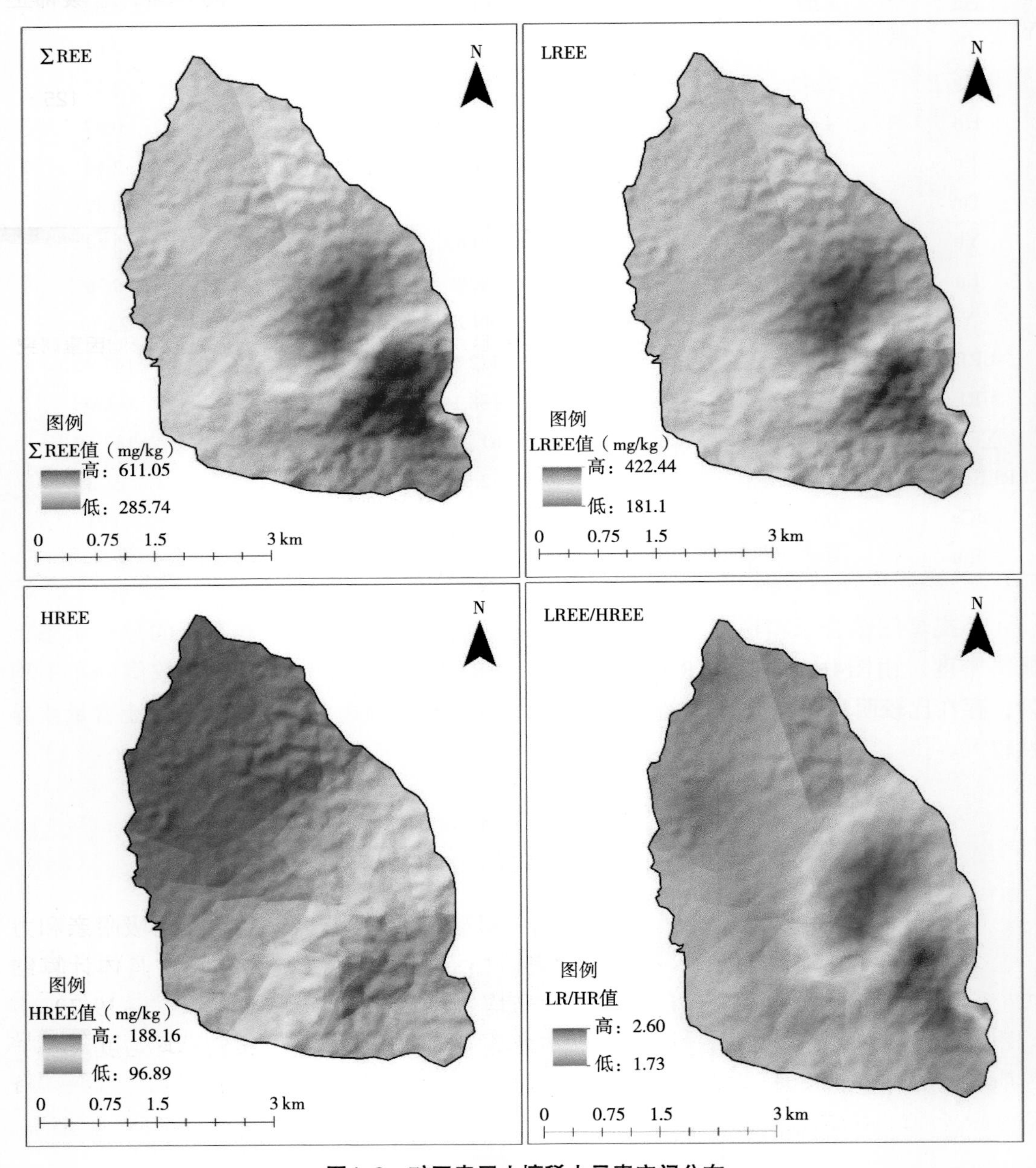

图4-2 矿区表层土壤稀土元素空间分布

从矿区土壤剖面中不同深度稀土元素的含量比较结果（图4-3）来看，不同深度土壤中稀土元素含量有较大的差异。受南方多雨气候条件和酸雨侵蚀等影响，土壤剖面中∑REE分布规律大致呈现出先随深度逐渐下降，至大概10 cm深度处，随之∑REE含量逐渐增高，反映出∑REE随淋溶侵蚀向下迁移的规律。土壤对∑REE具有很强的吸附性，REEs一般在土壤表层聚集，向下运移困难。REEs在土壤剖面内的纵向迁移主要通过渗透流和优势流两种方式，与优势流相比，渗透流由于会与土体作用，运移速度较慢。影响土壤中REEs淋溶迁移的因素很多，也很复杂，与气候条件（降水量、蒸发量等）、土壤理化性质（土壤质地、生物活性等）、水文地理因素（坡度、地下水位等）和农作管理因素（施肥、灌溉、轮作制度等）等密切相关。

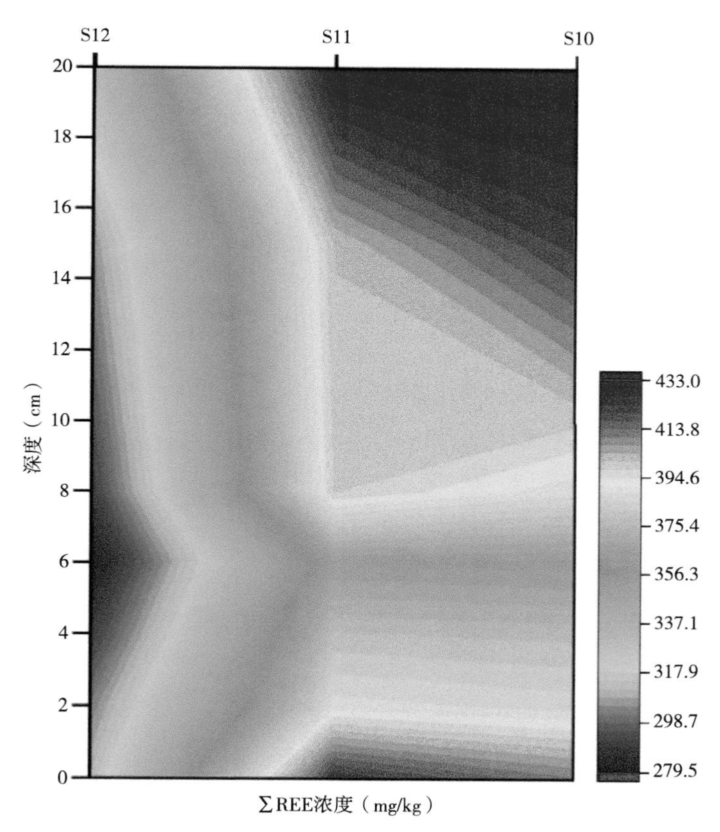

图4-3 矿区土壤剖面中稀土元素分布

4.3.2.3 稀土元素相关性分析

土壤中各稀土元素之间的相关性如图4-4所示。LREE与∑REE的相关性最强（$P<0.01$），轻稀土元素如La，Ce，Pr，Nd也均与LREE，HREE，∑REE表现出很强的相关性，这些结果强调了REEs在不同环境条件下的共存特性。REEs之间的晶体化学性质非常相似，在地质过程中密切共生，稀土矿区开采活动会改变周边农田土壤中各REEs的含量、比例。

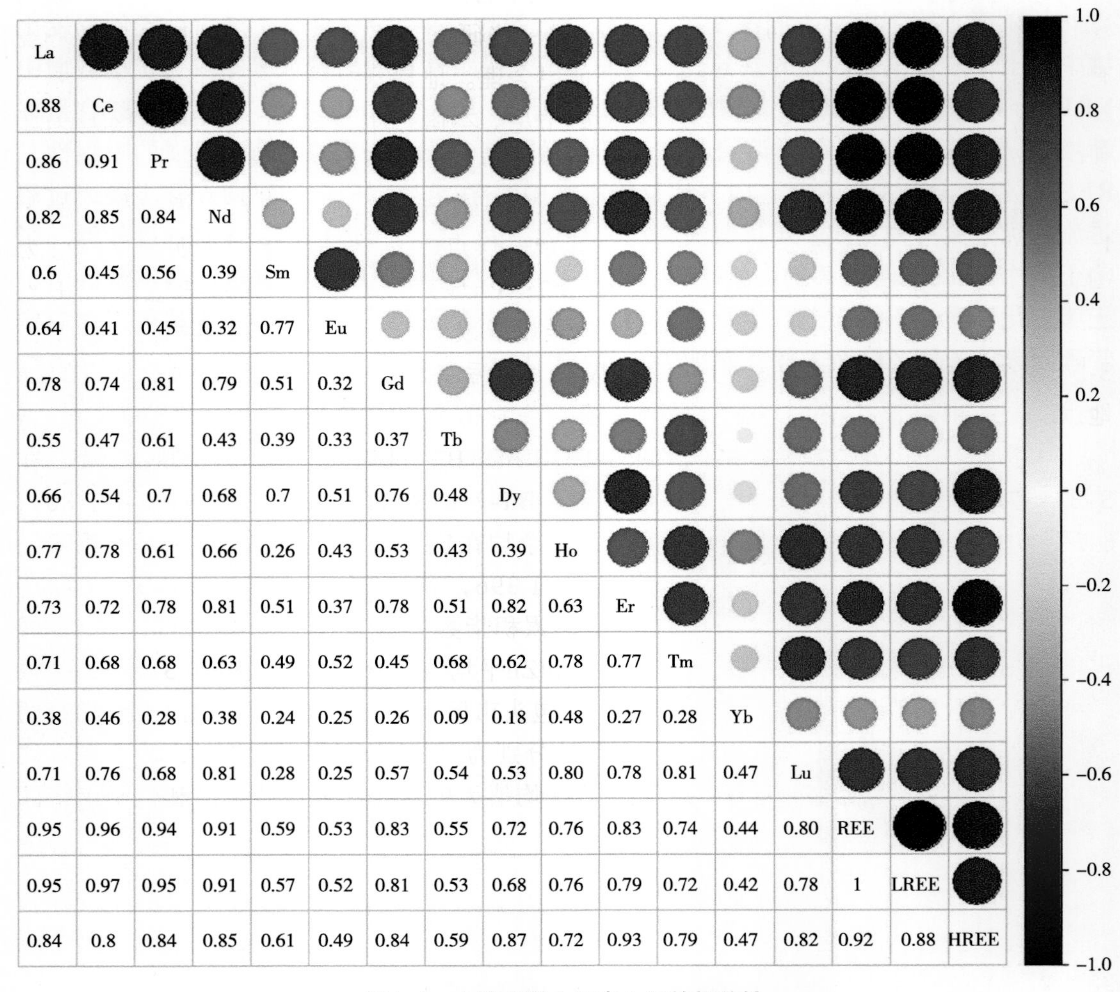

图4-4　土壤中稀土元素之间的相关性

4.3.2.4　稀土元素与土地利用的相关性

研究基于矿区稀土元素数据、土地利用数据，构建自组织映射神经网（SOM），并利用SOM聚类和降维可视化功能对数据进行训练输出，得到输入参数的聚集模式，及不同参数之间的相关性；并通过对输出神经元进行二次聚类，获得矿区不同采样点的分类情况。图4-5所示为经过网络训练后在SOM输出面板上不同参数各自的分布与聚集状况，每张图代表一种参数，颜色越深表示该参数的含量越高、越集中。可以发现在SOM输出面板上稀土元素的分布比较聚集，高值聚集在SOM输出面板的左下角或右下角，森林、草地、裸地比例的高值也主要集中在左下角或右下角，农田比例的高值分布主要聚集在右边，湿地、水体及建筑用地比例的高值主要集中在左上角，森林、草地、裸地、农田与稀土元素之间表现出正相关性，水体、湿地、建设用地则与稀土元素之间表现出显著负相关性。

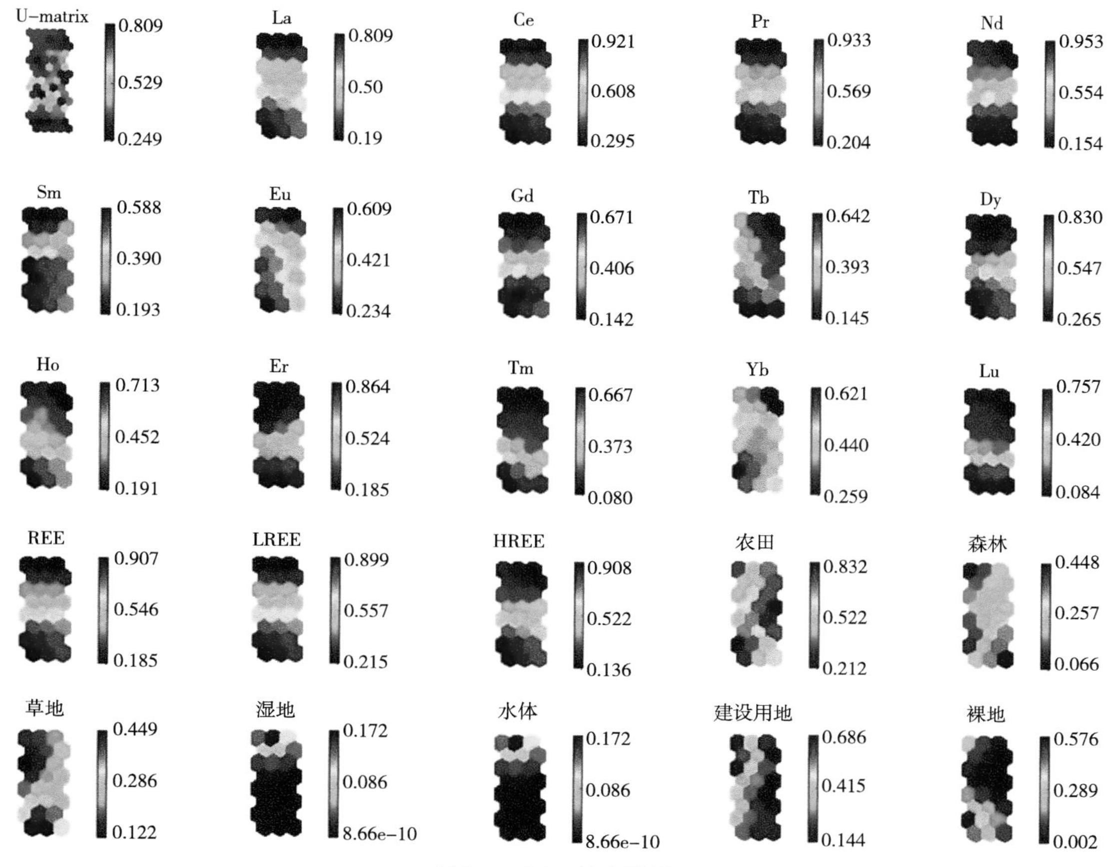

图4-5　SOM输出结果

将输出的24个神经元，按其权值向量进行二次聚类，二次聚类采用k-means算法，经多次试验确定聚类为3类时具有很好的解释性，并将其分别在SOM输出空间以及地理空间中进行可视化。图4-6中SOM输出面板的区域划分代表着二次聚类的结果，由图4-6可知，第1类采样点靠近河流，样品中REEs含量较高，土地利用类型以农田为主，第2类采样点离矿区较远，具有REEs含量较低的特点，第3类采样点距离矿区较近，REEs含量高。

根据SOM分类结果对27个土壤样品分为3组，并对样品中REEs含量进行球粒陨石标准化处理，结果如图4-7所示，研究区土壤中REEs含量较球粒陨石较高，各组样品的球粒陨石标准化分布曲线趋势相似，均表现向右倾斜型，LREE富集程度更高，轻重稀土发生分异，符合南方离子型稀土矿区土壤REEs的普遍特征。3组样品的各稀土元素球粒陨石标准化数值存在明显差异，距离矿区最近的第3组土壤样品的球粒陨石标准化数值最高，其次为第1组，距离矿区较远的第2组土壤样品稀土球粒陨石标准化数值最低，由此可推断，矿区稀土开采活动在周边土壤REEs的分配、重组过程中扮演重要角色。因此，矿区周边土壤REEs的分布、分异特征与自然风化过程、人类开采活动密切相关：一方面，不同母质发育的土壤在成土过程中对REEs的分异作用产生明显的效应；另一方面，稀土矿的开发利用也会影响周边农田表层土壤中REEs的分异作用。

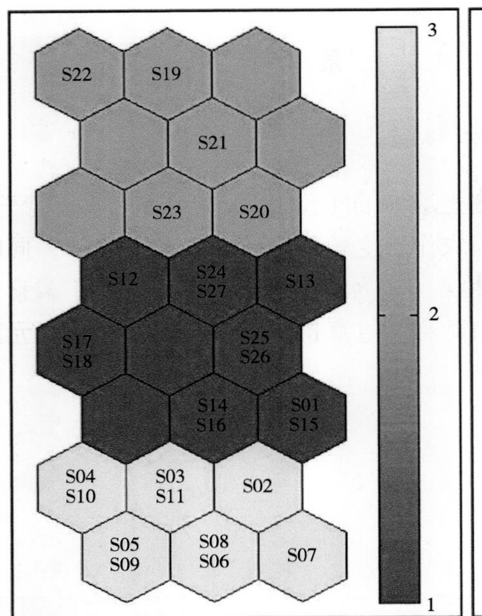

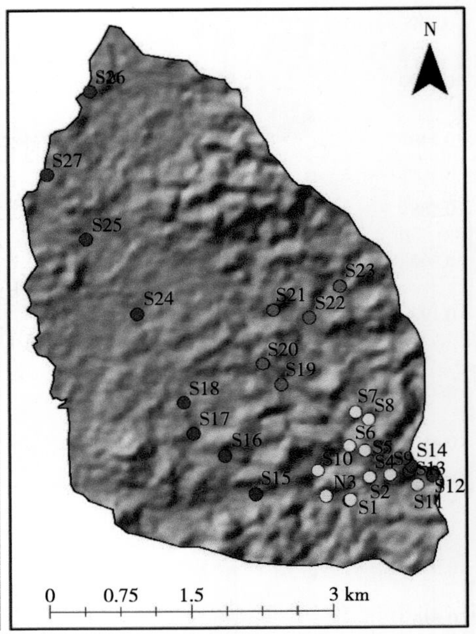

图4-6　聚类分析结果在地理空间中的可视化

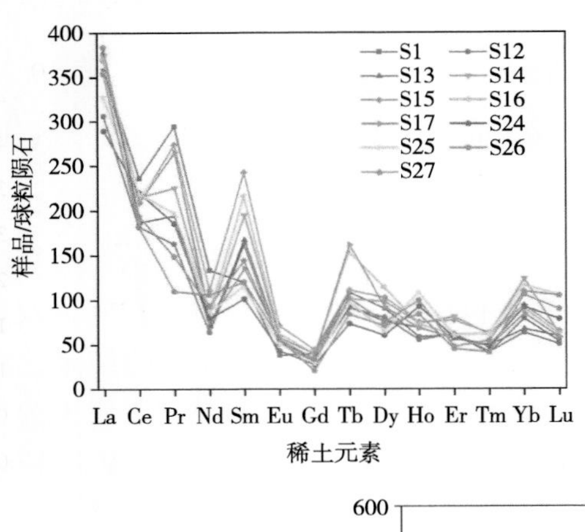

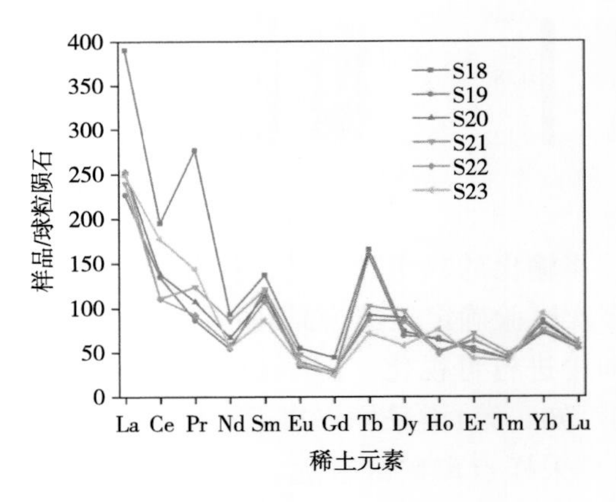

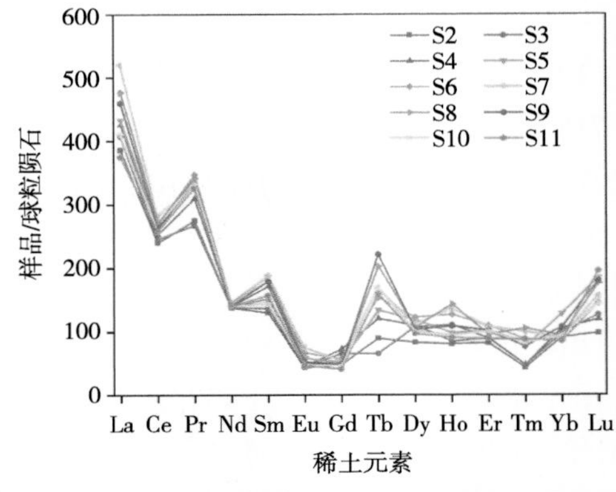

图4-7　土壤样品稀土元素分配曲线

4.3.2.5 土壤稀土元素源解析

研究通过正定矩阵因子分析法（PMF）探究表层土壤REEs主要来源，利用PMF软件进行分析，该研究区样点各种稀土元素源成分谱及贡献率，见图4-8。因子1对矿区土壤稀土元素有较高的贡献，为41.94%，对每种稀土元素含量也有较高贡献，其含量分布特征也与江西省土壤稀土背景值相似，因此推断因子1可能与自然地质背景相关；因子2对REEs整体贡献较小，含有较高的LREE，HREE负载小，稀土微肥中含有较高含量的LREE，且研究区水稻田分布较广，由此推断因子2可能与农业稀土施用相关；因子3对研究区REEs贡献最高，为48.06%，因子3中对重稀土元素有较高贡献，其组分与矿区淋滤废水构成相似，且研究区域靠近稀土矿区，因此，因子3可能与矿区开采活动排放的酸性淋滤废水有关。

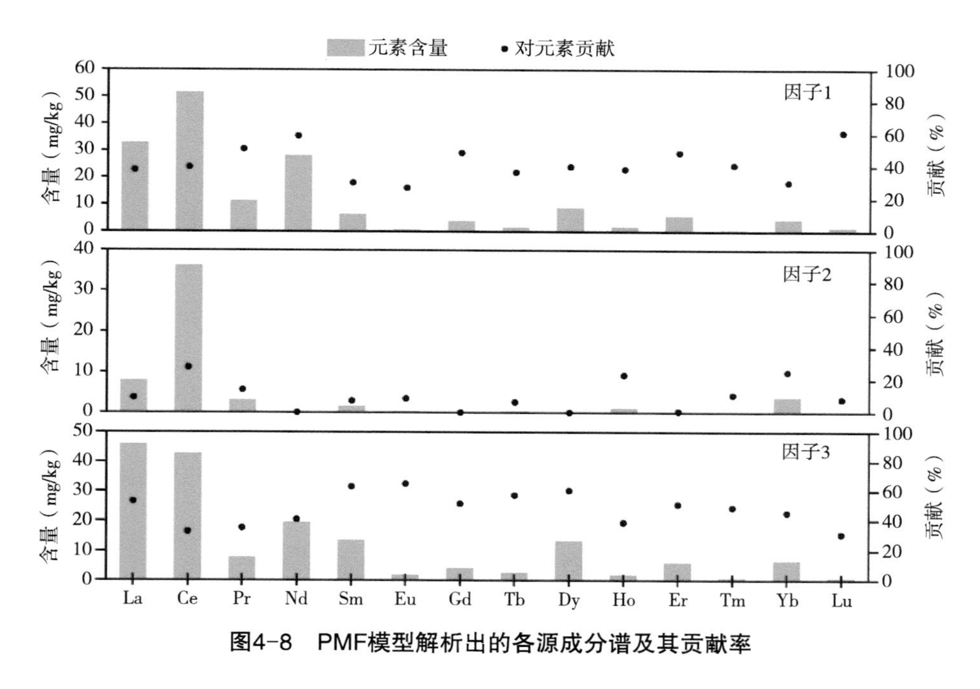

图4-8 PMF模型解析出的各源成分谱及其贡献率

4.3.3 矿区主要作物中稀土含量

农作物中的REEs来自土壤，其含量主要受到环境和遗传因素的影响制约。矿区主要作物的稀土含量如图4-9所示，5种农作物中的稀土元素含量组间差异不显著（$P=0.111$），这5种农作物中，稻米中REEs含量最高，平均值为1.032 mg/kg，其次为番茄，均值为0.889 mg/kg，稻米、番茄中REEs含量显著高于其他3种农作物（$P<0.01$）。农作物的REEs含量受农作物品种、土壤稀土总量及赋存形态影响，矿区土壤中REEs含量较高，矿区周边地表水、地下水REEs浓度也比非矿区高许多，溶解态REEs易被农作物吸收利用并转运到地上部。已有研究表明，农作物对REEs的吸收量与其生长土壤或基质中REEs含量呈正相关。Khan等也观察到生长在高背景稀土矿区周边的农作物存在吸收积累REEs的现象。

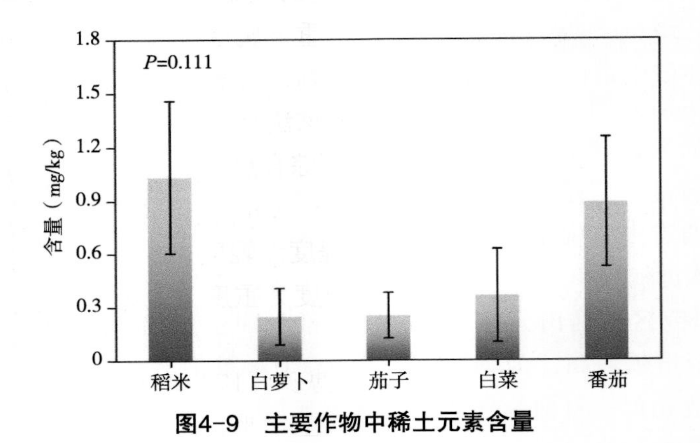

图4-9　主要作物中稀土元素含量

参照美国环保局（USEPA）推荐的健康风险方法，主要考虑经口直接摄入的暴露途径，评价人体通过食用5种农作物摄入REEs可能产生的健康风险，计算公式如下。

$$ADI = \frac{C \times GW \times EF \times ED}{BW \times AT}$$

式中，*ADI*为终生平均每天的污染物摄入量［mg/（kg·d）］，*C*为农作物可食部分中稀土元素的含量（mg/kg），*GW*为每日农作物摄入量（kg/d），*EF*为暴露频率（d/a），*ED*为暴露周期（70 a），*BW*为人体重量，一般采用标准体重（60 kg），*AT*为终生时间（365 × 70 d）。

由表4-3可知，矿区居民通过食用这5种农作物而日均摄入的REEs总量为8.716 μg/（kg·d），5种农作物中，居民食物中日均摄入量最大的作物为稻米，它对人群稀土元素的累积贡献最大，为97.32%。

表4-3　主要作物稀土元素含量及居民食用情况

作物	平均含量（mg/kg）	日食用量（kg）	每年食用天数（d）	日均食用量［μg/（kg·d）］	膳食比例（%）
稻米（干重）	1.032	0.5	360	8.482	97.32
白萝卜（鲜重）	0.248	0.05	100	0.057	0.65
茄子（鲜重）	0.252	0.03	60	0.021	0.24
白菜（鲜重）	0.364	0.05	100	0.083	0.95
番茄（鲜重）	0.889	0.03	60	0.073	0.84

4.4　水稻土吸附稀土元素的行为研究

4.4.1　吸附动力学

吸附平衡时间和最大吸附容量是评价吸附剂吸附稀土离子Y^{3+}的重要标准。水稻土原土及各粒径土壤微团聚体对稀土离子Y^{3+}的吸附量随反应时间的推移逐渐增加，Y^{3+}吸附过程表现出快速吸附及缓慢平衡的特点：反应初期（15 min）吸附速率较快，之后吸附速率相对缓慢，2 h（120 min）内可达到平衡状态。

原土及各粒径土壤微团聚体对稀土离子Y^{3+}的吸附速率不同，由图4-10可知，Y^{3+}的吸附量随微团聚体粒径的降低而增加：小于0.002 mm粒径>0.002～0.053 mm粒径>水稻土原土>0.053～0.25 mm粒径>0.25～2 mm粒径。<0.002 mm粒径土壤微团聚体对Y^{3+}的吸附速率最快，吸附能力最强，平衡吸附量达3.51 mg/g；0.002～0.053 mm粒径微团聚体对Y^{3+}吸附量为3.02 mg/g，原土对Y^{3+}吸附能力介于各粒径微团聚体之间，吸附量为2.06 mg/g；0.053～0.25 mm微团聚体与0.25～2 mm微团聚体对Y^{3+}吸附能力相似，平衡吸附量分别为1.08 mg/g及1.075 mg/g。

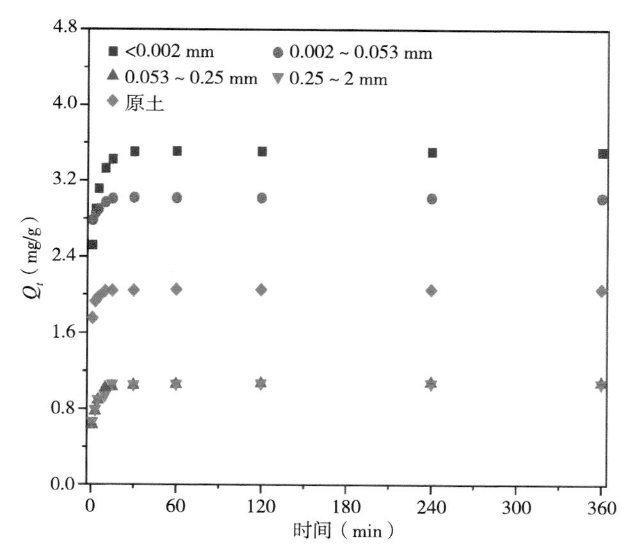

图4-10　水稻土原土及各粒径微团聚体吸附稀土离子Y^{3+}动力学过程

应用4种吸附动力学模型方程，对原始数据进行处理和拟合，分析水稻土原土及各粒径土壤微团聚体对稀土离子Y^{3+}的吸附行为，4种动力学模型的相关参数及对应的吸附曲线如图4-11至图4-14及表4-4至表4-7所示。与其他3种动力学模型相比，准二级动力学模型能较好地拟合原土及各粒径土壤微团聚体吸附Y^{3+}的行为，其相关系数R^2均大于其他动力学方程的R^2值，且由准二级动力学方程计算得到的理论吸附平衡量$Q_{e,\ cal}$比其他动力学方程的理论吸附量更接近实验所测得的平衡量$Q_{e,\ exp}$，拟合度较高。准二级动力学模型能够较好地描述Y^{3+}在水稻土上的吸附过程（包括外部液膜扩散、表面吸附和颗粒内扩散等），能更加全面真实地反映水稻土对Y^{3+}离子的吸附动力学机制。

4.4.1.1　准一级吸附动力学模型

准一级动力学模型是基于假定吸附受扩散步骤的控制，如果水稻土对稀土离子Y^{3+}的吸附量随着时间t呈现指数变化，则说明稀土离子Y^{3+}吸附过程符合准一级吸附动力学方程特点。水稻土吸附稀土元素Y^{3+}的准一级吸附动力学方程拟合结果见图4-11和

表4-4。从图4-11可以看出，准一级动力学方程可决R^2均小于0.900，不能较好地拟合原土及各粒径微团聚体吸附Y^{3+}的过程，这表明物理性的液膜扩散并不是影响Y^{3+}吸附的唯一因素，不适用于解释Y^{3+}在水稻土上的整个吸附过程。

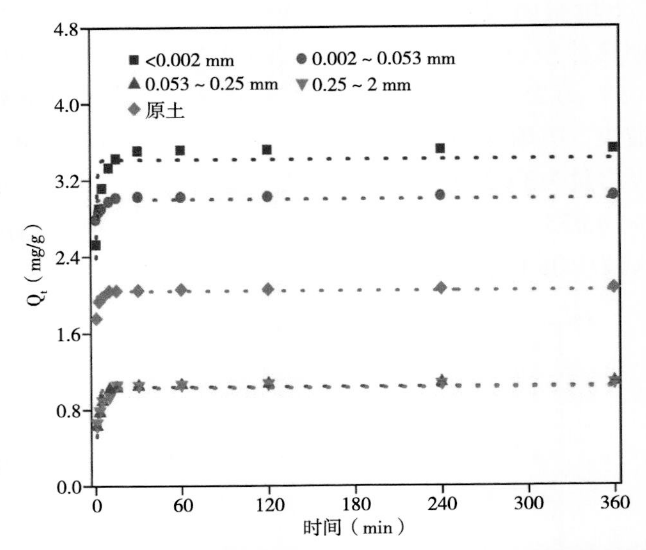

图4-11　水稻土原土及各粒径微团聚体吸附Y^{3+}准一级动力学模型拟合结果

表4-4　准一级吸附动力学方程拟合参数

类别	$Q_{e,\ exp}$（mg/g）	$Q_{e,\ cal}$（mg/g）	k（min）	R^2
<0.002 mm	3.512	3.411	2.757	0.611
0.053 ~ 0.002 mm	3.024	2.991	6.140	0.459
0.25 ~ 0.053 mm	1.080	1.039	1.588	0.785
2 ~ 0.25 mm	1.075	1.027	1.919	0.691
原土	2.060	2.035	4.533	0.843

4.4.1.2　准二级吸附动力学模型

Ho准二级吸附动力学方程是基于假定吸附速率受化学吸附过程的控制，吸附过程涉及电子共用或转移过程。如果t/Q_t与t之间表现出显著线性关系，则说明水稻土吸附稀土离子Y^{3+}具有准二级吸附动力学方程特性。由图4-12及表4-5可知，Ho准二级动力学模型适用于模拟稀土离子Y^{3+}在原土及各粒径微团聚体上的吸附过程，可决系数R^2均高于0.999 9，结果表明，水稻土原土及各粒径微团聚体对稀土离子Y^{3+}的吸附过程比较复杂，涉及液膜扩散、表面吸附和颗粒内扩散等多种物理化学机理。

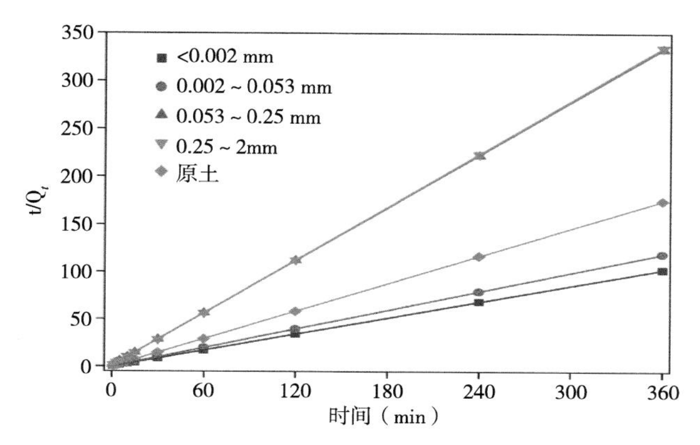

图4-12　水稻土原土及各粒径微团聚体吸附Y^{3+}准二级动力学模型拟合结果

表4-5　准二级吸附动力学方程拟合参数

类别	$Q_{e,\ exp}$（mg/g）	$Q_{e,\ cal}$（mg/g）	k［g/（mg·min）］	h［mg/（g·min）］	R^2
<0.002 mm	3.512	3.521	0.714	8.850	1.00
0.053 ~ 0.002 mm	3.024	3.021	2.382	21.739	1.00
0.25 ~ 0.053 mm	1.080	1.083	0.941	1.105	1.00
2 ~ 0.25 mm	1.075	1.078	1.107	1.285	1.00
原土	2.060	2.058	2.410	10.204	1.00

4.4.1.3　Elovich吸附模型

Elovich吸附模型是对一系列反应过程描述，如溶质在固液界面处的扩散，表面的活化/去活化作用等，适用于吸附剂表面的非均相扩散过程。如果Q_t与lnt之间表现出显著线性关系，则说明水稻土吸附稀土离子Y^{3+}具有Elovich吸附方程动力学模型特性。Elovich吸附模型对原土及各粒径土壤微团聚体吸附Y^{3+}的过程拟合度较差，可决R^2均小于0.800，拟合结果表明水稻土原土及各粒径微团聚体在吸附Y^{3+}过程中表面吸附能分布不均匀（图4-13，表4-6）。

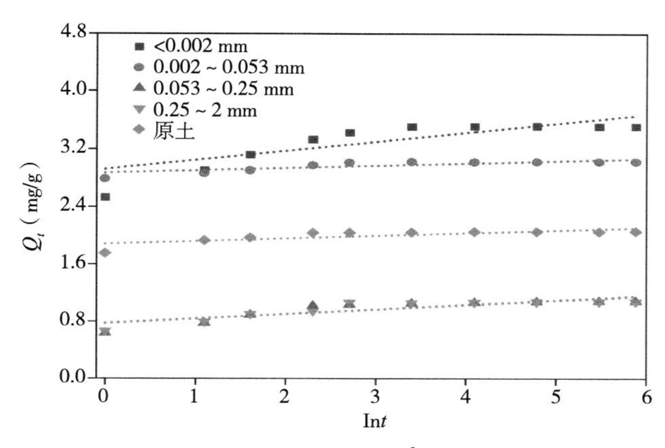

图4-13　水稻土原土及各粒径微团聚体吸附Y^{3+}的Elovich动力学模型拟合结果

表4-6 Elovich吸附动力学方程拟合参数

类别	a［mg/（g·min）］	β（g/mg）	R^2
<0.002 mm	1.428×10^{9}	7.937	0.688
0.053 ~ 0.002 mm	1.776×10^{36}	30.303	0.694
0.25 ~ 0.053 mm	9.071×10^{3}	15.385	0.726
2 ~ 0.25 mm	1.691×10^{4}	16.129	0.763
原土	4.940×10^{20}	27.027	0.612

4.4.1.4 颗粒内扩散模型

颗粒内扩散模型是基于假定吸附受颗粒内扩散过程的控制，如果Q_t与$t^{0.5}$满足相应的线性关系，则说明水稻土吸附稀土离子Y^{3+}具有粒子内扩散特性。水稻土原土及各粒径土壤微团聚体吸附稀土元素Y^{3+}的颗粒内扩散动力学模型拟合结果如图4-14和表4-7所示。从图4-14中可以看到，拟合曲线初始阶段呈现斜线上升的趋势，然后逐渐趋于水平状态，这主要是因为当稀土离子Y^{3+}扩散到吸附剂内部时，扩散阻力逐渐增大，导致扩散速度降低，最终达到吸附平衡状态。由表4-7可知，第二阶段颗粒内扩散常数k_2数值很小，表明这一阶段为控速步骤，在速率控制阶段，液膜扩散及颗粒内扩散共同控制着水稻土吸附Y^{3+}过程。

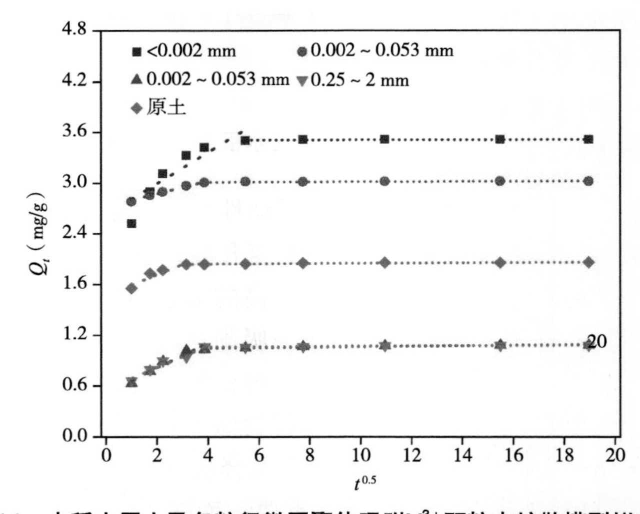

图4-14 水稻土原土及各粒径微团聚体吸附Y^{3+}颗粒内扩散模型拟合结果

表4-7 颗粒内扩散模型拟合参数

类别	C_1	k_1 [mg/(g·min)]	R^2	C_2	k_2 [mg/(g·min)]	R^2
<0.002 mm	2.626	0.184	0.801	3.506	3.978×10^{-4}	0.358
0.053 ~ 0.002 mm	2.724	0.076	0.986	3.012	6.794×10^{-4}	0.550
0.25 ~ 0.053 mm	0.52	0.146	0.934	1.032	$0.002\,9\times10^{-4}$	0.836
2 ~ 0.25 mm	0.561	0.128	0.955	1.052	$0.001\,3\times10^{-4}$	0.829
原土	1.667	0.124	0.909	2.037	$0.001\,3\times10^{-4}$	0.828

4.4.2 吸附等温线

吸附等温线主要用于描述稀土离子Y^{3+}在水稻土表面的吸附态浓度和溶液中溶解态浓度之间的关系，为吸附体系的设计和优化提供重要的理论依据和理论参数。图4-15为稀土离子Y^{3+}在水稻土原土及各粒径土壤团聚体上的等温吸附曲线，由图4-15可知，水稻土对稀土离子Y^{3+}表现出强烈的吸附作用，并且随着稀土离子Y^{3+}初始浓度的升高，水稻土对Y^{3+}的吸附趋于饱和状态。

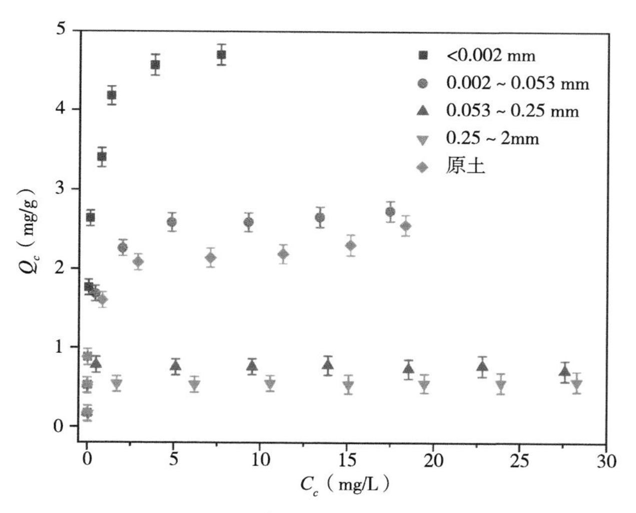

图4-15 稀土离子Y^{3+}在水稻土上的吸附等温行为

Langmuir吸附等温模型，假设稀土离子Y^{3+}的吸附行为发生在吸附剂均质表面（图4-16）；相反，Freundlich吸附等温模型，假设吸附过程发生在不均匀表面，同时，Freundlich模型也适用于低浓度吸附质的情况（图4-17）。比较Langmuir和Freundlich吸附等温线拟合方程相关系数R^2，稀土离子Y^{3+}在各粒径水稻土上的等温吸附特性可较好地利用Langmuir吸附等温线模型拟合，并且随土壤团聚体粒径的升高，土壤稀土Y^{3+}吸附容量（Q_{max}）从4.878 mg/g降低为0.569 mg/g（表4-8）。

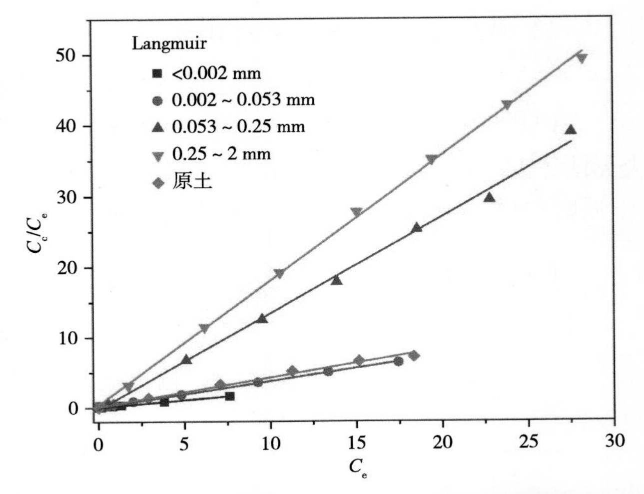

图4-16　稀土离子Y^{3+}在水稻土上的Langmuir吸附等温线模型拟合结果

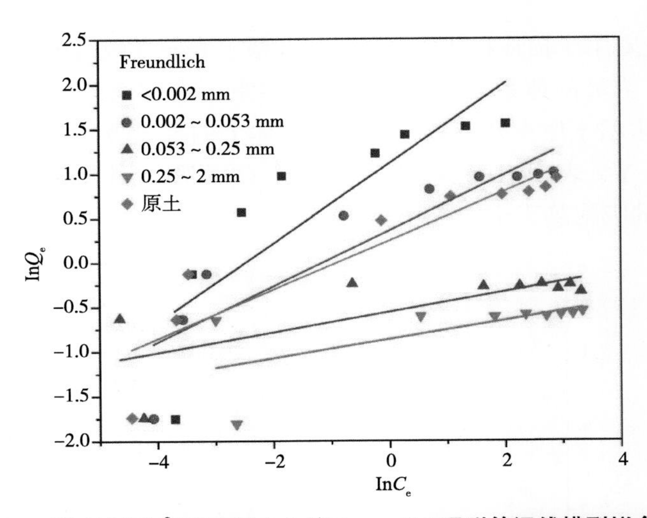

图4-17　稀土离子Y^{3+}在水稻土上的Freundlich吸附等温线模型拟合结果

表4-8　Langmuir及Freundlich吸附等温模型拟合参数

吸附剂类别	Langmuir			Freundlich		
	Q_{max}	K_L	R^2	K_f	n	R^2
<0.002 mm	4.878	3.714	0.996	3.018	2.243	0.742
0.002 ~ 0.053 mm	2.740	3.786	0.999	1.428	3.200	0.825
0.053 ~ 0.25 mm	0.736	4.247	0.997	0.572	8.851	0.532
0.25 ~ 2 mm	0.569	4.345	0.999	0.421	9.548	0.406
原土	2.445	2.436	0.992	1.276	3.640	0.832

由表4-9可知，稀土离子Y^{3+}在水稻土原土及各粒径土壤团聚体上吸附过程的吉布斯自由能（ΔG）在-24.71～-23.28 kJ/mol，差异性较小。物理吸附的ΔG值一般在-20～0 kJ/mol，物理吸附和化学吸附的ΔG值在-80～-20 kJ/mol，纯化学吸附的ΔG值在-400～-80 kJ/mol。因此，水稻土原土及各粒径土壤团聚体对稀土离子Y^{3+}的吸附过程中物理吸附（非专性吸附）及化学吸附作用（专性吸附）均存在。

表4-9　稀土离子Y^{3+}在水稻土上吸附的热力学数值

吸附剂类型	K_L	K_C	ln（K_C）	ΔG
<0.002 mm	3.714	18 346.10	9.82	-24.32
0.053～0.002 mm	3.786	18 701.74	9.84	-24.37
0.25～0.053 mm	4.247	20 978.82	9.95	-24.65
2～0.25 mm	4.345	21 462.89	9.97	-24.71
原土	2.436	12 033.49	9.40	-23.28

D-R吸附模型进行吸附数据拟合所得结果如图4-18及表4-10所示，由表4-10可知，D-R等温吸附模型对粒径为0.053～0.25 mm及0.25～2 mm的土壤团聚体拟合效果较差（$R^2<0.6$），其他粒径土壤团聚体模型拟合可决系数R^2均大于0.900。E值的大小能判断出吸附机理是物理反应还是化学反应。经计算得出，稀土离子Y^{3+}在水稻土原土及各粒径土壤团聚体上吸附的E值分布在8.205～17.089 kJ/mol，均大于8 kJ/mol，表明吸附过程以化学反应、离子交换吸附为主，原土及各粒径土壤团聚体表面吸附位点与稀土离子Y^{3+}的专性吸附、离子交换吸附是主要的吸附机理。

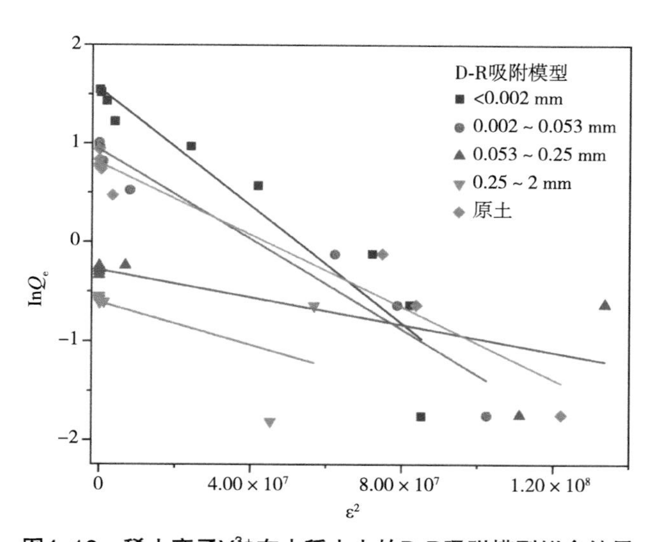

图4-18　稀土离子Y^{3+}在水稻土上的D-R吸附模型拟合结果

表4-10　D-R吸附模型拟合参数

类别	Q_m	β	E	R^2
<0.002 mm	4.743	2.971×10^{-8}	8.205	0.903
0.053 ~ 0.002 mm	2.563	2.270×10^{-8}	9.386	0.950
0.25 ~ 0.053 mm	0.750	6.849×10^{-9}	17.089	0.569
2 ~ 0.25 mm	0.543	1.069×10^{-8}	13.681	0.356
原土	2.228	1.819×10^{-8}	10.485	0.939

4.4.3　位点能量分布理论

吸附剂对吸附质的吸附性能与吸附剂表面位点能量的分布有关，位点能量分布曲线可以提供吸附剂表面对吸附质吸附的能量分布信息，并可为吸附机理的研究提供重要的理论依据。图4-19为基于Langmuir吸附等温模型计算得到的稀土离子Y^{3+}在水稻土原土及各粒径土壤团聚体上的位点能量分布曲线，该曲线的宽度表示水稻土原土及各粒径土壤团聚体表面异质性，曲线积分面积表示稀土离子Y^{3+}在不同吸附剂表面最大可能的吸附量。对比稀土离子Y^{3+}在不同吸附剂上的吸附量可知，Y^{3+}的吸附位点数量随微团聚体粒径的降低而增加：小于0.002 mm粒径>0.002 ~ 0.053 mm粒径>水稻土原土>0.053 ~ 0.25 mm粒径>0.25 ~ 2 mm粒径，但是各吸附剂之间位点能量差异较小。

为研究水稻土原土及各粒径土壤团聚体对稀土离子Y^{3+}吸附的位点能量分布，利用稀土离子Y^{3+}的等温吸附数据及其Langmuir模型拟合参数，计算得到E^*，以稀土离子Y^{3+}在不同吸附剂表面的平衡吸附量Q_e为横坐标，E^*为纵坐标作图，得出Q_e和E^*之间的关系图（图4-20）。随着稀土离子Y^{3+}在不同吸附剂表面吸附量的增加，E^*逐渐减小，这表明稀土离子Y^{3+}在吸附过程中优先占据高能量吸附位点。

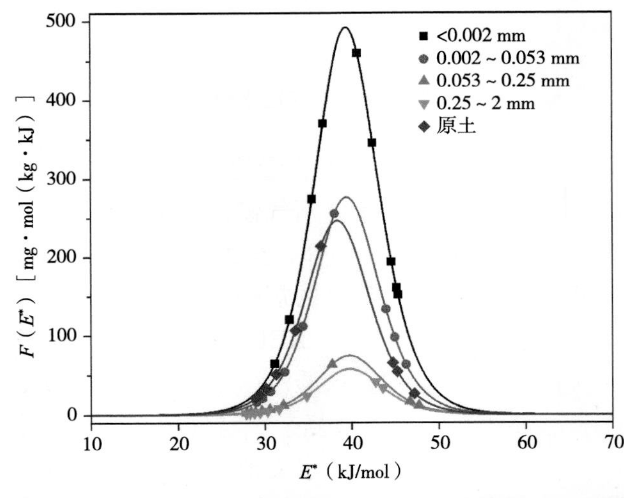

图4-19　稀土离子Y^{3+}在水稻土原土及各粒径土壤团聚体上的位点能量分布

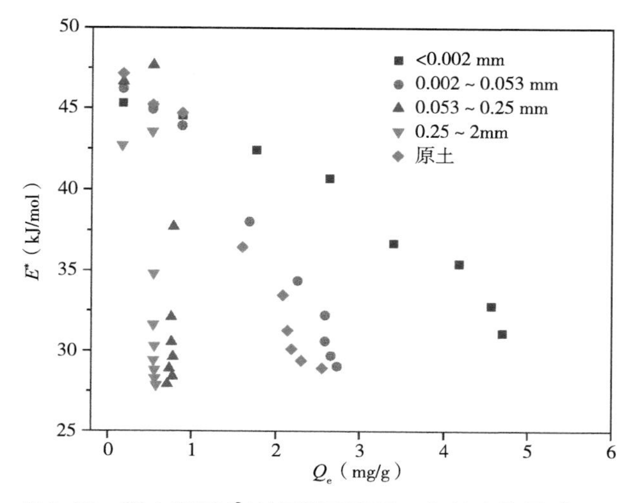

图4-20 稀土离子Y^{3+}的平衡吸附量Q_e与位点能量E^*关系

吸附剂表面平均位点能量$\mu(E^*)$越高，吸附剂和稀土离子Y^{3+}之间的吸附亲和力越大。标准方差（σ_e^*）则表示各吸附剂表面位点能量分布的不均匀度，具体计算结果见表4-11。原土及各粒径微团聚体表面平均位点能量$\mu(E^*)$介于38.35 ~ 39.79 kJ/mol，各吸附剂之间位点能量差异较小，各吸附剂表面位点能量分布的不均匀度（σ_e^*）数值相同，这主要是因为原土及各粒径微团聚体来源相同。

表4-11 原土及各粒径土壤团聚体吸附稀土离子Y^{3+}的位点能量分布参数

吸附剂类型	E_0^* kJ/mol	$F(E_0^*)$ mg·mol/（kg·kJ）	$\mu(E^*)$ kJ/mol	σ_e^* kJ/mol
<0.002 mm	39.40	492.22	39.40	4.49
0.053 ~ 0.002 mm	39.40	276.43	39.45	4.49
0.25 ~ 0.053 mm	39.70	74.25	39.73	4.49
2 ~ 0.25 mm	39.80	57.43	39.79	4.49
原土	38.40	246.69	38.35	4.49

4.5 内外因素对水稻土吸附稀土元素的影响研究

4.5.1 内部因素对稀土元素Y^{3+}吸附行为的影响

水稻土对稀土元素Y^{3+}的吸附过程受到土壤性质（土壤质地等）、稀土离子Y^{3+}自身的性质、共存离子等因素影响。磷素作为农作物生长的必需营养元素之一，同时，也是良好的土壤修复剂，可改良土壤的理化性状、钝化土壤中的重金属。鉴于磷素是研究区土壤肥力的主要限制因子，施加的外源磷肥会通过直接或间接作用影响稀土元素在土壤中吸附过程。

由图4-21可知，无磷素共存时，各粒径土壤团聚体对稀土元素Y^{3+}吸附量差异较大，团聚体粒径越小，Y^{3+}平衡吸附量越多，这表明土壤团聚体粒径影响土壤对稀土元素Y^{3+}的吸附能力。研究表明，团聚体粒径越小，土壤质地越细，阳离子交换量（CEC）越高。因此，土壤团聚体粒径越小，土壤质地黏重的土壤对REEs的吸附能力越强，从而降低REEs的迁移转化能力。

磷酸盐添加体系，稀土元素Y^{3+}平衡浓度明显下降，并且当P与Y浓度比值为1时，不论吸附剂种类如何，稀土离子Y^{3+}可溶态浓度均小于0.1 mg/L，磷酸盐对稀土元素Y^{3+}的作用效果显著。土壤中的磷酸盐对重金属的作用机理主要包括：离子交换直接吸附重金属离子，间接诱导吸附重金属离子，溶解的磷酸根离子与重金属离子生成沉淀。根据Visual MINTEQ软件计算结果，溶液pH值为4.7，P与Y浓度比值为1时，98.5%的Y^{3+}以YPO_4沉淀形式存在，仅1.5%的Y^{3+}为溶解态。

$$\equiv POH + REE^{3+} \leftrightarrow \equiv POREE^{2+} + H^{+}$$（$\equiv POH$代表含磷材料表面）

$$\equiv POCa^{+} + REE^{3+} \leftrightarrow \equiv POREE^{2+} + Ca^{2+}$$（$\equiv POCa$代表含磷材料表面钙）

$$\equiv S\text{-}HPO_4^{2-} + REE^{3+} \leftrightarrow \equiv S\text{-}HPO_4^{2-}\text{-}REE^{3+}$$（$\equiv S$代表土壤氧化物表面）

目标稀土元素Y^{3+}初始浓度决定了反应体系可供吸附的稀土离子Y^{3+}的量，由图4-21可知，在吸附剂表面吸附点位未达到饱和时，稀土离子Y^{3+}的吸附量随其初始浓度的升高而增加，吸附点位达到饱和后，吸附态Y^{3+}量保持稳定，反应体系溶解态Y^{3+}随Y^{3+}初始浓度的升高而升高，Y^{3+}初始浓度是决定其在水稻土表面Y^{3+}吸附量的重要限制因素。

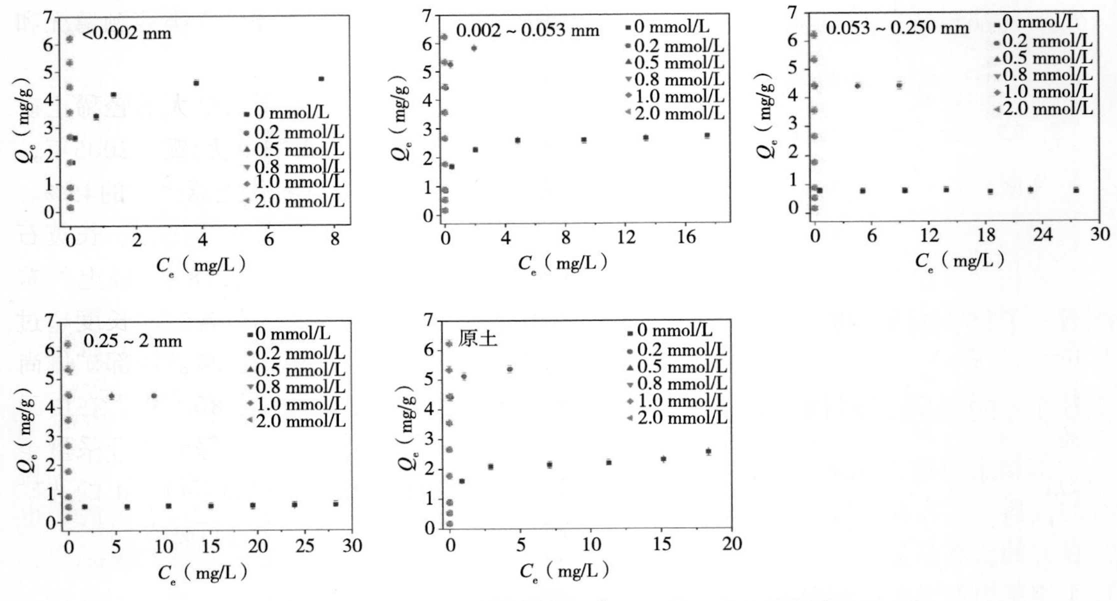

图4-21　磷浓度对稀土离子Y^{3+}吸附等温行为的影响

4.5.1.1　磷素及Y^{3+}初始浓度交互作用对水稻土吸附稀土离子Y^{3+}的影响分析

图4-22至图4-26可直观反映磷素及Y^{3+}初始浓度两因素的交互作用对不同粒径土壤团聚体吸附稀土离子Y^{3+}的影响，Y^{3+}初始浓度对Y^{3+}在各粒径土壤团聚体上吸附量的贡献大于共存磷素，两因素对稀土离子Y^{3+}的吸附均表现为促进作用，并且随着团聚体粒径的增大，这种促进效果更为显著。

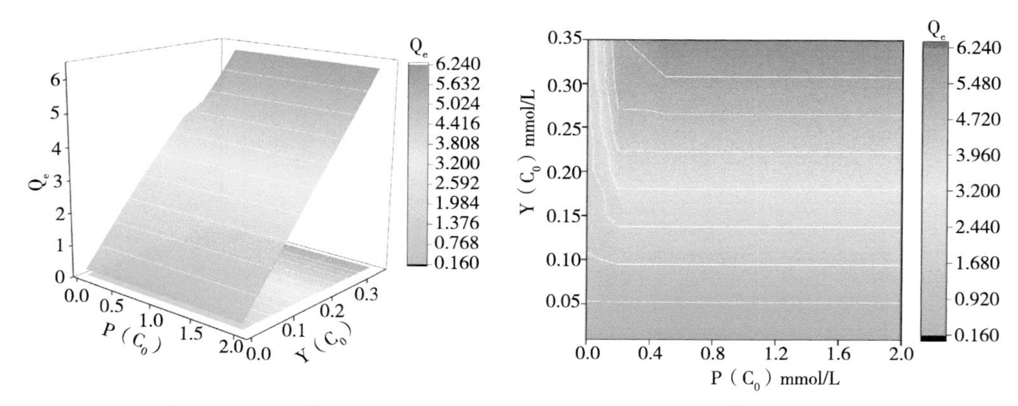

图4-22　P及Y^{3+}交互作用对水稻土原土吸附稀土离子Y^{3+}行为的影响

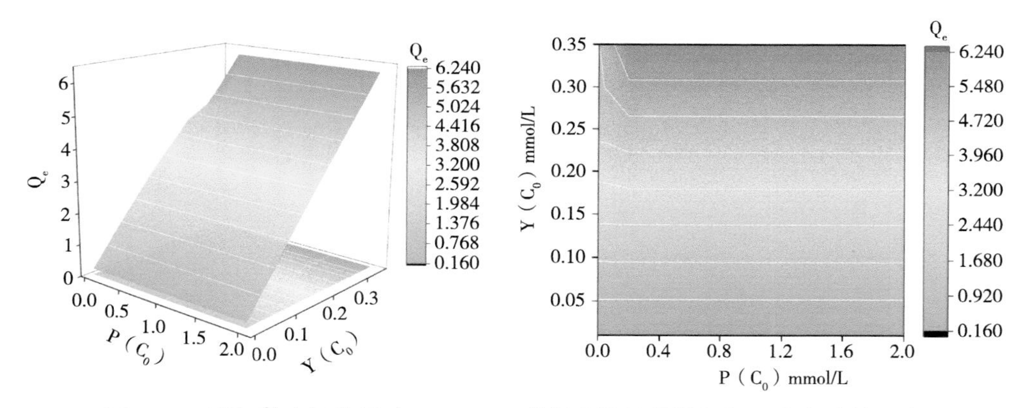

图4-23　P及Y^{3+}交互作用对<0.002 mm粒径土壤吸附稀土离子Y^{3+}行为的影响

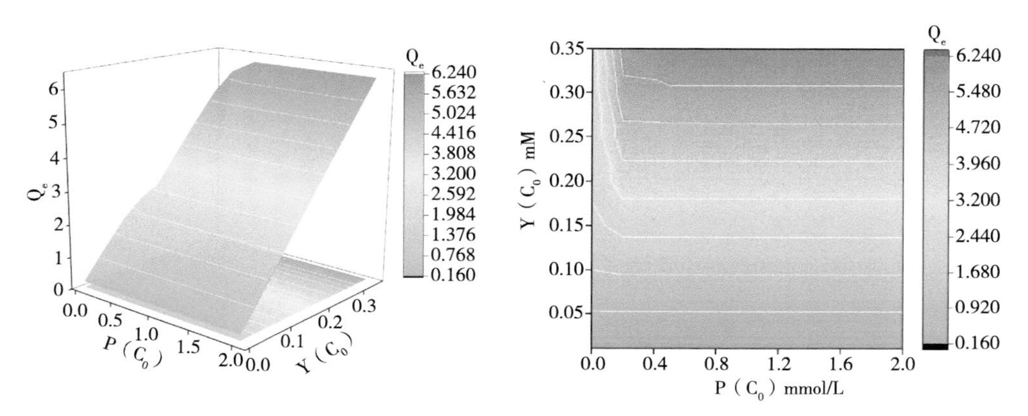

图4-24　P及Y^{3+}交互作用对0.002～0.053 mm粒径土壤吸附稀土离子Y^{3+}行为的影响

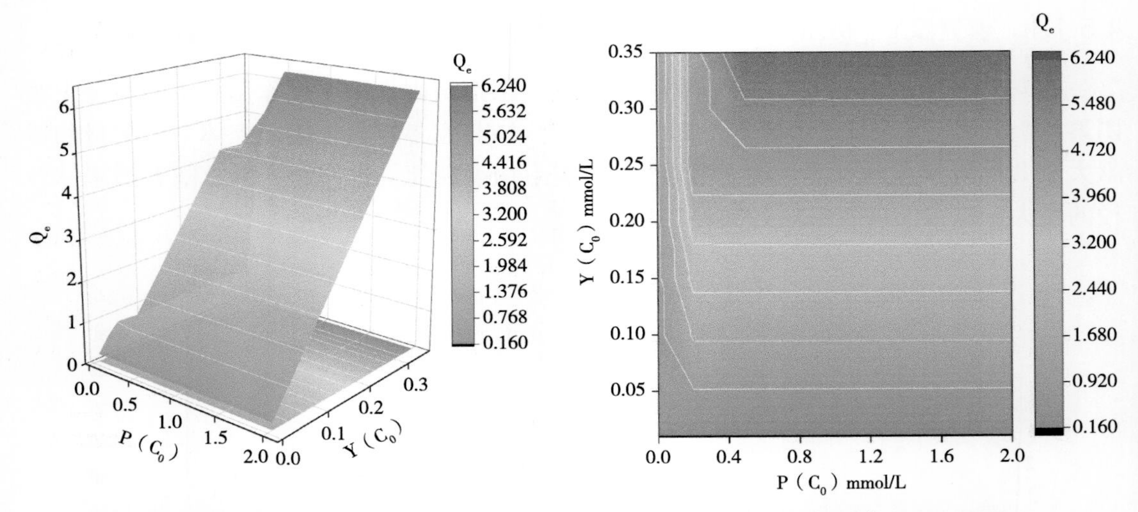

图4-25　P及Y^{3+}交互作用对0.053～0.25 mm粒径土壤吸附稀土离子Y^{3+}行为的影响

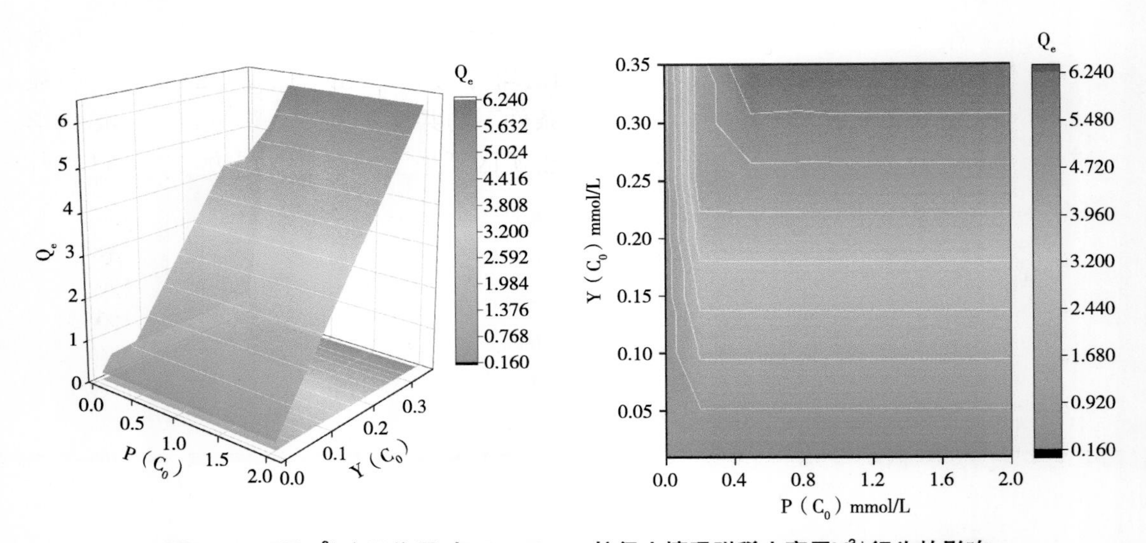

图4-26　P及Y^{3+}交互作用对0.25～2 mm粒径土壤吸附稀土离子Y^{3+}行为的影响

4.5.1.2　团聚体粒径及Y^{3+}初始浓度交互作用对水稻土吸附Y^{3+}的影响分析

图4-27至图4-29可直观反映团聚体粒径及Y^{3+}初始浓度两因素的交互作用对稀土离子Y^{3+}吸附行为的影响。无磷素共存时，Y^{3+}吸附行为受到Y^{3+}初始浓度和土壤团聚体粒径的综合作用的影响，Y^{3+}初始浓度对稀土离子Y^{3+}的吸附表现为促进作用，而土壤团聚体粒径则表现为抑制效应，并且Y^{3+}初始浓度的促进作用大于团聚体粒径的抑制效果。随着体系磷酸盐浓度的升高，Y^{3+}初始浓度的促进作用增强，团聚体粒径的抑制效果减弱，当磷酸盐含量高于Y^{3+}初始浓度时，这种抑制作用为0。

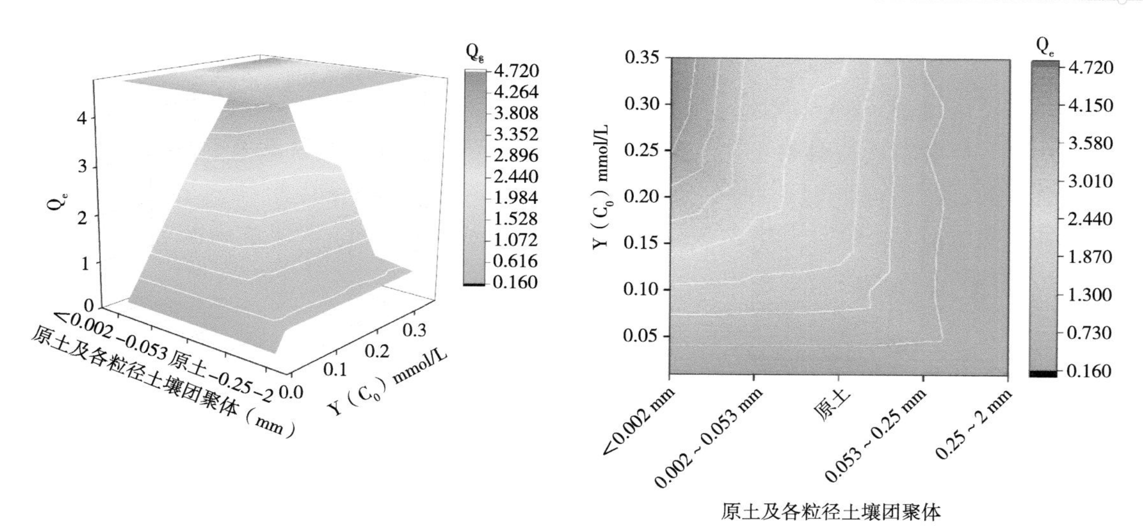

图4-27 水稻土粒径及Y^{3+}交互作用对稀土离子Y^{3+}吸附行为的影响（P＝0 mmol/L）

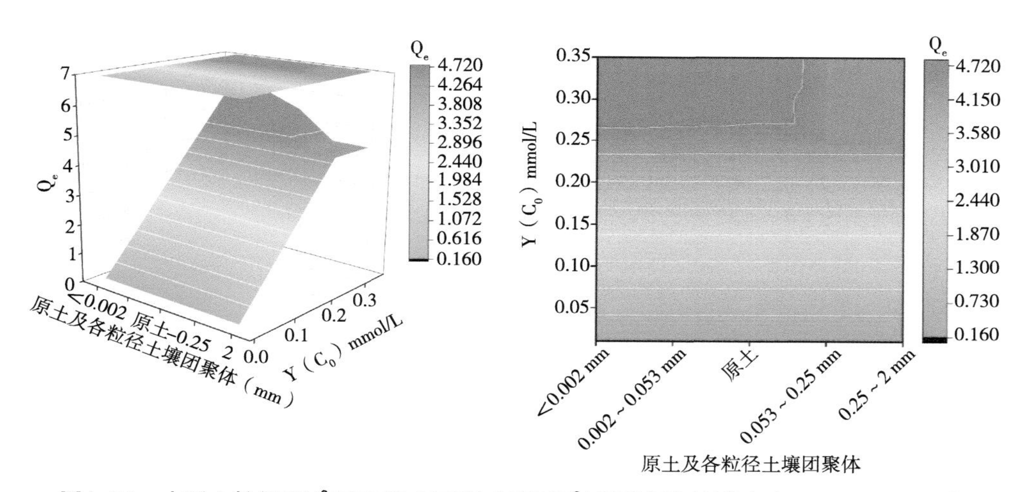

图4-28 水稻土粒径及Y^{3+}交互作用对稀土离子Y^{3+}吸附行为的影响（P＝0.2 mmol/L）

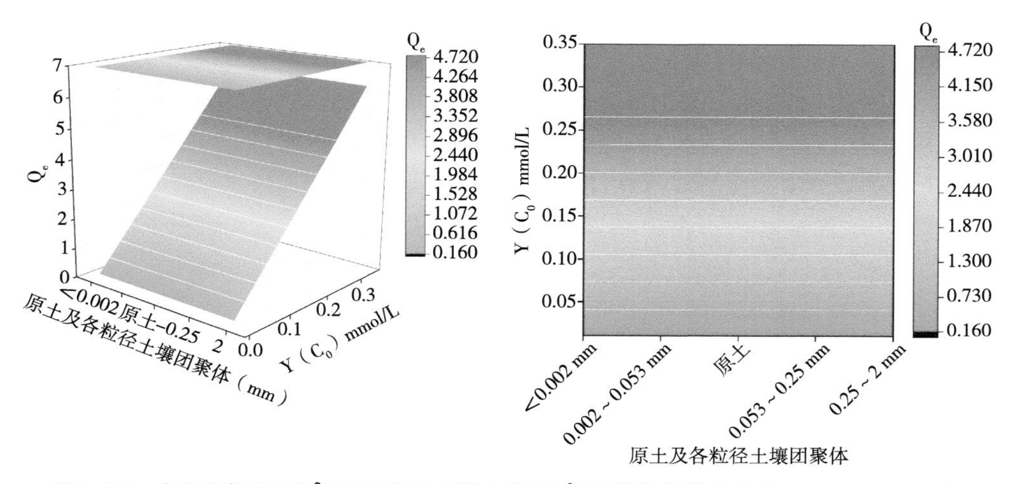

图4-29 水稻土粒径及Y^{3+}交互作用对稀土离子Y^{3+}吸附行为的影响（P＝0.5 mmol/L）

4.5.1.3 磷素及团聚体粒径交互作用对水稻土吸附稀土离子Y^{3+}的影响分析

图4-30可直观反映团聚体粒径及共存磷素两因素的交互作用对稀土离子Y^{3+}吸附行为的影响。共存磷酸盐对稀土离子Y^{3+}的吸附表现为促进作用，土壤团聚体粒径对稀土离子Y^{3+}的吸附行为则表现为抑制作用，Y^{3+}吸附量随土壤团聚体粒径的增大而减少，体系磷酸盐浓度为0时，土壤团聚体粒径的抑制作用最大，随着体系磷酸盐浓度的升高，土壤团聚体粒径的促进作用减弱。

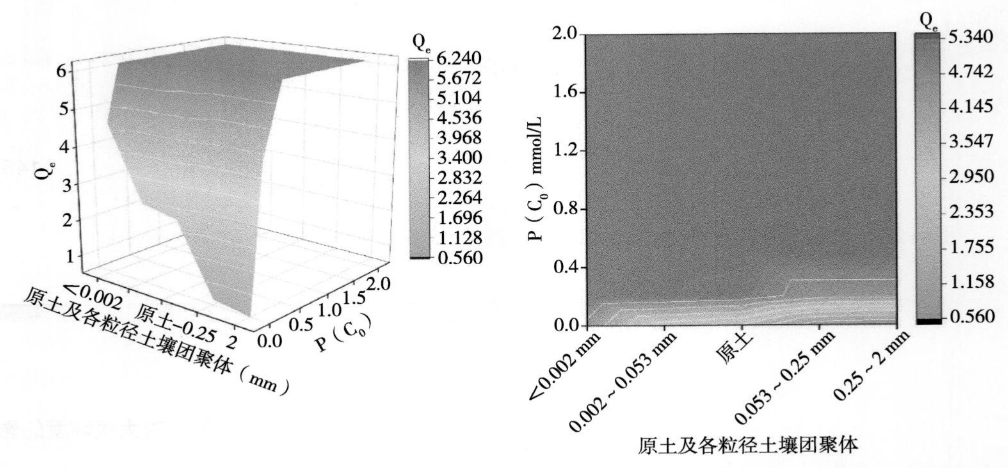

图4-30 水稻土粒径及P交互作用对稀土离子Y^{3+}吸附行为的影响（Y = 0.35 mmol/L）

4.5.2 外部因素对稀土元素Y^{3+}吸附行为的影响

REEs在土壤环境中的迁移、转化过程极易受到环境因素（温度、体系pH、离子强度等）的影响。

4.5.2.1 溶液pH值

溶液pH值是影响吸附剂对溶质吸附过程的重要因素。pH值的变化不仅可以改变水稻土表面电荷，使水稻土表面活性位点发生变化，而且可以改变溶质稀土离子表面电荷特性和存在形态，从而影响稀土离子的吸附—解吸过程，从而造成吸附质在吸附剂上吸附量的差异，因此，溶液pH值也成为影响稀土元素Y^{3+}吸附过程的重要因素。

考察了溶液pH值在3.0～8.4范围内，稀土离子Y^{3+}在水稻土上的吸附量变化以及共存P素的影响效应，结果见图4-31。溶液体系无磷酸盐共存时，Y^{3+}在水稻土上的吸附量随着pH值的升高而增加，在较高及较低pH值范围内；Y^{3+}在水稻土上的吸附量增加速率较快，在中性pH值范围内，增速则有所放缓。当体系磷酸盐共存时，Y^{3+}在水稻土上的吸附量随磷酸盐浓度的升高而增加，这与磷酸盐与稀土离子Y^{3+}生成的磷酸盐沉淀沉积附着在土壤团聚体上有关。

当体系pH值较低时，水稻土对重金属的吸附能力较低，低pH值时，一方面，体系H^+离子由于与Y^{3+}离子带相同电荷，会竞争土壤胶体表面的吸附点位，体系pH值升高时，H^+与Y^{3+}的竞争性吸附作用减弱，削弱了H^+对交换点位的竞争，增大了水稻土对Y^{3+}离子的吸附能力。另一方面，土壤矿物释放出的碱金属、碱土金属离子Ca^{2+}、Mg^{2+}、Na^+等与Y^{3+}存在着竞争吸附，且pH值越低，释放的金属离子越多，竞争吸附作用也就越强，Y^{3+}吸附量也就越少。当体系pH值较高时，一方面，土壤胶体表面静电位随pH值的增加而降低，土壤胶体表面负电荷数量增加，土壤胶体表面对Y^{3+}的静电吸引力增大。另一方面，溶液pH值升高促进Y^{3+}离子的水解，使得土壤对稀土的专性吸附作用增强。

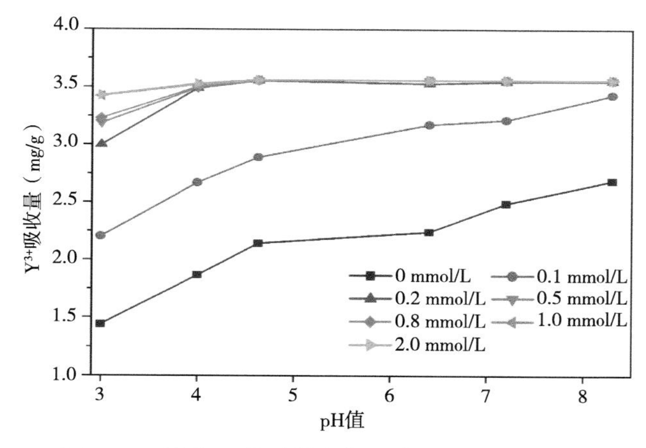

图4-31　溶液pH值对稀土离子Y^{3+}吸附过程的影响

Visual MINTEQ软件可以模拟计算不同pH值下，溶液中稀土离子Y^{3+}的主要赋存形态。由图4-32可知，当体系无磷酸盐浓度共存时，pH值<7时，自由态Y^{3+}为体系Y主要存在形态，当溶液pH值>7.3时，稀土元素Y在溶液中的水解、沉淀起主要作用，稀土元素Y主要以$Y(OH)_3$沉淀形式存在。当与磷酸盐共存时，稀土元素Y与磷酸盐结合能力较强（$K_{sp}=10^{-25.03}$），优先与其发生反应生成YPO_4沉淀。

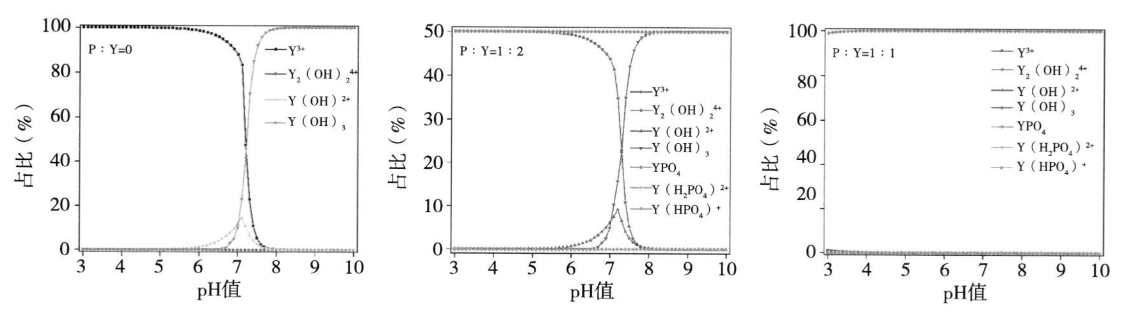

图4-32　不同pH值下稀土离子Y^{3+}在水溶液中的形态分布

4.5.2.2　温度

温度对稀土离子Y^{3+}在水稻土上的吸附量的影响见图4-33。低浓度P（0～0.2 mmol/L）共存时，稀土离子Y^{3+}在水稻土上吸附量随着反应温度的升高而升高，这表明稀土离子Y^{3+}吸附到水稻土表面吸附位点过程中吸收热量。非专性吸附如离子交换不受体系温度变化的影响，专性吸附受体系温度变化影响较大，更进一步证明稀土离子Y^{3+}在水稻土上的吸附过程涉及专性吸附机制。体系P大量存在时，温度对Y^{3+}在水稻土上吸附行为的促进效果不显著。

水稻土对稀土离子Y^{3+}的吸附能力随温度的升高而增大并不是简单的线性关系。温度是影响稀土元素吸附过程尤其是专性吸附过程的重要因素。体系温度升高，一方面，提高了溶液中稀土离子Y^{3+}的扩散速率，Y^{3+}与土壤胶体表面活性吸附位点的碰撞概率增大。另一方面，活化稀土离子Y^{3+}数量增多，Y^{3+}更易克服专性吸附过程所需要的活化能，Y^{3+}在水稻土表面的吸附数量增多。

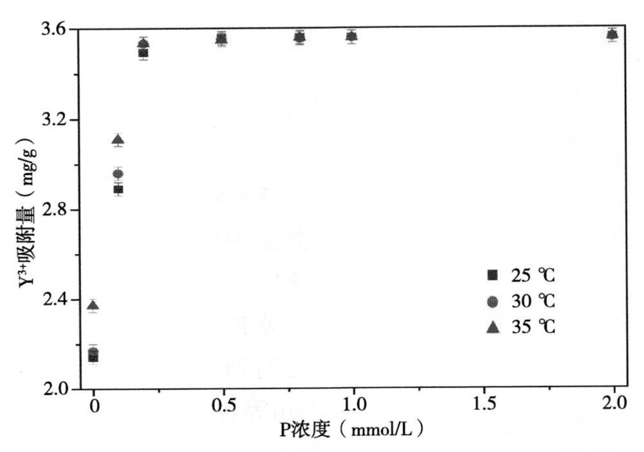

图4-33 体系温度对稀土离子Y^{3+}吸附过程的影响

4.5.2.3 离子强度

为探究离子强度对稀土离子Y^{3+}在水稻土上吸附行为的影响，研究在控制稀土离子Y^{3+}浓度0.2 mmol/L，溶液pH值4.6条件下，分别向溶液体系中添加不同量的NaCl溶液（10 mmol/L、50 mmol/L及100 mmol/L），用于调节体系的离子强度，其结果如图4-34所示。当溶液体系无P共存或P浓度较低（0.1 mmol/L）时，稀土离子Y^{3+}在水稻土上的吸附量随离子强度（NaCl浓度）的增加而减少。

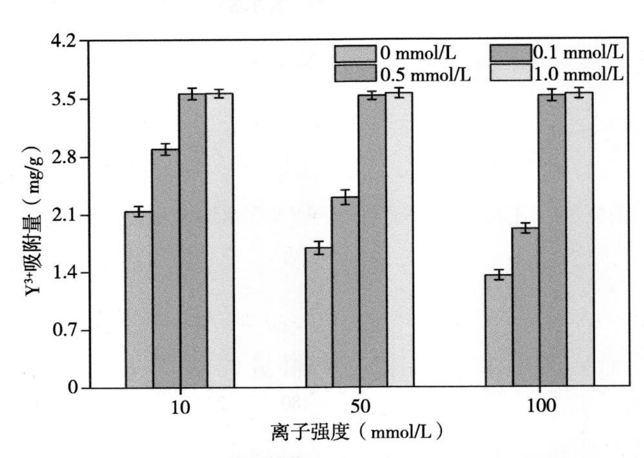

图4-34 离子强度对稀土离子Y^{3+}吸附过程的影响

水稻土通过化学键力（专性吸附）、静电引力（非专性吸附）吸附稀土离子Y^{3+}。Na^{+}与水稻土之间的吸附以静电吸附为主，离子强度升高，碱金属Na^{+}可将吸附在土壤胶体表面的Y^{3+}离子交换出来，使得吸附态Y^{3+}减少。当体系P大量存在时，共存Na^{+}离子的竞争吸附作用对Y^{3+}吸附行为的影响较小。

4.5.2.4　曝气强度

土壤氧化还原电位会影响重金属的存在形态，从而影响重金属化学行为，迁移能力及对生物的有效性。一般来说，氧化条件下，溶解态和交换态REEs含量增加。由图4-35可知，研究中曝气强度对稀土离子Y^{3+}在水稻土上的吸附行为影响较小，随曝气强度的增加Y^{3+}在水稻土上的吸附量轻微减少，并且P的添加会使这种抑制效应减弱。稀土元素Y可以Y^{3+}或$Y(OH)^{2+}$的形态与Fe、Mn氧化物表面上的羟基反应生成表面配合物吸附在水稻土上，随着曝气强度减小，氧化还原电位降低，Fe、Mn氧化物可被还原成溶解态的Fe^{2+}、Mn^{2+}，Y^{3+}的吸附载体Fe、Mn氧化物被解离，导致吸附态稀土元素Y^{3+}溶解而释放出来。

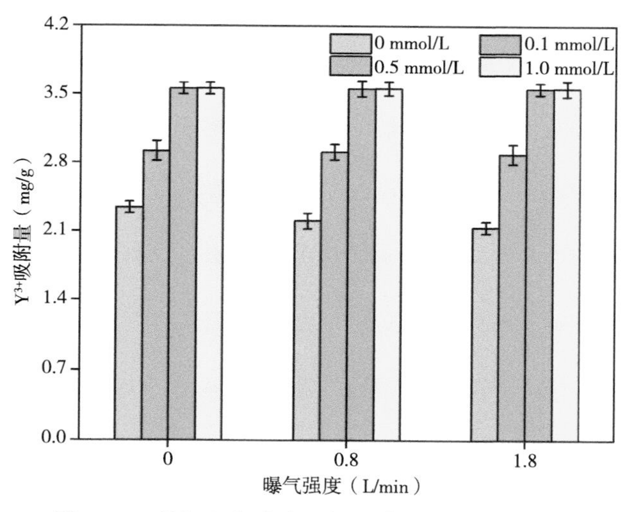

图4-35　曝气强度对稀土离子Y^{3+}吸附过程的影响

4.5.3　复合体系中BP神经网络吸附模型的建立

研究利用稀土离子Y^{3+}在水稻土原土及各粒径土壤团聚体上的等温吸附数据和环境因子影响实验数据，采用BP神经网络模型，建立稀土元素Y^{3+}的吸附过程模型，考察体系内部因素（土壤团聚体粒径、目标污染物Y^{3+}浓度和共存P浓度）及外部环境因素（pH值、温度、离子强度和曝气强度）对Y^{3+}吸附过程的影响，探索其吸附机理。

4.5.3.1　内部因素影响下Y^{3+}吸附过程的BP神经网络模型的建立

数据来源及相关参数：模型选择3个输入变量，分别为土壤团聚体粒径（X_1）、稀土元素Y的初始浓度（X_2）及磷素的初始浓度（X_3），输出变量为稀土元素Y的吸附量

（Y），吸附等温实验数据共270组，建模前需要先将实验数据进行归一化处理，处理结果见表4-12和表4-13。

表4-12　水稻土吸附稀土元素Y^{3+}的BP-ANN模型输入输出参数

输入参数	输出参数
土壤团聚体粒径（X_1）	
稀土元素Y的初始浓度（X_2，mg/L）	稀土元素Y的吸附量（Y，mg/g）
磷素的初始浓度（X_3，mg/L）	

表4-13　水稻土原土及各粒径土壤团聚体对稀土元素Y^{3+}的吸附量数据

编号	X_1	X_2	X_3	Y	编号	X_1	X_2	X_3	Y
1[a]	0	−0.882	−1	−0.880	136[a]	−0.5	−0.177	−0.5	−0.175
2[a]	0	−0.765	−0.8	−0.761	137[a]	−0.5	−0.765	−0.2	−0.761
3[b]	0	−0.471	−0.5	−0.467	138[a]	−0.5	−0.177	0	−0.174
4[a]	0	−0.471	−0.2	−0.467	139[b]	−0.5	0.706	1	0.706
5[b]	0	0.118	0	0.12	140[a]	0.5	−0.882	−0.5	−0.878
6[a]	0	0.412	1	0.413	141[a]	0.5	0.118	−0.2	0.119
7[a]	1	−1	−1	−1	142[a]	0.5	−0.765	1	−0.761
…	…	…	…	…	…	…	…	…	…
129[a]	−1	0.412	−0.8	0.412	264[a]	1	−0.177	−1	−0.871
130[a]	−1	0.118	−0.5	0.119	265[b]	1	−0.177	−0.8	−0.174
131[a]	−1	−0.882	0	−0.878	266[a]	1	−0.177	−0.5	−0.175
132[b]	−1	0.706	0	0.706	267[b]	1	0.118	−0.2	0.119
133[a]	−1	−0.471	1	−0.467	268[a]	1	−1	0	−0.995
134[a]	−0.5	0.412	−1	−0.199	269[b]	1	−0.471	1	−0.467
135[a]	−0.5	0.118	−0.8	0.118	270[a]	−0.5	1	−0.5	1

注：a为训练集数据，b为预测集数据。

模型建立及验证：BP神经网络模型将稀土离子Y^{3+}吸附实验数据集分为训练集样本（t_1）、验证集样本（t_2）和预测集样本（t_3），随机抽取数据分入3个集合，样本数比例为5：1：1。t_1数据集用于BP模型的训练，t_2数据集用于验证模型的泛化能力，t_3数据集用于检验已构建模型的预测能力。

研究通过MATLAB软件建立水稻土吸附稀土离子Y^{3+}的BP神经网络模型来模拟整个非线性吸附过程。选用3层前后反馈模型，通过反复测试确定一系列适用于研究BP神经网络的基础参数：隐含层节点数确定为7，模型的动态结构为3×7×1结构，训练步数5 000，训练目标误差6.5×10^{-4}，学习效率0.05。训练过程应用贝叶斯算法，该算法是梯度下降法和牛顿法的结合，其收敛速度随网络权值的减少而增加。该模型经过步达到设定目标误差，迭代过程及误差见图4-36。

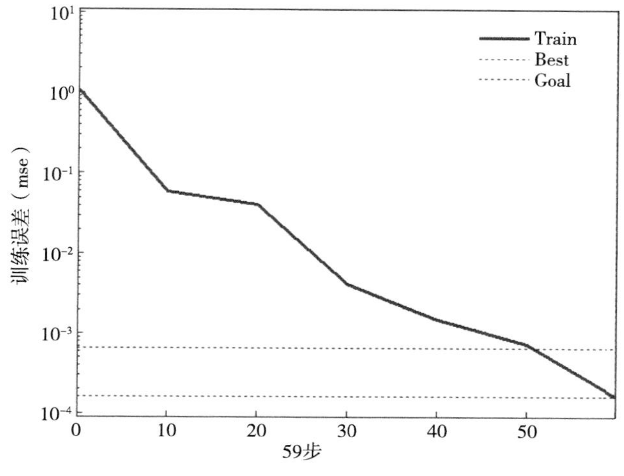

图4-36　模型训练迭代过程及误差

模型预测效果分析：模型的可靠性，稳定性可通过分析训练模型输出的均方差（MSE）来进行衡量和选择。模型实验值和预测值均方差MSE数值为0.001 9，两者之间相关系数r^2可达到0.997 8，表明模型预测能力和泛化能力良好。

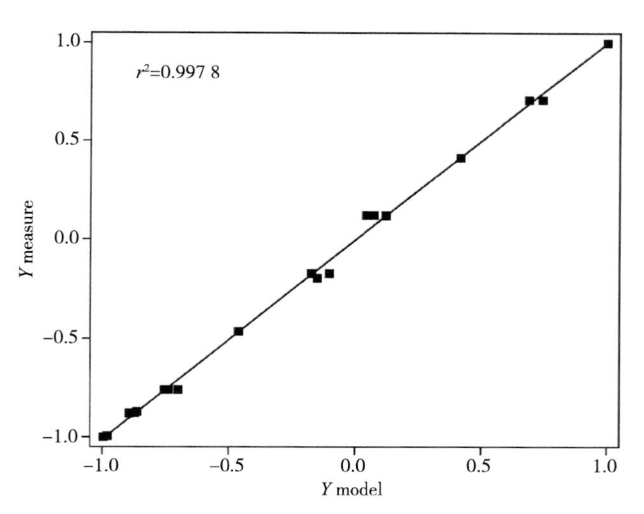

图4-37　实验值与模型预测值的相关曲线

吸附过程的模拟与预测：模型的准确性不仅取决于其统计学参数，还要通过它对不同实验条件下数据的预测功能来体现。BP神经网络模型可以在输入变量的取值范围内，连续预测任意输入变量所对应的输出变量的值。分别改变输入参数P素与稀土离子Y^{3+}初始浓度的数值，使Y^{3+}的浓度在0～0.3 mg/kg之间变化，P素浓度在0～0.1 mg/kg变化，通过已建立的模型预测输出参数即稀土离子Y^{3+}在水稻土原土上的吸附量，从而计算共存低浓度P对稀土离子Y^{3+}在水稻土上吸附量的影响。

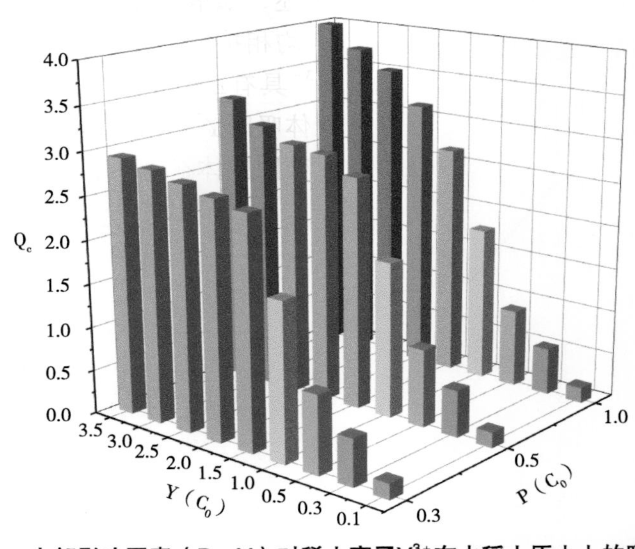

图4-38　内部影响因素（P，Y）对稀土离子Y^{3+}在水稻土原土上的吸附影响

4.5.3.2　基于BP神经网络的不同环境条件下Y^{3+}吸附过程模型的建立

数据来源及相关参数：应用4.3中析因实验所得出的结果作为数据来源，建立环境因子对稀土元素Y^{3+}吸附影响的模型，模型选取4个主要环境因子为输入参数，Y^{3+}在水稻土上的吸附量为输出参数，输入参数与输出参数内容见表4-14。

表4-14　环境因子影响下稀土元素Y^{3+}吸附的BP-ANN模型输入输出参数

输入参数	输出参数
pH值（X_1）	稀土元素Y^{3+}吸附量（Y，mg/g）
温度（X_2，℃）	
离子强度（X_3，mg/kg）	
曝气强度（X_4，L/min）	

模型建立及验证：研究通过反复测试确定BP神经网络的基础参数：隐含层节点数为10，模型的动态结构为4×10×1结构，训练步数5 000，训练目标误差6.5×10^{-4}，学习效率0.05。使用训练函数对模型进行反复的训练，训练网络收敛目标误差设定为即训练过程中，当收敛误差小于训练目标误差（6.5×10^{-4}）时，模型的泛化能力不再提高，BP神经网络训练将自动停止，即建立出满足要求的模型（图4-39）。

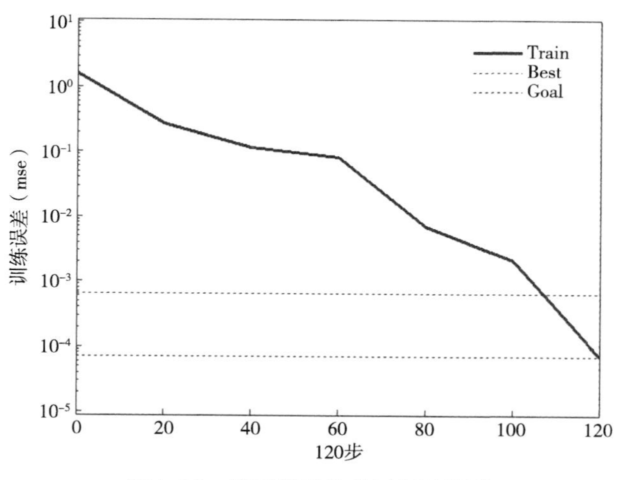

图4-39 模型训练迭代过程及误差

模型预测效果分析：BP神经网络模型建立后，还需要对其预测效果进行分析，研究采用偏差数值分析验证BP神经网络模型的可靠性。验证合格后就可以作为预测模型，否则需要重新设置模型的学习参数并重新学习。经验证，12组稀土离子Y^{3+}吸附数据的预测值与实验值之间的偏差（*RD*）均小于1.1%，平均偏差为0.36%，说明模型预测能力和泛化能力较好，可避免过拟合现象的发生（表4-15）。

表4-15 环境因子影响下模型预测值与实验值的相关性分析（P = 0 mg/kg，Y^{3+} = 0.2 mg/kg）

编号	X_1	X_2（℃）	X_3（mg/kg）	X_4（L/min）	实测Y	预测Y	RD（%）
1	3	25	10	0	1.438	1.432	0.417
2	4	25	10	0	1.867	1.871	0.214
3	4.63	25	10	0	2.141	2.163	1.028
4	6.4	25	10	0	2.241	2.251	0.446
5	7.2	25	10	0	2.489	2.493	0.161
6	8.3	25	10	0	2.689	2.692	0.112
7	4.63	30	10	0	2.169	2.164	0.231
8	4.63	35	10	0	2.372	2.372	0.000
9	4.63	25	50	0	1.692	1.691	0.059
10	4.63	25	100	0	1.352	1.350	0.148
11	4.63	25	10	0.8	2.206	2.222	0.725
12	4.63	25	10	1.8	2.342	2.324	0.769

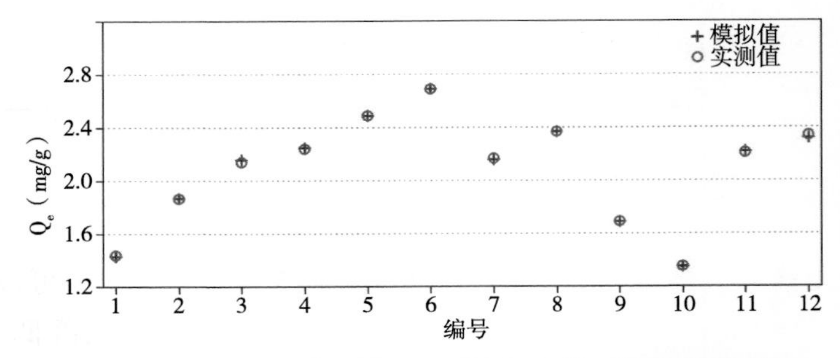

图4-40　稀土离子Y^{3+}实际吸附量数据和模型仿真数据对比

吸附过程的模拟与预测：研究通过改变环境因子pH值的数值（3～8），模拟探究体系pH值对稀土离子Y^{3+}在水稻土上吸附量的影响。由图4-41可知，提高pH值能够促进Y^{3+}吸附反应的进行，但是水稻土对稀土离子Y^{3+}的吸附能力随pH的升高而增大并不是简单的线性关系。

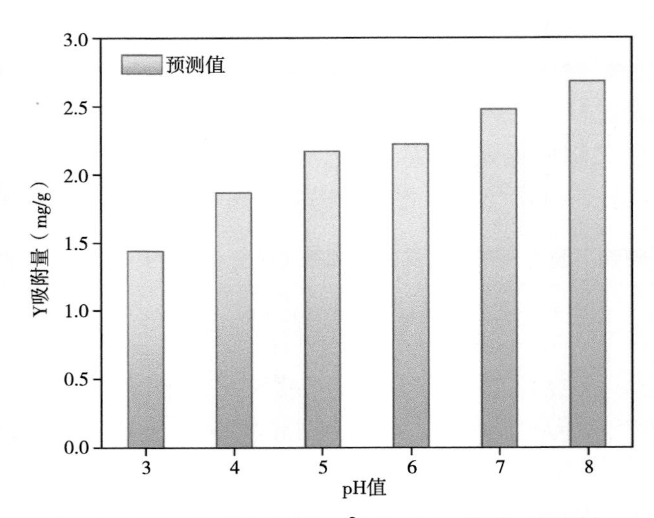

图4-41　pH值对稀土离子Y^{3+}吸附行为影响（预测）

4.5.4　环境因素影响定量分析

随机森林模型是一种基于分类树的算法，它可以用于分类和回归，研究以稀土离子Y^{3+}吸附量（Y）作为因变量，以内外影响因子即稀土离子Y^{3+}吸附量初始浓度（C）、共存P浓度（P）、土壤团聚体粒径（D）、溶液pH值（pH）、温度（T）、离子强度（I）、曝气强度数据（R）为自变量，运用R语言软件做随机森林回归模型，最终得到7个自变量的相对重要程度。

图4-42可直观反映基于随机森林模型的IncMSE方法得到的影响稀土离子Y^{3+}吸附行为的各因素重要性。由图4-42可知，纳入研究的7个自变量中，Y^{3+}初始浓度、共存P浓度及体系pH值是影响Y^{3+}吸附过程的重要因素。内部影响因素中Y^{3+}初始浓度因素对Y^{3+}吸附量作影响最大，重要性IncMSE数值为104.73%，这是因为Y^{3+}初始浓度决定了体系中可供吸附的Y^{3+}的量，Y^{3+}初始浓度是Y^{3+}在土壤中吸附过程的重要限制因素；共

存P浓度次之，重要性数值为50.43%，稀土离子Y^{3+}与PO_3^{2-}结合能力较强，易生成不溶性沉淀物沉积附着在土壤团聚体表面，促进稀土离子Y^{3+}的吸附。外部影响因素中体系pH值对Y^{3+}吸附量影响最大，重要性为20.70%，土壤胶体对稀土离子Y^{3+}的吸附行为与溶液pH值密切相关，土壤对离子Y^{3+}在低浓度时的吸附量随pH值升高而增大；其次为温度因素，重要性数值为15.74%，稀土离子Y^{3+}在土壤表面的专性吸附过程能够受到反应体系温度的影响，温度越高，Y^{3+}在土壤表面的吸附速率越快。

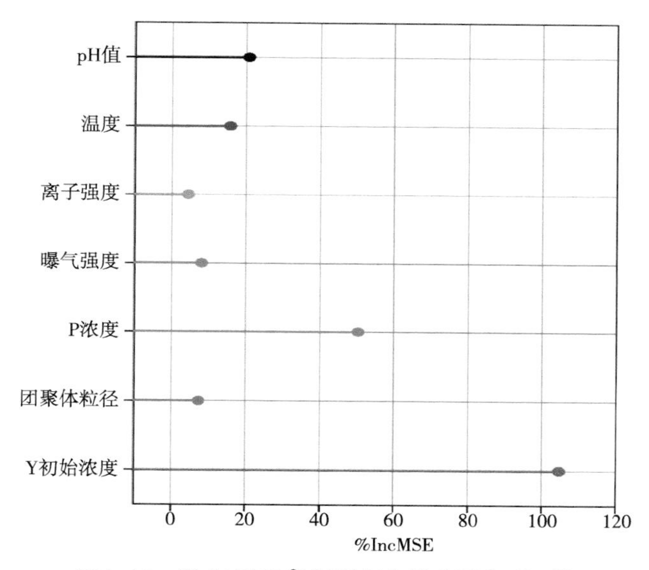

图4-42　稀土离子Y^{3+}吸附行为影响因素重要性

多元线性回归模型，同样也可以描述以7个影响因素为自变量，以稀土离子Y^{3+}吸附量为因变量的作用关系，具体方程如下。

$$Y=-0.732+15.469\times C+0.469\times P-0.021\times D+0.101\times \mathrm{pH}+0.086\times T-0.005\times I+0.024\times R$$

影响因子前的系数代表影响作用的大小，正负号则代表影响作用的类型。系数正说明该影响因子对稀土离子Y^{3+}的吸附产生正效应，促进了稀土离子Y^{3+}在水稻土上的吸附；相反，系数为负则说明该因子对稀土离子Y^{3+}的吸附产生负效应，即抑制了稀土离子Y^{3+}在水稻土上的吸附。各影响因子的P值小于统计显著性所要求的0.05，决定系数R^2高达0.940，并且$VIF<10$说明模型没有多重共线性问题，模型构建良好，标准化系数值可用于多元线性回归。由方程可知，自变量土壤团聚体粒径、离子强度的系数为负值，表明在研究中土壤团聚体粒径、离子强度的增加会抑制稀土离子Y^{3+}在水稻土上的吸附，自变量Y^{3+}初始浓度、共存P浓度、体系pH值、温度、曝气强度的升高则会促进稀土离子Y^{3+}在水稻土上的吸附量。根据研究所纳入的各影响因子系数数值，因子影响作用排序与随机森林模型相同。

5 稀土矿区对大气环境的影响

5.1 矿区大气颗粒物中的稀土元素成分

稀土元素（REEs）是一组金属元素，由钇、15种镧系元素组成，有时还有钪。这些元素通常被分成两个分组，“轻”稀土元素（LREEs）的铈分组，包括La到Eu；“重”稀土元素（HREEs）的钇分组，包括其余的镧系元素，Gd到Lu，以及钇。它们具有相似的化学和物理特性，并一起自然存在于各种矿物类型中，包括卤化物、碳酸盐、氧化物、磷酸盐和硅酸盐。REEs已被广泛用于世界各地的工业和农业的各个领域。对稀土的需求逐年增加，导致了对稀土矿的过度开采。中国拥有相对丰富的稀土资源，2011年的稀土资源储量估计为1 800万t，占世界探明储量的23%。1987—2010年，中国生产了超过160万t的稀土储量（以氧化物计）。据估计，2005年中国因开采活动而进入土壤的稀土氧化物为11.9万t，由于其持久性和毒性，造成了潜在的土壤污染。稀土资源开发活动的大规模和快速增长，导致了环境污染和生态破坏。这也导致了矿区周围土壤、水和空气中的REEs浓度水平大幅上升。然而，对稀土造成的环境污染的研究相对较少，迄今为止，关于稀土矿区人类接触稀土的潜在健康影响的信息很少。

露天矿场通过爆破、暴露区域的风蚀以及矿场、运输过程中和加工厂的矿石处理，产生各种污染物，特别是空气污染，主要是颗粒物，包括总悬浮颗粒物（TSP）和空气动力学当量直径小于10 μm的颗粒物（PM10）。在过去的几十年里，人们越来越关注大气颗粒物，因为有证据表明，它们与人类的呼吸系统和心血管疾病、严重的肠道不适、角化病和皮肤癌有关。大气颗粒物包含有机和无机污染物形式的固体颗粒混合物，这比颗粒物本身对人类的健康更有害。

据报道，REEs对养殖动物和各种植物物种的生长性能有积极影响。因此，REEs在中国被作为低浓度的饲料添加剂和肥料使用了几十年。然而，学术界对稀土应用的环境安全性一直存在争议，稀土摄入对人体健康的危害也越来越受到关注。稀土可通过摄入、吸入和皮肤接触在人体器官中积累，并可能诱发一些疾病。一些研究表明，稀土对人类的有害影响和健康危害，已经证明长期接触稀土粉尘可能导致人类尘肺病。在中国，生活在高稀土含量土壤上的儿童的智商明显下降，而在成年人中，发现正中神经到丘脑的传导时间缩短。稀土可以进入细胞和细胞器，主要与生物大分子结合。长期食用被REE污染的食物可能会引起慢性中毒。

大量的REEs在矿区周围环境中迁移和积累，并通过植物中的可食用部分进入食物链，损害人类的健康。在过去的几十年里，人们对土壤和水体中的REE浓度分布做了大量工作，但对空气中的REE浓度做的工作很少。大气中的REE不仅通过食物链对人类健康构成威胁，而且还通过吸入的颗粒物直接进入人体，对人类健康造成各种潜在影响。因此，必须持续评估和监测矿区周围大气环境中的REEs水平，以评估人类接触情况和可持续环境。

白云鄂博稀土—铌—铁矿床位于中国内蒙古。它是世界上发现的最大的轻稀土矿床，据报道其总储量至少为15亿t铁、至少4 800万t稀土氧化物和约100万t铌。2005年，白云鄂博矿生产了5.53万t稀土，占中国稀土总产量的47%，占世界稀土总产量的45%。主要稀土矿物为氟碳铈矿和独居石，并伴有各种稀土铌矿物，如七水苏长岩、长英石岩和铌铁矿。有3个主要矿带：主矿体、东矿体和西矿体，沿一条长18 km以上的东西向矿带分布。最大的两个矿体是主矿体和东部矿体，每个矿体都包含走向长度超过1 000 m的铁稀土资源，平均稀土氧化物（REOs）分别为5.41%和5.18%。西部矿体尚未开始大规模开采。自1927年发现主要矿体以来，采矿活动已进行了80多年。在白云鄂博，使用电铲和铁路运输从两个大型露天矿中开采铁矿和稀土矿，每天的开采量至少为15 000 t。由于矿区附近缺水，破碎的矿石通过铁路运输约150 km至包头市的选矿厂。同时，榕树敖包矿每年产生约800万t尾矿，通常只在露天垃圾场进行处理。

5.1.1　TSP和PM10的浓度

2012年8月和2013年3月TSP的平均浓度（范围）分别为0.71（0.13～1.14）mg/m^3和1.42（0.92～2.51）mg/m^3。2012年8月和2013年3月，PM10的平均浓度（范围）分别为0.19（0.01～0.35）mg/m^3和0.34（0.18～0.42）mg/m^3。从图5-1可以看出，2013年3月TSP和PM10的浓度通常分别高于2012年8月的浓度。根据《中国空气环境质量标准》（GB3095—1996），居住区TSP和PM10的日均浓度应分别为0.30 mg/m^3和0.15 mg/m^3。因此，大多数采样点的TSP和PM10均高于标准。

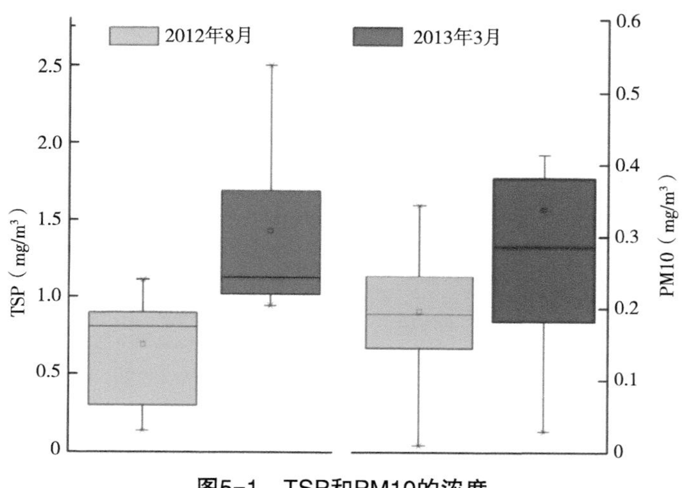

图5-1　TSP和PM10的浓度

5.1.2 TSP和PM10中的REEs浓度

白云鄂博矿区不同采样点的TSP和PM10的REEs浓度见表5-1。2012年8月和2013年3月，TSP中的REEs（∑REE）分别为149.8 ng/m^{3}和239.6 ng/m^3。研究中TSP的∑REE值与世界其他地区相比，明显高于北京3个采样点（24.06 ng/m^3、83.14 ng/m^{3}和31.85 ng/m^3）和荷兰的大气颗粒物（4.056 ng/m^3）。2012年8月和2013年3月，PM10的∑REE分别为42.8和68.9 ng/m^3。目前，关于大气环境中的REEs，特别是巴彦欧博矿区附近的PM10中几乎没有发现REEs，相关的科学数据也相当有限。2013年3月TSP和PM10中的∑REE均高于2012年8月，且差异显著。

2013年3月TSP中La、Ce、Pr、Nd、Sm、Eu和Dy的平均浓度均高于2012年8月，且差异显著。虽然秋季Gd、Tb、Ho、Er、Tm、Yb和Lu的平均浓度有所增加，但没有显著差异。2013年3月PM10的La、Ce、Pr、Nd、Sm、Eu、Ho、Yb和Lu的平均质量浓度高于2012年8月，差异显著（$P<0.05$）。Gd、Tb、Dy、Er和Tm质量浓度之间没有显著差异，即使2013年3月这些元素的浓度高于2012年8月的浓度。

表5-1　白云鄂博矿区周围大气颗粒物中稀土元素浓度

REEs	TSP（$n=6$）			PM10（$n=22$）		
	2012年8月	2013年3月	p	2012年8月	2013年3月	p
La	45.99 ± 29.42	73.59 ± 35.49	<0.01	12.12 ± 3.28	20.98 ± 5.47	<0.05
Ce	79.87 ± 8.38	120.75 ± 21.71	<0.05	21.36 ± 1.67	35.86 ± 11.26	<0.01
Pr	4.31 ± 1.13	7.43 ± 2.89	<0.05	1.71 ± 0.84	2.45 ± 0.74	<0.01
Nd	9.59 ± 2.02	20.51 ± 5.98	<0.05	3.29 ± 1.20	4.46 ± 2.21	<0.05
Sm	3.56 ± 1.03	5.95 ± 3.02	<0.05	1.25 ± 0.58	1.60 ± 0.38	<0.05
Eu	0.46 ± 0.23	0.73 ± 0.17	<0.05	0.26 ± 0.25	0.40 ± 0.31	<0.05
Gd	2.55 ± 0.99	5.77 ± 2.97	>0.05	1.05 ± 0.06	1.57 ± 1.06	>0.05
Tb	0.36 ± 0.33	0.39 ± 0.20	>0.05	0.21 ± 0.23	0.36 ± 0.17	>0.05
Dy	1.26 ± 0.23	1.81 ± 1.09	>0.05	0.42 ± 0.21	0.56 ± 0.20	>0.05
Ho	0.24 ± 0.14	0.33 ± 0.09	>0.05	0.20 ± 0.17	0.33 ± 0.08	>0.05
Er	0.66 ± 0.16	0.97 ± 0.44	>0.05	0.40 ± 0.29	0.49 ± 0.35	>0.05
Tm	0.19 ± 0.19	0.32 ± 0.10	>0.05	0.15 ± 0.20	0.20 ± 0.16	>0.05
Yb	0.65 ± 0.20	0.80 ± 0.44	>0.05	0.30 ± 0.17	0.42 ± 0.25	<0.05
Lu	0.1 ± 0.08	0.28 ± 0.18	>0.05	0.06 ± 0.08	0.18 ± 0.11	<0.05
∑REE	149.78 ± 26.31	239.64 ± 58.07	<0.05	42.78 ± 3.93	68.85 ± 17.37	<0.05
LREE	143.78 ± 25.79	228.96 ± 58.09	<0.05	39.99 ± 4.04	65.75 ± 16.46	<0.05

（续表）

REEs	TSP（$n=6$）			PM10（$n=22$）		
	2012年8月	2013年3月	p	2012年8月	2013年3月	p
HREE	6.00 ± 1.48	10.68 ± 2.75	<0.05	2.79 ± 0.44	4.10 ± 1.19	<0.05
LREE/HREE	23.96	21.44		14.33	16.04	
LREE/∑REE	0.96	0.95		0.93	0.95	
$(La/Yb)_N$	48.06	62.49		27.44	33.93	
$(La/Sm)_N$	8.07	7.72		6.05	8.19	
$(Gd/Yb)_N$	3.17	5.84		2.83	3.02	
δEn	0.44	0.37		0.67	0.76	
δCe	1.08	1.01		1.00	1.02	

5.1.3 稀土元素富集因子

表5-2列出了TSP和PM10中所有14种REEs的计算EF值。2012年8月和2013年8月TSP中La、Ce、Pr和Sm的平均EF值都大于10，意味着非地壳源的影响很大。同时，2013年3月的EF值高于2012年8月，表明这些稀土元素的富集是由人类活动引起的，并受到春季强风的影响。Nd、Eu、Gd、Tb、Dy、Er、Tm、Yb和Lu的EFs平均值在4.1 ~ 9.8，表明这些元素来源于人为源和地壳物质的混合源，且人为源占了相当大的比例。2012年8月和2013年3月，PM10中大多数REEs的平均EF值在1 ~ 10。TSP和PM10中Ho的EF值接近1，表明它主要来自当地的自然来源，包括由风化土壤和岩石引起的大气尘埃。

表5-2 白云鄂博矿区周围大气颗粒物中稀土元素的EFs

元素	TSP（$n=6$）		PM10（$n=22$）	
	2012年8月	2013年3月	2012年8月	2013年3月
La	31.7	50.7	8.4	14.4
Ce	25.4	40.8	7.0	12.0
Pr	10.8	18.7	4.3	6.2
Nd	7.1	15.1	2.4	3.3
Sm	12.3	20.6	4.3	5.5
Eu	7.9	1.3	4.5	6.9

（续表）

元素	TSP（$n=6$）		PM10（$n=22$）	
	2012年8月	2013年3月	2012年8月	2013年3月
Gd	9.8	22.1	4.0	6.0
Tb	8.3	9.0	4.8	8.3
Dy	8.6	12.9	2.9	4.0
Ho	1.7	2.3	1.2	1.4
Er	4.8	7.2	2.9	3.6
Tm	8.2	13.8	6.5	8.6
Yb	4.5	5.5	2.1	2.9
Lu	4.1	11.6	2.5	7.5

5.1.4 REEs在TSP中的空间分布情况

图5-2显示了TSP中REE浓度的空间分布情况。从图5-2可以看出，2012年8月TSP中的REE在白云鄂博矿区周围有明显的地理分布。空间变化图显示，TSP中的REE浓度在主矿体和东矿体附近较高，并随着远离矿体的距离而降低。2013年3月TSP中的REE空间分布也呈现出较为明显的地理趋势，高浓度区域出现在矿区附近，而在远离矿区中心的地方则趋于平缓。它还明显呈现出西北—东南方向的强烈梯度集中，这可能是由盛行风引起的（图5-3）。

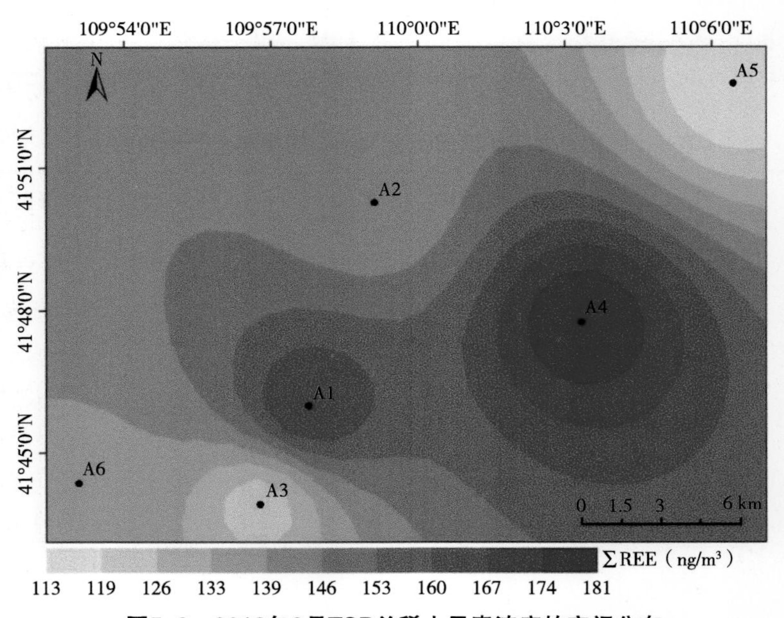

图5-2 2012年8月TSP总稀土元素浓度的空间分布

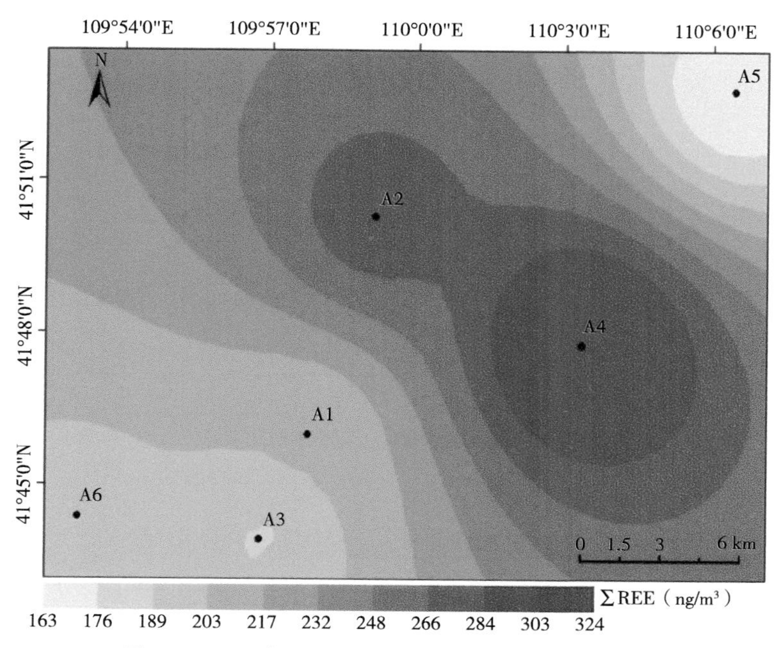

图5-3 2013年3月TSP总稀土元素浓度的空间分布

5.1.5 稀土元素在TSP和PM10中的分布模式

采用球粒陨石归一化方法研究了稀土元素在TSP和PM10中的分布规律。归一化模式对于精确定位相对于主要来源的REE丰度（例如平均上层大陆地壳）和突出相邻元素之间的关系非常有用。球粒陨石中的REE值归一化曲线如图5-4所示。TSP和PM10中稀土元素的球粒陨石归一化模式非常相似，表现出陡峭的LREE和平滑的HREE趋势。

以LREE/HREE比值作为稀土元素富集程度的测定方法，以$(La/Sm)_N$和$(Gd/Yb)_N$比值分别测定LREE分馏程度和HREE分馏程度。TSP的REE球粒陨石归一化曲线是弯曲的，LREE曲线向右倾斜，而HREE曲线是光滑的。总悬浮颗粒物中稀土元素的分布拥有属性为轻稀土和重稀土的明显分馏，2012年8月和2013年3月的LREE/HREE比值分别为23.96和21.44，$(La/Yb)_N$分别为48.06和62.49。2012年8月和2013年3月$(La/Sm)_N$为8.08和7.72的LREE分馏程度分别高于$(Gd/Yb)_N$为3.17和5.84的HREE分馏程度。Ce异常为轻微正异常，δCe平均值为1.08和1.01，Eu异常为明显负异常，δEu平均值分别为0.44和0.37。与TSP相似，PM10样品中LREE和HREE之间存在明显的分馏现象，2012年8月和2013年3月的LREE/HREE比值分别为14.33和16.04，$(La/Yb)_N$分别为27.44和33.93。LREE球粒陨石归一化曲线向右倾斜，而HREE曲线趋于平坦。2012年8月和2013年3月的$(La/Sm)_N$分别为6.05和8.19，$(Gd/Yb)_N$分别为2.83和3.02。2012年8月和2013年3月的PM10样品中Ce异常为正，Eu异常为负，δCe为1.00和1.02，δEu为0.67和0.76。LREE占大气稀土总负荷的93%以上。这些LREE富集的分布模式与白云鄂博矿相似。

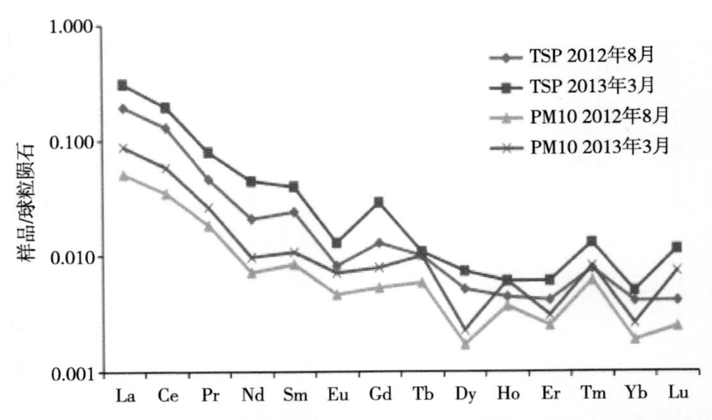

图5-4 矿区周围大气颗粒物中稀土元素球粒陨石归一化分布模式

5.2 尾矿周围大气颗粒物中稀土元素的积累和分化

包头稀土尾矿由中国最大的稀土生产商包头钢铁公司生产。白云鄂博矿是世界上发现的最大的轻稀土矿床，其中含有高水平的稀土元素和重金属。由于尾矿为粉状，由各种矿物质组成，因此是周围环境的主要污染源之一。由于该地区常年频繁出现大风，大量稀土元素含量高的尾矿粉很容易进入大气。大气颗粒物中稀土元素的存在和积累可能对周围生态系统以及人类健康产生严重后果。为了评估稀土元素的潜在环境风险，在研究中，我们重点研究了中国北方一个具有代表性的露天稀土尾矿区大气颗粒物中稀土元素的浓度和分布。2012年8月和2013年3月，在尾矿周围采集了TSP和PM10样本，分别代表该地区的温暖和潮湿季节以及寒冷和干燥季节。

稀土矿是从白云鄂博矿床开采的，通过铁路运输约150 km至包头的选矿厂。大约90%的矿床储存在包头钢铁公司的尾矿中，距离包头市12 km，以备将来使用。尾矿粉末通过循环水通过开口槽排入水库。该尾矿建于1965年，支持能力较差。占地11.5 km^2，尾矿1.5×10^8 t，其中约9.3×10^6 t稀土尾矿与原矿相比，尾矿中稀土元素的平均品位从6.8%提高到8.85%。尾矿库中的水蒸发后，部分尾矿区暴露在空气中。矿粉的粒径相当细，在强风作用下很容易扩散到周围环境中。这一过程将不可避免地导致稀土元素在周围环境中积累，并可能通过食物链影响人类健康。

5.2.1 TSP和PM10的浓度

图5-5显示了不同采样中尾矿库周围TSP和PM10质量浓度的总体特征。2012年8月和2013年3月TSP的平均值（范围）分别为0.64（0.27～1.55）mg/m^{3}和1.61（0.73～3.17）mg/m^3。2012年8月和2013年3月，PM10的平均浓度（范围）分别为0.26（0.21～0.55）mg/m^{3}和0.54（0.21～0.93）mg/m^3。2013年3月TSP和PM10浓度分别显著高于2012年8月（P<0.05）。根据《中国空气环境质量标准》（GB 3095—1996）二级标准，居住区TSP和PM10的日平均浓度应分别为0.30 mg/m^{3}和0.15 mg/m^3。因此，大多数采样点的TSP和PM10均高于中国的二级标准。

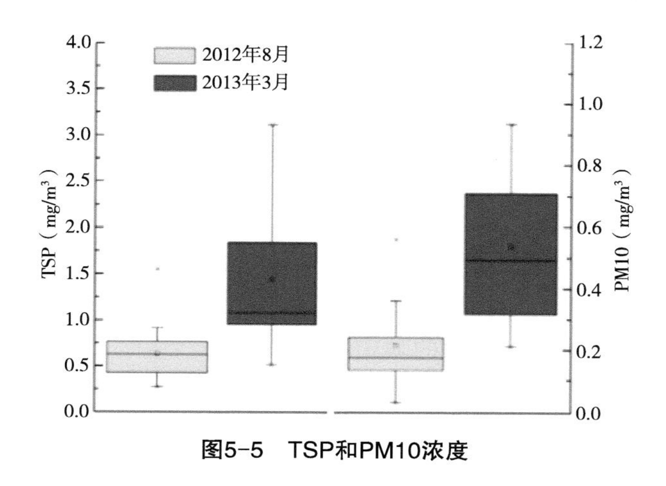

图5-5 TSP和PM10浓度

5.2.2 TSP和PM10中的稀土元素浓度

不同采样期TSP和PM10中的REE浓度如表5-3所示。2012年8月和2013年3月TSP的REE总浓度分别为172.91和297.49 ng/m^3。研究中TSP中的PREE显著高于北京3个采样点（24.06 ng/m^3、83.14 ng/m^{3}和31.85 ng/m^3）和荷兰（4.056 ng/m^3）的大气颗粒物中的PREE。2012年8月和2013年3月的PM10释放量分别为62.23 ng/m^{3}和105.52 ng/m^3。有关大气环境中稀土元素，特别是尾矿附近PM10中稀土元素的研究和文献中的相关科学数据有限。2013年3月TSP和PM10的PREE均大于2012年8月，差异有统计学意义（$P<0.05$）。

表5-3 尾矿周围大气颗粒物中稀土元素浓度和两个时期差异的显著性水平t检验

元素	TSP（$n=13$）			PM10（$n=16$）		
	2012年8月	2013年3月	P	2012年8月	2013年3月	P
La	36.26 ± 20.86	57.49 ± 25.39	<0.05	13.64 ± 2.49	20.26 ± 4.95	<0.05
Ce	83.99 ± 27.00	143.08 ± 45.79	<0.05	26.69 ± 4.93	47.91 ± 7.39	<0.05
Pr	7.89 ± 1.79	16.73 ± 4.63	<0.01	2.61 ± 0.99	5.23 ± 1.24	<0.01
Nd	27.38 ± 11.26	55.09 ± 16.63	<0.01	11.14 ± 2.68	19.92 ± 5.84	<0.01
Sm	6.91 ± 3.86	11.22 ± 4.41	<0.01	2.62 ± 0.53	3.92 ± 0.30	<0.01
Eu	1.34 ± 0.34	1.64 ± 0.24	<0.01	0.74 ± 0.22	0.98 ± 0.17	<0.01
Gd	2.79 ± 0.89	3.66 ± 1.13	<0.01	1.81 ± 0.09	2.13 ± 0.27	<0.01
Tb	0.44 ± 0.17	0.57 ± 0.23	>0.05	0.31 ± 0.07	0.36 ± 0.16	>0.05
Dy	2.09 ± 0.28	3.17 ± 0.91	>0.05	1.39 ± 0.27	1.81 ± 0.23	>0.05
Ho	0.39 ± 0.20	0.52 ± 0.08	<0.05	0.27 ± 0.14	0.32 ± 0.08	<0.05
Er	1.57 ± 0.62	1.95 ± 0.75	>0.05	0.88 ± 0.31	1.21 ± 0.28	>0.05

（续表）

元素	TSP（$n=13$）			PM10（$n=16$）		
	2012年8月	2013年3月	P	2012年8月	2013年3月	P
Tm	0.26 ± 0.10	0.35 ± 0.15	>0.05	0.16 ± 0.05	0.22 ± 0.08	>0.05
Yb	1.37 ± 0.41	1.73 ± 0.62	>0.05	0.84 ± 0.10	1.09 ± 0.26	>0.05
Lu	0.23 ± 0.06	0.28 ± 0.05	>0.05	0.13 ± 0.03	0.18 ± 0.04	>0.05
∑REE	172.91 ± 53.05	297.49 ± 77.86	<0.05	62.23 ± 5.82	105.52 ± 10.48	<0.05
LREE	150.55 ± 34.02	285.25 ± 97.08	<0.05	57.44 ± 11.84	98.21 ± 19.88	<0.05
HREE	9.15 ± 1.23	12.23 ± 1.52	<0.05	5.79 ± 0.56	7.31 ± 0.51	<0.05
LREE/HREE	16.46	23.32		9.92	13.44	
LREE/∑REE	0.87	0.96		0.91	0.93	
$(La/Yb)_N$	17.99	22.57		11.09	12.55	
$(La/Sm)_N$	3.28	3.20		3.25	3.23	
$(Gd/Yb)_N$	1.65	1.71		1.75	1.57	
δEn	0.78	0.62		0.98	0.93	
δCe	1.15	1.10		1.02	1.10	

2013年3月TSP中La、Ce、Pr、Nd、Sm、Eu、Gd、Ho的浓度显著高于2012年8月（$P<0.05$）。然而，尽管2013年3月Tb、Dy、Er、Tm、Yb和Lu的平均浓度有所增加，但两个时期之间没有显著差异（$P>0.05$）。2013年3月PM10的La、Ce、Pr、Nd、Sm、Eu和Gd浓度显著高于2012年8月（$P<0.05$）。尽管2013年3月的浓度略高于2012年8月，但这两个时期PM10中的Tb、Dy、Ho、Er、Tm、Yb和Lu没有显著差异。

从表5-4中还可以看出，尾矿库周围TSP和PM10中稀土元素的平均浓度顺序为：Ce>La>Nd>Pr>Sm>Gd>Dy>Er>Yb>Eu>Tb>Ho>Tm>Lu。该顺序与白云鄂博矿石中的顺序相似，与沉积物中稀土元素的顺序相似，与动物、植物、环境和地质材料中的稀土元素的顺序相似。同时，所有检查元素之间存在统计显著相关性（$R^2>0.92$；$P<0.05$）。这表明稀土元素在大气颗粒物中的积累和分布受到稀土矿开采的影响。此外，轻稀土元素占大气稀土元素总负荷的87%以上。LREE富集的这种分布模式与白云鄂博矿石中的分布模式相似。

5.2.3　稀土元素富集因子

表5-4列出了TSP和PM10中所有14种REEs的计算EF值。2012年8月和2013年3月

TSP中La、Ce、Pr、Nd、Sm、Eu、Gd、Tb和Tm的平均EF值均大于10，意味着非地壳源的影响很大。同时，2013年3月的EF值高于2012年8月的EF值，表明REEs的富集是由人为源造成的，并受到春季强风的影响。Dy、Ho、Er、Tm、Yb和Lu的EF平均值在4.2和6.0之间，表明这些元素也来自人为来源。2013年3月，PM10中La、Ce、Pr、Nd、Sm、Eu、Gd、Tb和Tm的平均EF值大于10，而2012年8月的PM10的EF值低于10。在2013年3月，PM10中的EF值接近1，表明这些元素主要来自当地的自然来源，包括来自风化土壤和岩石的大气灰尘。

表5-4　尾矿周围大气颗粒物中稀土元素的EFs

元素	TSP（$n=13$）		PM10（$n=16$）	
	2012年8月	2013年3月	2012年8月	2013年3月
La	25.0	39.6	9.4	13.9
Ce	28.9	64.8	8.3	16.5
Pr	19.9	42.1	6.6	13.2
Nd	20.2	40.7	8.2	19.9
Sm	10.0	38.9	6.6	10.5
Eu	11.9	39.7	3.9	11.2
Gd	10.7	33.1	5.0	15.0
Tb	30.1	42.4	2.7	17.0
Dy	5.8	8.4	0.5	0.6
Ho	4.5	7.7	1.2	1.5
Er	4.2	7.0	1.3	1.5
Tm	5.6	8.8	1.2	1.1
Yb	6.0	7.2	2.3	2.8
Lu	4.8	5.5	2.4	2.5

5.2.4　REEs在TSP中的空间分布情况

TSP中稀土元素浓度的空间分布图如图5-6、图5-7所示。图中可以看出尾矿附近TSP中的稀土元素浓度明显升高，并且随着远离尾矿距离的增加而降低。2013年3月盛行风向也出现了强烈的梯度集中，这可能是由于该地区春季的大风造成的。

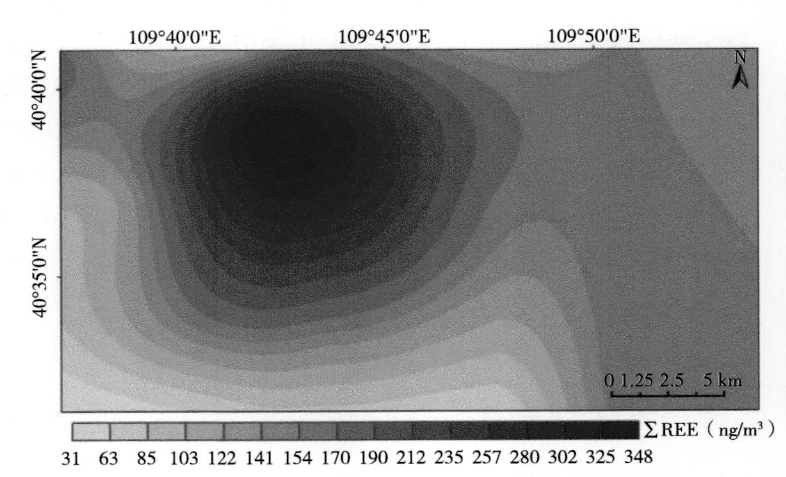

图5-6　2012年8月TSP稀土元素总浓度的空间分布

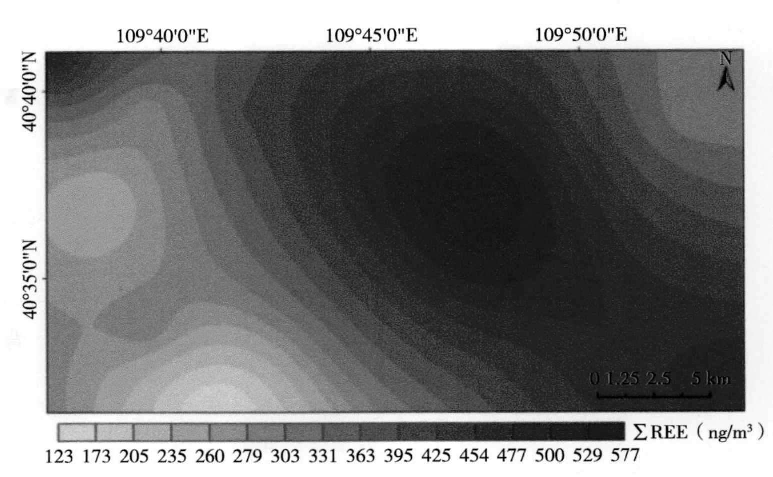

图5-7　2013年3月TSP总稀土元素浓度的空间分布

5.2.5　稀土元素在TSP和PM10中的分布模式

球粒陨石中的稀土元素值归一化曲线如图5-8所示。TSP和PM10中稀土元素的球粒陨石归一化模式相似，LREE部分呈急剧下降趋势，HREE部分呈稳定变化。

LREE/HREE的比率被用来衡量LREE和HREE之间的分馏，（La/Sm）N和（Gd/Yb）N的比率分别用来衡量LREE分馏的程度和HREE分馏的程度。2012年8月和2013年3月，TSP中的REE分布模式具有明显的LREE和HREE分馏特征，LREE/HREE比值分别为16.46和23.32，（La/Yb）N为17.99和22.57。这意味着大气中的颗粒来自轻的REE类型的来源。2012年8月和2013年3月的LREE分馏程度（La/Sm）N为3.28和3.20，高于HREE分馏程度（Gd/Yb）N分别为1.65和1.71。LREE相对富集的分馏模式与白云鄂博矿石中的分馏模式相似，表明稀土尾矿对周围环境的影响。还观察到轻微的正Ce异常，平均δCe为1.15和1.10；明显的负Eu异常，平均δEu为0.78和0.62。个别异常显示了选定元素（如Ce和Eu）和其他稀土元素之间的区别。其他稀土元素的贫化或富集可能与它们在特定条件下的固定及其移动性的变化有关。

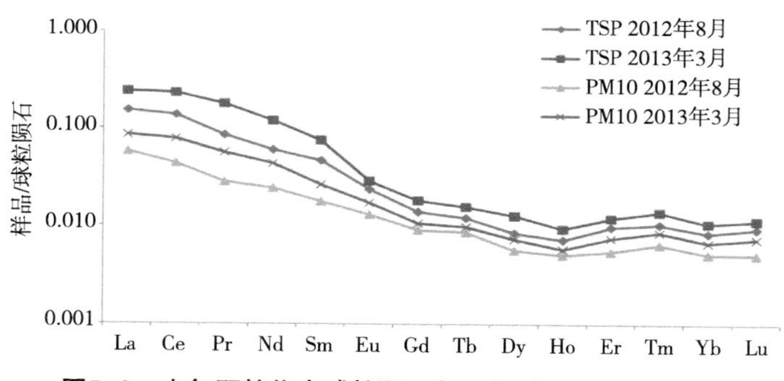

图5-8 大气颗粒物中球粒陨石归一化稀土元素分布模式

与TSP类似，在PM10样本中观察到LREE和HREE之间的明显分馏，2012年8月和2013年3月的LREE/HREE比率分别为9.92和13.44，（La/Yb）N分别为1.09和12.55。同时，LREE高分馏度和HREE低分馏度之间也存在差异，2012年8月和2013年3月（La/Sm）N的比率分别为3.25和3.23，（Gd/Yb）N的比率分别为1.75和1.57。PM10样本也显示出正Ce异常和负Eu异常，2012年8月和2013年3月的平均δCe值分别为1.02和1.10，平均δEu值分别为0.98和0.93。包括TSP和PM10在内的所有大气颗粒物均富集LREE，并取决于该地区的岩石类型，尽管LREE/HREE比率不同，并且受不同季节的风扰动等不同因素的影响。

5.3 稀土开采和冶炼区的大气钍污染特征

钍（Th）是一种原始放射性元素，在不同浓度的环境中普遍存在。99%的天然钍以^{232}Th的形式存在，其具有长半衰期和低比活度（4.1 kBq/g）（Höllriegl et al., 2007）。过去十年中的许多调查都集中在岩石、土壤、水体和沉积物中的^{232}Th浓度以及对公众的潜在外部辐射剂量。然而，由于分析的局限性，对空气中^{232}Th活性浓度的研究仍然有限。钍可以从自然和人为来源释放到大气中，从而使其含量高于背景水平，包括地壳中的物质、宇宙射线、火山喷发、核燃料厂、煤炭燃烧以及矿石开采和精炼（Alvarado等，2014）。由于放射性和化学毒性增加，被^{232}Th污染的大气颗粒物（PM）对人类健康有害。研究表明，如果将^{232}Th作为灰尘吸入或积聚在人体内，则会增加人类患肺病和肝病，肺癌和胰腺癌，对血液产生不利影响以及遗传物质变化的风险。据估计，世界人口收到的放射性总剂量有一半以上与吸入放射性气溶胶颗粒有关。因此，研究气溶胶中钍的活性水平，特别是可吸入颗粒物（PM10）的活性水平非常重要，因为可吸入颗粒物（PM10）会显著增加内辐射剂量，并可能随后导致不良健康影响。几乎所有稀土矿石都含有放射性元素钍和铀（Binnemans et al., 2015）。中国北方的白云鄂博矿床蕴藏着世界上最大的稀土资源。其稀土矿物与ThO_2中的天然放射性钍共存，平均浓度为0.04%（按重量计）。自1927年发现主矿体以来，采矿活动已进行了90多年。稀土资源的集约开发活动导致环境中^{232}Th含量大幅增加。钍以气溶胶颗粒的形式释放到大气中，这些气溶胶颗粒来自稀土矿物的开采、研磨、加工作业，以及尾矿堆的颗粒再悬浮。居住在采矿和冶炼区周围的居民可能通过吸入、摄入受颗粒物污染的食物和水以及皮肤接触沉降物而接触到含^{232}Th的放射性气溶胶。自组织映射（SOM）

基于无监督神经网络模型，可以作为模式识别和分类的重要工具，而无须对过程有初步了解。SOM的可视化解释、强大的聚类能力和处理非线性问题的能力可能优于其他多元技术，如主成分分析。SOM经常用于各种环境介质中的污染物模式识别。

包头市是中国最大的稀土产业基地，占中国稀土总产量的70%。该地区属于典型的干旱大陆性气候，冬春季多风干燥，夏季温暖湿润，秋季短暂凉爽。年平均温度约为6.5℃，最低和最高月平均温度分别为-1月11.1℃，7月23.3℃。年平均降水量为240～400 mm，其中67%以上在夏季（6—8月）。年平均蒸发量为1 938～2 342 mm，是年降水量的几倍。冬季和春季盛行风向为西北，夏季和秋季盛行风向为西南偏南。50年平均年风速为3.1 m/s和大风天数（≥17 m/s），年浮尘和沙尘暴分别约为46、26和43。在寒冷干燥的冬季之后，由于西伯利亚大陆和东亚之间的高气压梯度，春季（3—5月）风沙活动强烈且频繁。巨大的白云鄂博铁—稀土—铌矿床由170种不同的矿物组成。据报道，其总储量至少为15亿t铁（平均品位35%）、4 800万t稀土氧化物（平均品位6%）和约100万t铌（平均品位0.13%）（Wu，2008）。用于稀土生产的选矿后精矿通常含有50%～60%的REO和0.18%～0.3%的ThO_2（Zhu et al.，2015）。据估计，精炼1 t稀土氧化物可能产生6×10^4 m^3废气、200 m^3酸性水和1.4 t放射性废物（Hao et al.，2015）。报告表明，96%～98%的白云鄂博钍最终形成固体废物，0.1%～0.5%作为废气排放，0.6%～2.0%流入废液（Ault et al.，2015）。长期采矿活动产生了大量尾矿，这些尾矿通过循环水通过开口槽排入水库。公开倾倒的尾矿面积为11.5 km^2，钍放射性尾矿为1.5×10^8 t。水从尾矿库蒸发后，部分尾矿区暴露在空气中。尾矿粉在大风中容易扩散到周围环境中。这一过程将不可避免地导致周围地区的^{232}Th水平升高，并对人类健康造成不利影响。因此，有必要对总悬浮颗粒（TSP）和个人暴露于可吸入颗粒物（PM10）中的天然放射性含量进行表征和量化，以评估相关的环境和人类健康风险。

从包头稀土矿区的5个地点（Y01～Y05）和冶炼区的13个地点（B01～B13）采集TSP样品。使用智能中容量空气采样器和90 mm石英微纤维过滤器采集TSP样品。采样流速固定在100 L/min。在每个现场，分别于2012年8月14—20日和2013年3月16—22日的8：00—20：00采集了3 d的12 h样本。选择采样期是为了避免雨天，不同地点的大多数采样同时进行。在两个采样点连续3 d共采集了104个TSP样本。为了评估吸入暴露的辐射风险，随机选择矿区附近矿山社区的10名志愿者和冶炼区周围乌兰集社区的9名志愿者佩戴切割尺寸为10 μm的个人吸入暴露采样器收集PM10样本。

对于正态分布数据，方差分析（ANOVA）用于比较不同组大气样本（即不同采样周期和地点）的钍浓度。对于非正态分布数据，采用Kruskal-Wallis检验。从包头市气象站获得TSP采样期间的气象数据，包括日平均风速、气压、温度、蒸汽压、相对湿度和降雨量。这些数据用于建立TSP中钍的相关模式。为了描述监测仪之间钍污染的模式相似性和分类，将SOM算法应用于大气样本和相应的气象因子。自组织映射是最流行的神经网络模型之一，它将多维数据（输入数据集）转换为一维或二维离散地图主题（输出数据集）。输入数据集由7个变量组成，包括104个大气样本的钍浓度和6个气象因子。

表5-5总结了TSP中^{232}Th活性的描述性统计。Kolmogorov-Smirnov（K-S）检验证实，采区TSP中的钍浓度呈正态分布，而冶炼区的钍浓度呈非正态分布。对数变换后，

冶炼区3月^{232}Th的分布呈正态分布。变异系数（*CV*）可用于比较在类似方差值和不同均值下相同特性的相对变异性。低*CV*值对应于^{232}Th浓度的空间均匀分布，而高*CV*值表示研究区域的表面分布不均匀。8月采矿区和冶炼区的^{232}Th变异系数相对较高，为100%，表明变异性较大。采样地点和采样周期预计会影响TSP样本中^{232}Th的浓度分布模式。因此，我们假设两个采样点（即冶炼和采矿区）和两个采样期（即2013年3月和2012年8月）之间TSP中的^{232}Th浓度不同。ANOVA用于确定2012年8月收集的第232个浓度的平均值在定义的组之间是否存在差异，并对非正态分布数据集应用Kruskal-Wallis检验。结果如表5-6所示。除3月采集的样品外，两个采样期和两个采样点之间的^{232}Th浓度存在显著差异。2013年3月，采矿和冶炼区与TSP相关的^{232}Th的平均活性浓度分别为25.60 mBq/m^{3}和39.72 mBq/m^3，几乎是2012年8月的31倍和14倍。图5-9显示了结果的方块图和晶须图。TSP中的^{232}Th浓度随采样时间和地点的变化很大，表明存在空间变化。尽管在两个采样期之间观察到^{232}Th活动水平存在显著差异，但从研究中有限的数据集无法得出大气^{232}Th活动水平季节变化的解释。从表5-5和图5-9可以清楚地看出，冶炼区TSP中^{232}Th的活性浓度比采矿区丰富。这是意料之中的，并清楚地表明，矿石冶炼过程必须对研究区域的高大气污染负荷负责。冶炼和采矿区3月的浓度过高也可能归因于源自塔克拉玛干沙漠、戈壁沙漠和黄土高原的强烈沙尘暴事件，已知沙尘暴会从大陆地壳运输大量放射性核素，包括^{232}Th（Serno et al.，2014；Hirose et al.，2016）。在文献中，科学研究和相关数据仅限于稀土采矿和冶炼区附近大气PM中的^{232}Th左右。研究中TSP中的^{232}Th浓度比世界参考值0.5 μBq/m^{3}高出1 000多倍。8月观察到的^{232}Th浓度与之前报告的瑞典核燃料设施附近的水平相似（在0.22 ~ 3.65 mbq/m^3），8月和3月观察到的环境浓度平均值（4.46 mBq/m^3）接近加拿大报道（4.26 mBq/m^3）。

表5-5　TSP中的^{232}Th活性浓度　　单位：mBq/m^3

地点	时间	平均值	*SD*	*CV*（%）	最小值	最大值	几何平均值	K-S
采矿区	3月	25.60	14.68	57.4	10.39	53.59	21.91	0.582[a]
	8月	0.82	1.27	155.2	0.03	5.24	0.42	0.118[a]
冶炼区	3月	39.72	15.71	39.5	2.72	320.09	20.50	0.003
	8月	2.81	3.44	122.4	0.04	16.65	1.41	0.011

注：a表示渐近显著性>0.05。

表5-6　不同定义组TSP样本中^{232}Th活性浓度的方差分析和Kruskal-Wallis检验结果

	分组	方差分析		Kruskal-Wallis检验	
		Chi-square	sig.	Chi-square	sig.
^{232}Th	冶炼区	—	—	47.19	6.44e^{-12b}
	矿区[a]	—	—	36.88	1.74e^{-6b}
	8月	8.57	0.003[b]	—	—
	3月	0.41	0.53	—	—

注：a表示方差分析F检验；b表示显著性水平为0.05。

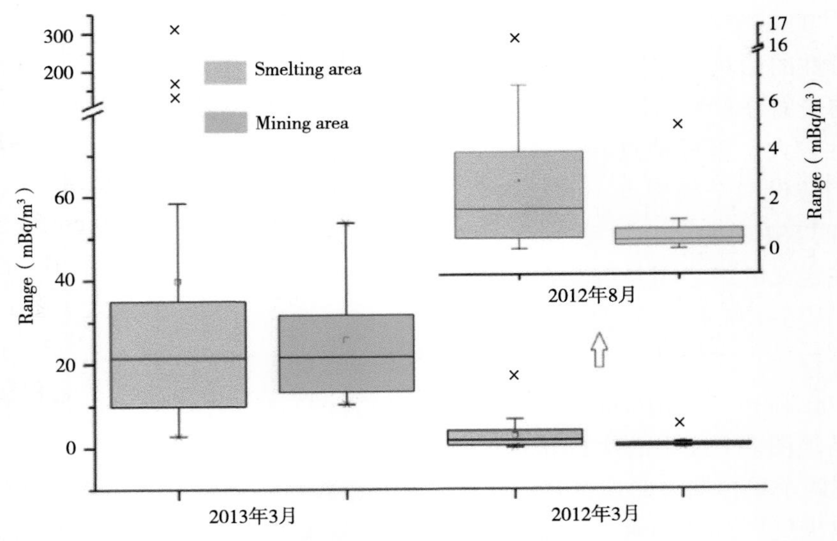

图5-9　TSP中的^{232}Th浓度

基于对数正态性特征，采用普通克里格方法对冶炼区3月的大气^{232}Th进行插值。由于矿区的样本数量较少，且冶炼区8月的非正态性，在剩余的数据集中使用了逆距离加权（IDW）。采矿和冶炼区大气^{232}Th的填充等高线图如图5-10所示。与3月相比，区域气流、降水和温度导致8月TSP中^{232}Th活性水平较低。空间格局表明，大气^{232}Th热点位于冶炼区的一家稀土公司和矿区的一个加压站附近。3月，一家稀土公司在西南方向约15 km处观察到相对较高的水平。在主风向未发现有意义的^{232}Th浓度空间梯度。SOM模型用于确定受辐射影响最大的区域以及大气^{232}Th浓度与气象因素之间的关系。图5-11和图5-12分别描绘了变量间相关模式的组件平面和生成的Kohonen图。组件平面图（6×3）的QE和TE分别为0.277和0，表明拓扑保持良好的映射及其与后续解释的相关性（Alvarez-Guerra et al.，2008）。U矩阵将相邻地图单元之间的距离可视化，并有助于识别地图的簇结构。每个组件平面显示每个变量及其相应单位的值。每个单元代表一个神经元。一个单元内的采样点最为相似，而相邻单元内的采样点比较远单元内的采样点更为相似。内置于颜色渐变中的组件平面允许在变量之间进行比较。组件平面的相似颜色分布表明变量之间存在正相关性。图5-11显示了TSP样本中^{232}Th浓度与气象因素之间的关系。大气中^{232}Th的高浓度与较高的风速、较低的温度、较低的蒸汽压和较低的温度有关相对湿度，3月的降水量低于8月。从8月至翌年3月，日平均温度、蒸汽压、相对湿度和降水量的下降与大气^{232}Th浓度的增加相对应，这表明气象是主要的机械决定因素之一。此外，3月上升的^{232}Th可能是由于强沙尘暴从大陆地壳输送的富含钍的气溶胶。根据采样时间（即3月和8月）和区域（冶炼区和矿区），将大气^{232}Th的Kohonen结果图分为四类。就空间变异而言，大多数样本显示出相对较低的^{232}Th浓度，而在高放射性污染的冶炼区发现了3个热点。只有两个稀土冶炼厂周围的样品B03是钍污染的真正点源，而其他两个样品B11和B12位于稀土冶炼厂西南约15 km处，可能与^{232}Th的运输有关。

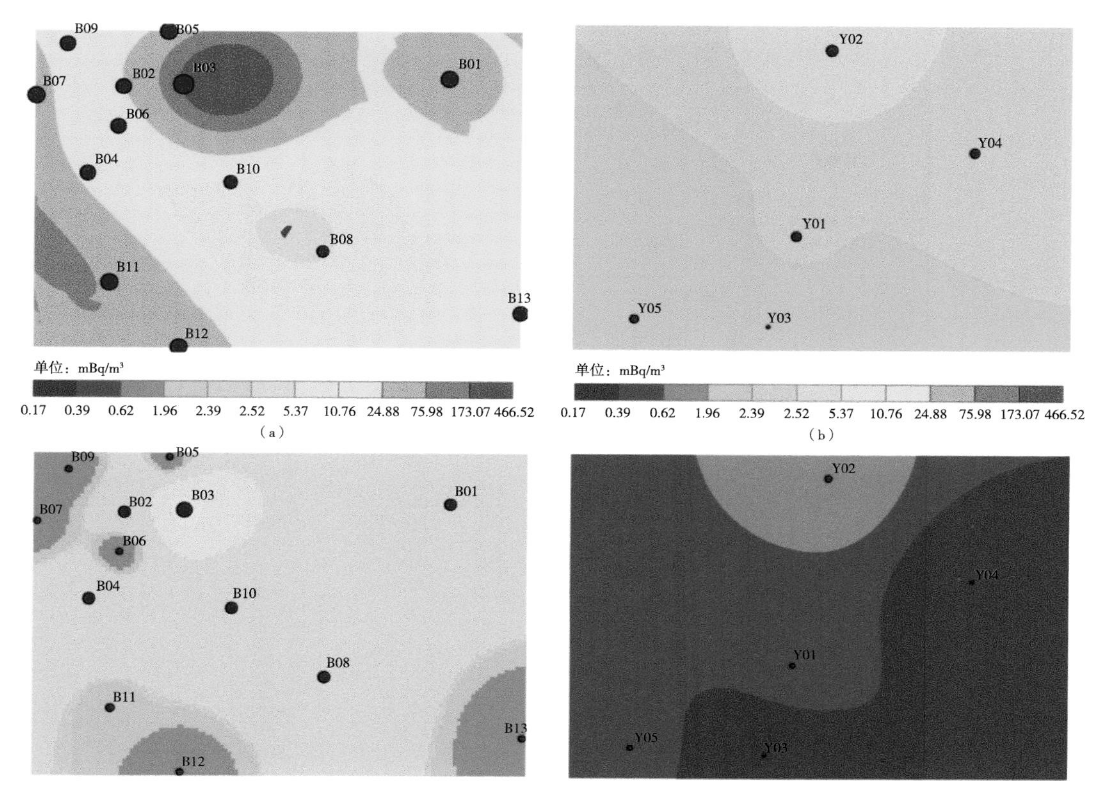

图5-10 TSP中^{232}Th浓度的空间分布

（a）冶炼区3月，（b）矿区3月，（c）冶炼区8月，以及（d）矿区8月

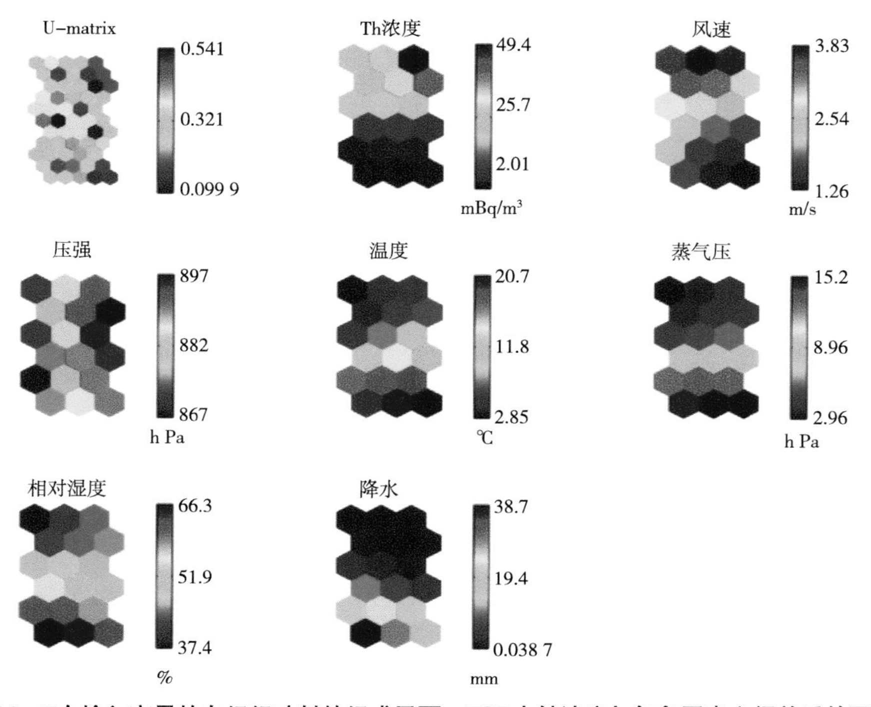

图5-11 7个输入变量的自组织映射的组成平面，TSP中钍浓度与气象因素之间关系的可视化

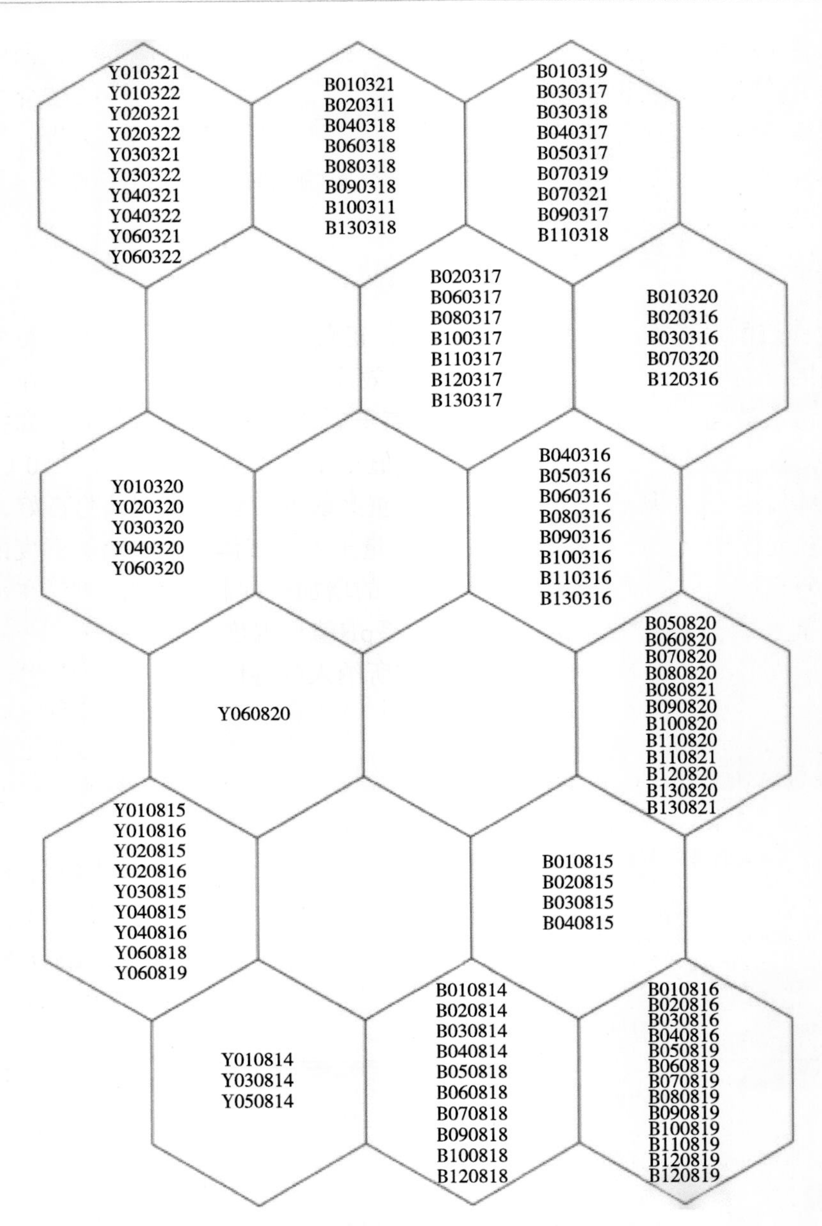

图5-12　TSP样本中^{232}Th的Kohonen自组织映射

注：一个细胞内的采样点具有相似的模式，对于每个标签，即B030317，前3个字符“B03”表示采样编号，后4个字符“0317”表示采样日期。

研究结果表明，TSP中的^{232}Th浓度在采样点上变化很大，表明存在很大的空间差异。虽然在8月和3月收集的^{232}Th活动水平存在显著差异，但大气^{232}Th活动水平的季节变化程度需要在未来进行长期研究。冶炼和采矿区3月的相对高浓度可归因于该地区春季频繁的沙尘暴。在研究采样期间的气象条件下，结果表明，区域气流、降水、相对湿度和温度是影响大气^{232}Th去除的主要因素。然而，需要更多的研究来收集长期数据，以总结大气^{232}Th活动水平与气象因子之间的关系。根据采样时间和区域，将大气钍样品分为四类。在一家稀土公司附近的采样点观察到了一个真正的热点。吸入暴露的结果强调了潜在辐射风险的重要性和重要性。研究表明，多元统计和SOM图的结合可以作为一种有用的工具来表征^{232}Th的空间分布，并确定污染源。这项研究的结果呼吁采取有效的政策，保护人类健康，使其免受研究地区长期吸入性放射性污染的影响。

5.4　稀土开采和冶炼区的气溶胶氟化物的污染特征

氟是卤素族中最轻的一种，也是一种极易反应的电负性元素，几乎可以与任何其他元素形成化合物（Ozsvath，2009；Pyle et al.，2009）。除了火山喷发等自然过程外，包括采矿、精炼和冶炼在内的许多工业过程也会将氟化物释放到大气环境中。大气氟化物可以是气态（如氟化氢、六氟化硫和四氟化硅）或颗粒形式（如氟化铝钠、氟化磷酸钙和氟化铝）（Feng et al.，2003）。虽然氟在低浓度下对骨骼矿化和牙齿釉质的形成有利影响，但通常认为这种元素对人类和动物不重要。长期高水平暴露于氟化物可导致氟中毒，这是一个严重的全球健康问题。中国有4 000多万氟斑牙患者和260万氟骨症患者，氟中毒病例比任何其他国家都多。流行病学和实验研究证实，过量摄入氟还会对胃肠道、肾脏和肝脏以及神经、生殖和免疫系统产生有害影响（Brahman et al.，2013；Taghipour et al.，2016；Wei et al.，2016）。由于氟化物对生态系统和公共健康的有害影响，氟化物在环境中的扩散仍然备受关注。大气氟化物污染可能是人类暴露的另一种途径，尤其是在历史悠久的采矿和冶炼地区。气溶胶中的氟化物可以通过风或大气湍流进行远距离输送（Lewandowska et al.，2013）。

包头是一个大型稀土—铌—铁采矿和冶炼区，其氟化物人为排放量估计为2 657 t/a，可能威胁周围居民的健康（Xu et al.，2012）。包头市地方性氟中毒的流行可能与长期接触高氟饮用水和吸入含氟气溶胶有关。氟化物是包头市一种特殊的大气污染物，主要来自工业源，包括钢铁厂、铝厂、稀土生产和火力发电厂。在铁矿石的选矿和冶炼以及铝矿石的电解提取过程中，气态和颗粒氟化物被释放到大气中。钢铁厂和铝生产的氟化物排放量分别占工业总排放量的50.6%和26.3%，随后出现下降，在该地区造成了严重的污染问题。因此，有必要对TSP和PM10中的氟化物浓度进行表征和量化，以评估相关的环境和人类健康风险。

在包头的两个地点对与TSP有关的氟化物进行了采样。选择这些地点代表两种不同的环境特征：一个是位于包头市区西部的冶炼区，含氟气溶胶受到来自钢铁厂、电解铝生产和稀土冶炼的各种排放源的影响。此外，多金属矿冶炼的尾矿粉通常排入占地12 km^{2}的露天倾倒场。由于尾矿为粉状且数量大，很容易被风暴吹走，是大气颗粒物污染的主要来源之一，尤其是在该地区的沙尘爆发期间（3—5月）。另一个是位于白云鄂博矿床内的矿区，距离包头市区以北约150 km。2012年8月14日至20日和2013年3月16日至22日，分别在矿区的6个地点和冶炼区的13个地点采集了TSP样本。

2012年8月和2013年3月共采集了105个TSP样本，其中冶炼区74个样本，采矿区31个样本。表5-7给出了TSP样品中氟浓度的统计汇总。3月，矿区12 h平均氟浓度和标准差（SD）分别为（0.598 ± 0.626）mg/m^{3}和（3.615 ± 4.267）mg/m^3，而8月，矿区和冶炼区分别为（0.699 ± 0.801）mg/m^{3}和（1.917 ± 2.233）mg/m^3。这些值超过0.5 ng/m^3，这被认为是空气中氟化物浓度的自然水平（Lewandowska et al.，2013）。在研究中，3月与TSP结合的氟化物平均浓度高于世界卫生组织指南的极限值（1.0 mg/m^3），这有可能对附近人类和牲畜的健康产生不利影响。特定地区和季节氟浓度的所有变异系数（*CV*）均超过100%，表明由于人为因素，样本之间存在很大的变异性。K-S检验结果表明，8月和3月在矿区采集的样品中TSP中的氟化物浓度呈正态分布，而8月和3月在冶炼区采集的样品中氟化物浓度呈非正态分布。

表5-7　包头市TSP样品中12 h氟化物浓度（μg/m^3）的描述性统计

地点	时间	浓度			SD	*CV*（%）	K-S
		最小值	最大值	平均值			
采矿区	3月	0.098	2.180	0.598	0.626	104.7	0.24*
	8月	0.051	2.634	0.699	0.801	114.6	0.25*
冶炼区	3月	0.238	20.861	3.615	4.267	118.0	0.28
	8月	0.160	9.116	1.917	2.233	116.5	0.25

注：*表示显著性>0.05。

对于非正态分布数据集，采用Kruskal-Wallis检验确定两个区域（即冶炼区和矿区）和两个采样期（即8月和3月）之间TSP样品中氟化物浓度的平均水平是否不同，对于正态分布数据集，采用*t*检验。在两个采样期以及8月至3月期间，冶炼区和采矿区的氟化物浓度存在显著差异（表5-8）。与矿区相比，冶炼区的TSP样品的氟化物浓度明显更高，因为其受多金属矿冶炼活动的影响更大。多金属冶炼厂以气体和颗粒形式排放的氟化物是研究区域大气氟污染的重要来源。同时，从冶炼区采集的TSP样本显示，3月的氟化物平均浓度高于8月，这可能是由于该地区春季多风多尘期间的浮动尾矿粉造成的。

表5-8　不同定义组TSP样品中氟化物浓度的*t*检验和Kruskal-Wallis检验结果

分组	t检验		Kruskal-Wallis检验	
	Chi-square	sig.	Chi-square	sig.
冶炼区	—	—	6.72	0.01*
矿区	—	—	0.39	0.70
8月	8.46	0.003*	—	—
3月	18.02	2.19e^{-5}*	—	—

注：*表示显著性水平为0.05。

SOM模型用于描述气象因子与TSP样本中氟浓度之间的相关模式，并确定研究区域中受影响最大的区域。对于QE（0.239）和TE（0.019）的最小值，发现42个单位的映射（7×6）是可接受的折衷解决方案。图5-13显示了TSP样本的分布，这些样本可以根据氟化物浓度和气象因素的相似性自然分组。U矩阵显示地图簇之间的边界信息，渐变颜色表示相邻地图单元之间的距离（图5-14）。研究中的U矩阵表明，显示高氟化物浓度的单元分布相对稀疏。组件平面将7个输入变量的值可视化，这些值在映射单元的空间上变化，适用于比较，以识别不同输入变量之间的相关性或类似模式（图5-14）。TSP样本根据采样周期和位置分为四类（I～IV），与方差分析测试结果一致（图5-13）。冶炼区采集的样本位于右侧，显示出的氟化物浓度高于在采矿区采集的氟化物浓度，表明该地区存在少量高点源冶炼区。在两个采样期内，大多数样本显示TSP中的氟浓度相对较低。然而，位于地图右上方的一个样本点（B03）（图5-13）被确定为污染程度较高。在两个稀土冶炼厂以东2 000 m处和一个钢铁厂东北4 000 m处（与风向相反）采集了B03样本，表明氟化物的人为来源。其他采样点（例如B01、B07和B11）的氟化物浓度较高，这表明冶炼厂和冶炼区其他工业厂的广泛空间分散的影响。地图左侧和右侧的样本簇按采样周期进一步划分。3月的TSP样本在地图顶部分组。对于这些样本，氟化物浓度高于8月的浓度，分组在地图的较低部分，这与3月的温度、蒸汽压、

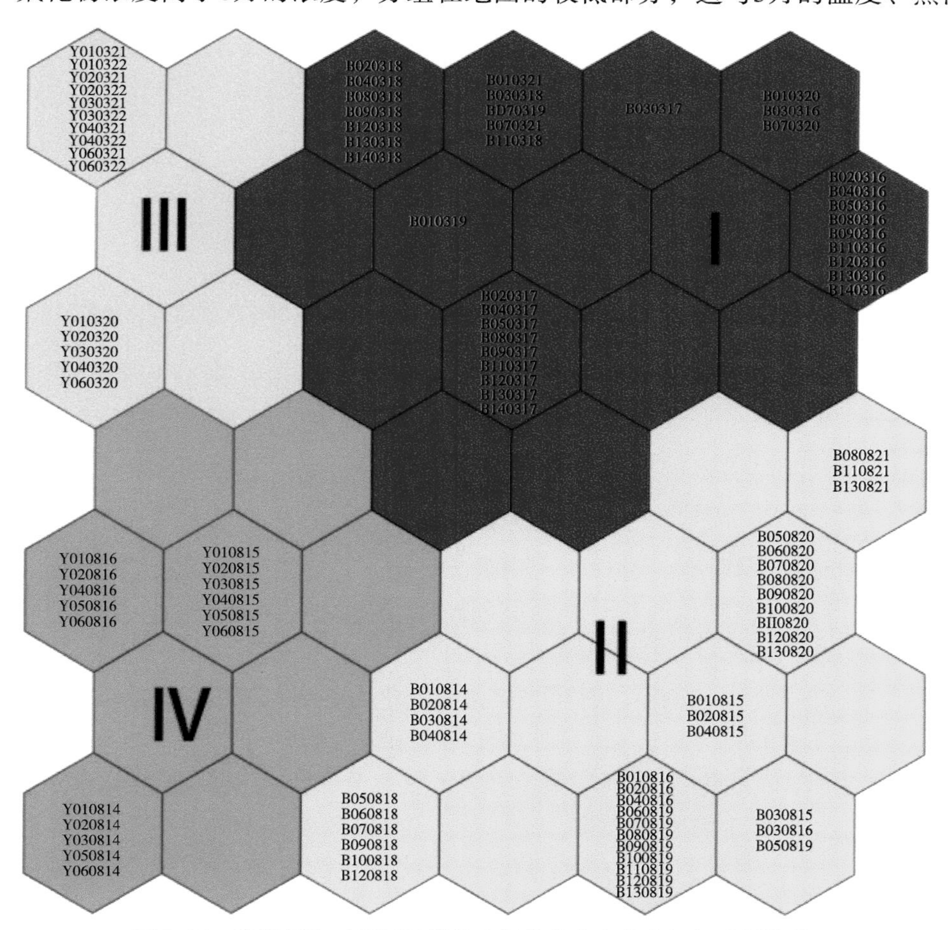

图5-13 冶炼区和矿区TSP样品中氟化物分布的自组织映射聚类

注：4个聚类（I～IV）来自应用于训练自组织映射的kmeans算法，一个细胞内的采样点具有相似的模式。对于每个标签，即B030815，前3个字符“B03”表示采样编号，后4个字符“0317”表示采样日期。

相对湿度、降水量和风速低于8月有关（图5-14）。与3月相比，8月的气象条件，如较高的地面温度和蒸汽压，以及强烈的环境湍流和不稳定，对空气污染物的运输和扩散更有效，同时8月的低氟浓度可能是由于在此期间相对湿度相对较高，因此颗粒负载。组分平面中描述的氟化物浓度与降水量之间的负相关，表明降水量由于其去除能力而导致氟化物的时间趋势明显不同。除冶炼厂排放外，3月较高的氟化物水平可能归因于从尾矿库运输的高氟化物浓度的风吹粉末。

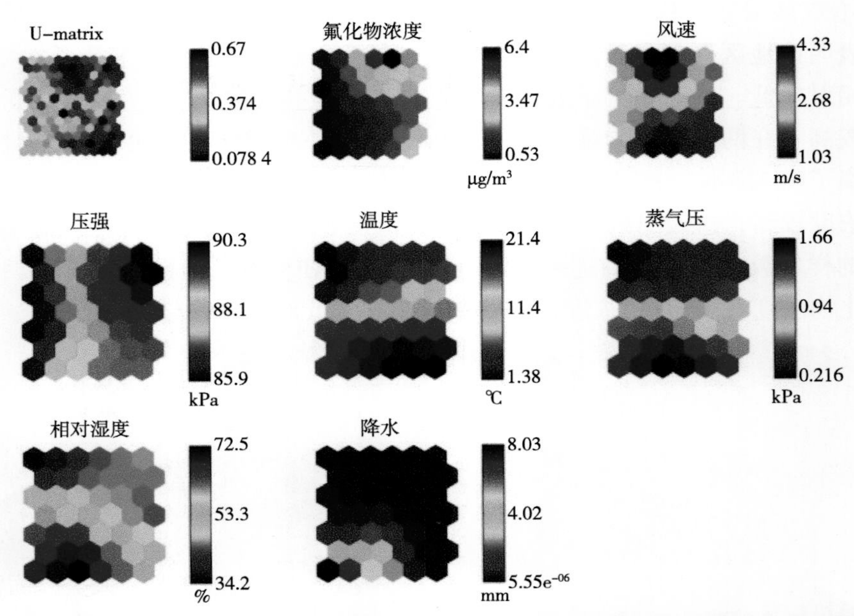

图5-14　TSP样本的自组织映射（SOM）的组件平面，TSP中氟浓度与气象因素之间关系的可视化

在多金属矿冶炼和采矿区，潜在暴露人群按年龄和性别分为8个亚组：儿童（4～10岁）、青少年（11～17岁）、成年人（18～60岁）和老年人（大于61岁）。使用以下算法计算每个亚组的每日吸入剂量。

$$DID = C \times IR \times T$$

式中，DID是不同亚组的每日吸入剂量（μg/d）；C是24 h内氟化物的个人暴露浓度（ug/m³）；T是暴露区域的每日暴露时间跨度，在研究中设置为1；IR是不同亚组的吸入率（m³/d）。

包头市冶炼区和矿区可吸入颗粒物PM10中氟化物的平均浓度分别为（1.61 ± 0.22）μg/m³和（1.44 ± 0.17）μg/m³。使用K-S测试，冶炼区（P = 0.30）和采矿区（P = 0.35）PM10中氟化物的个人暴露浓度呈正态分布。模型的累积概率分布包头市人群吸入氟化物的估计暴露量如图5-15所示。冶炼区各年龄组的吸入暴露量高于矿区，因为冶炼区的人群暴露于PM10中较高的平均氟化物浓度。冶炼区每天吸入的氟化物平均量为估计在3.39～64.32 μg/d的范围内，而矿区的范围为2.77～57.61 μg/d。研究区域的每日吸入量与在高度工业化的城市地区的普通欧洲人口中观察到的吸入量相当（10～40 μg/d，0.5 μg/m³）。此外，这些数值仅表示与大气颗粒物中PM10部分相关的吸入暴露。普通人群的氟污染总暴露量包括饮用水、食品、工业暴露、药物、化妆品和其他来源。虽然尚未报告暴露于大气氟化物水平对人类健康的直接影响，但研究结果表明，多金属稀土采矿和冶炼对人类健康的潜在高风险。

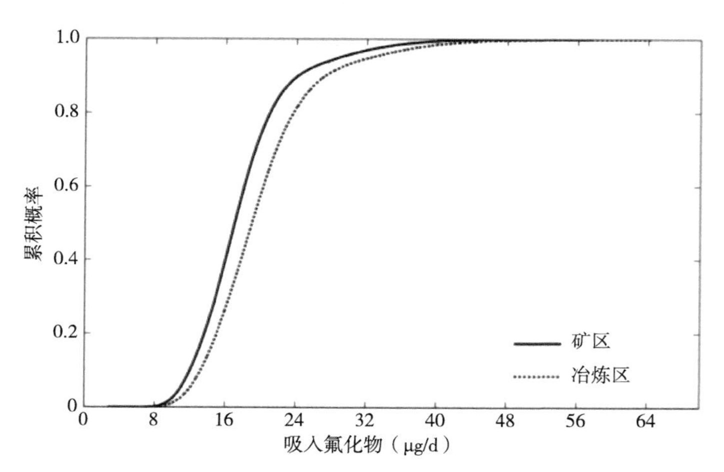

图5-15　居住在多金属采矿和冶炼区附近的人群每日吸入氟化物的概率分布

钢铁厂、铝厂和稀土厂排放的气态和颗粒氟化物通常处于不溶状态，如SiF_4、HF和氟化物粉尘（Xiu et al.，2004），这可能导致冶炼区大气氟化物浓度高。在同一暴露区域内，不同年龄组的氟每日吸入量按成人>青少年>老年人>儿童的顺序排列，所有年龄组的男性吸入剂量均高于女性。此外，地下水和粮食中的高氟化物浓度与地质来源与尾矿库及大气粉尘的人为输入有关（Li et al.，2015b），这是该地区人类每日总氟化物暴露的原因。长期暴露于高氟地下水和吸入含氟气溶胶是该地区地方性氟中毒的主要原因。3月TSP样本中的氟化物浓度高于世界卫生组织指南的限值，这可能会对周围环境产生负面影响，并可能随后对该地区的人类健康构成风险。统计分析表明，环境气溶胶中的氟化物浓度可分为四类，其差异主要与多金属矿开采和冶炼活动以及气象条件有关。钢铁厂、铝厂和稀土厂排放的气态与颗粒氟化物应导致冶炼区的大气氟化物浓度高于矿区。3月氟含量高于8月，可能是由于该地区春季频繁发生的强烈沙尘事件。冶炼区的每日吸入氟量高于矿区，成年人高于其他年龄组，男性高于女性。包头市多金属矿开采和冶炼区普通人群吸入氟化物的潜在暴露水平相对较高，这表明不仅应在环境问题的政策议程中考虑减少环境风险，而且应加强公共卫生保护。

6 稀土矿区对土壤环境的影响

6.1 矿区土壤中稀土元素的污染特征

稀土元素（REE）是一组由17种元素组成的元素，其中只有promethium（Pm）并非天然存在于地壳中（Liang et al.，2014）。稀土元素具有相似的化学和物理性质，往往在一起自然存在，而不是孤立存在，这解释了它们在环境中非常相似的行为。稀土元素按其原子序数和质量可分为两类：从La到Eu的轻稀土元素（LREE）和从Gd到Lu的重稀土元素（HREE）。地壳中的稀土元素丰度在0.5 mg/kg（Tm）至66 mg/kg（Ce），平均值约为2.15 mg/kg（Tyler，2004）。

人类活动，如采矿和建筑活动，可以显著干扰主要生态系统水库之间的自然元素流动，并改变地球表面的物理和化学过程（Sen et al.，2012）。人们普遍认为，稀土矿开采活动改变了环境条件，造成了严重的环境问题，如生态系统永久性破坏、严重的土壤侵蚀、空气污染和生物多样性丧失。同时，稀土资源开采活动的大规模快速增加，导致矿区周围土壤中稀土含量大幅增加。稀土元素存在于分布在各种矿物类别中的各种矿物中，包括卤化物、碳酸盐、氧化物、磷酸盐和硅酸盐（Jordens et al.，2013；Liang et al.，2014）。一般来说，环境中的稀土元素浓度较低，由于这些元素的流动性较低，它们可以在人为输入后累积。稀土矿区周围土壤中的元素丰度受其母体材料、质地、风化历史和成土过程、有机质含量和反应性以及人为干扰的影响。稀土广泛用于冶金、石油、纺织和农业等传统行业，在电子产品、绿色能源和航空航天合金等许多高科技行业中，稀土也变得不可或缺且至关重要。全球对稀土元素的需求正以每年3.7%～8.6%的速度增长（Tan et al.，2015）。2011年，中国生产了世界稀土供应量的90%以上，仅占世界总储量的23%。由于稀土矿产的不断开采，中国稀土储量在世界上的比例从1970年的75%稳步下降至2011年的23%。土壤中过量稀土元素的存在会对周围生态系统、地下水、农业生产力和人类健康造成严重后果。研究表明稀土元素对人类的有害影响和健康危害，例如，长期接触稀土元素粉尘可能导致人类尘肺。稀土元素因其相似的化学行为、持久性、环境行为和慢性毒性而引起广泛关注。然而，对稀土矿区周围土壤中稀土元素的积累和生态效应仍缺乏了解。白云鄂博稀土—铌—铁矿是目前最大的稀土矿床，于1927年发现，1957年开始生产稀土。白云鄂博矿是一个露天矿，采用露天开采方法。稀土元素是作为铁矿石开采的副产品从矿物中提取的。稀土开采、选矿、冶炼和分离的落后生产工艺和技术严重破坏了地表植被，造成土壤侵蚀、污染和酸化，导致作物产量减少甚至绝收。研究调查了白云鄂博矿区周围土壤中的稀土元素分布，以评估采矿活动造成的污染水平。研究结果将为评估稀土矿产开发的生态风险、防止土壤稀土污染和生态恢复提供科学依据。

内蒙古白云鄂博铁—稀土—铌矿（东经109°59′，北纬41°48′）是世界上最大的稀土矿床。稀土元素主要以独居石和氟碳铈矿的形式存在，但已有超过20种含稀土元素的矿物和15种铌矿物的报告。其总储量估计为至少15亿t铁（平均品位35%）、至少48 Mt稀土氧化物（平均品位6%）和约1 Mt铌（平均品位0.13%）。2005年，白云鄂博矿生产了55 300 t稀土，占中国稀土总产量的47%，占世界稀土总产量的45%。白云岩大理岩包含许多铁矿体，从西向东分散，与单个矿体一样呈大型透镜体或岩层。它们可以分为3部分。最大的是主矿体和东部矿体，其中每个矿体都包括走向长度超过1 000 m的铁稀土资源，平均稀土氧化物（REOs）含量分别为5.41%和5.18%。西部矿体由许多小规模开采的小亚矿体组成（Xu et al.，2008）。

在白云鄂博矿场附近的27个地点，在0 ~ 10 cm的深度采集表土样本（图6-1）。根据矿区位置和盛行风向，这些地点分为4个区域：东南（标记为An，$n=1, 2, \cdots, 8$）；西南（标记为Bn，$n=1, 2, \cdots, 8$）；西北（标记为Cn，$n=1, 2, \cdots, 5$）；东北（标记为Dn，$n=1, 2, \cdots, 6$）。还选择了深度达70 cm的3个土壤剖面（标记为Pn，$n=1$、2、3），以揭示稀土元素的垂直分布。从每个土壤剖面中，共取了深度为0 ~ 3 cm、3 ~ 6 cm、6 ~ 9 cm、9 ~ 12 cm、12 ~ 15 cm、15 ~ 20 cm、20 ~ 25 cm、25 ~ 30 cm、30 ~ 40 cm、40 ~ 50 cm和50 ~ 70 cm的11个剖面。

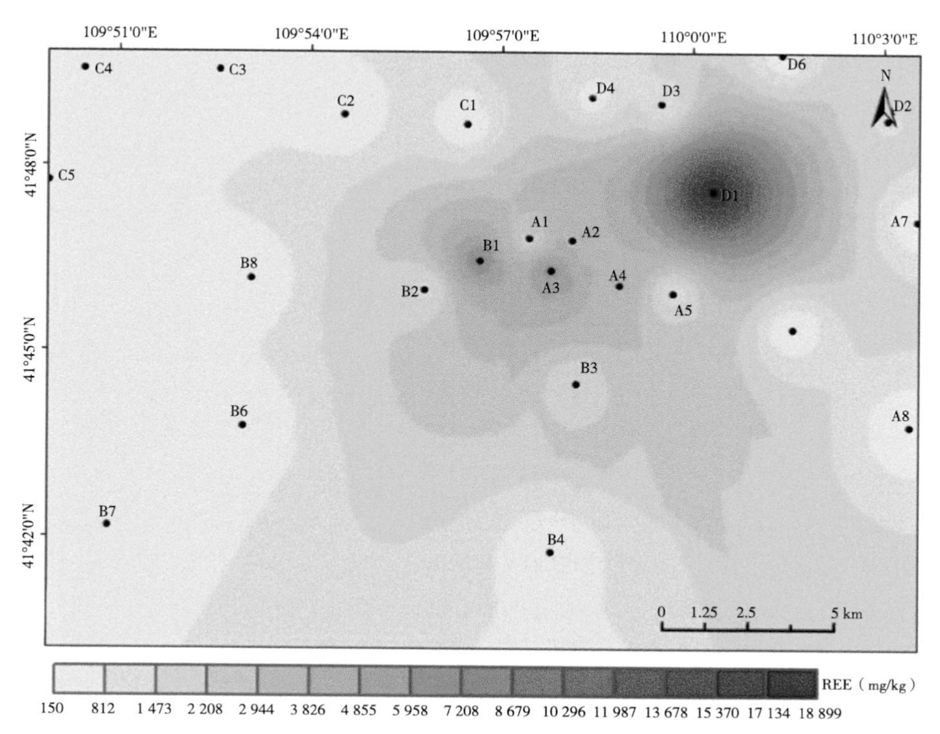

图6-1　矿区周围表土中稀土元素浓度估算

表6-1总结了表层土壤样品中稀土元素浓度的基本统计数据。La、Ce、Pr、Nd、Sm、Eu和Gd的变异系数（*CV*）大于100%，表现出较强的可变性。Tb、Dy、Ho、Er、Tm、Yb和Lu的变异性适中，变异系数在24.1%～95.4%波动。低*CV*值表示REE浓度的空间均匀分布，而高*CV*值表示研究区域的表面分布不均匀（Karanlik et al.，2011）。Kolmogorov-Smirnov（K-S）检验用于确定数据是否遵循正态分布。结果表明，除Er、Tm、Yb和Lu外，稀土元素浓度均呈非正态分布（$P<0.05$）。因此，几何平均值或变换平均值（对数变换或Box-Cox变换）用于描述平均浓度。在研究中，经过Box-cox变换后，所有数据都成功通过了K-S正态性检验。白云鄂博地区周围表层土壤样品中的稀土元素总浓度变化很大，变化范围为149.75～18 891.81 mg/kg，平均值为1 906.12 mg/kg，中国的平均REE浓度为181 mg/kg（1 225个土壤样本），也高于白云鄂博地区土壤的背景值。有研究发现日本的稀土元素浓度略低，为98 mg/kg；澳大利亚为105 mg/kg。表层土壤中稀土元素的算术平均值、几何平均值和中值高于白云鄂博地区土壤中稀土元素的背景值。研究的结果表明，单个稀土元素的浓度变化很大，按以下顺序递减：Ce>La>Nd>Pr>Sm>Gd>Dy>Er>Yb>Eu>Tb>Ho>Tm>Lu。该序列与2012年确定的白云鄂博矿石中的序列相似，与沉积物、动物、植物、环境和地质样品中稀土元素的顺序相似。轻稀土元素占主要成分，占总量的83%～95%，铈占48%。在白云鄂博矿石中观察到类似的趋势，这表明单个稀土元素的浓度和分布受采矿活动的影响。单个稀土元素的浓度符合奇偶数分布规律（Wang et al.，2011）。同时，所有检测元素之间存在统计显著相关（$R^2>0.89$；$P<0.05$）。这表明稀土开采导致了这些元素的类似来源。此前的研究表明，由于稀土元素的低迁移率，稀土元素可以通过各种途径在表层土壤中不断积累，例如大气沉降、采矿活动和施用稀土肥料。研究结果表明，白云鄂博矿区的土壤环境受到了稀土开采和开采行业的严重污染。绝大多数外源稀土元素固定在固体表面，以惰性形式存在，通常集中在矿区周围的土壤表层。同时，研究结果表明，稀土元素在土壤中的分布模式均与其母岩相一致。在这些运输过程中，稀土元素之间没有明显的分馏。

表6-1　表土中REE浓度的描述性统计　　单位：mg/kg

元素	平均值	*SD*	*CV*（%）	Min	Max	*GM*	Q1	Q2	Q3	背景值	K-S p
La	518.14	1 101.49	212.6	33.82	5 421.58	173.82	72.17	114.54	387.73	32.8	0.005
Ce	982.78	1 828.20	186.0	59.59	8 841.18	352.15	131.44	185.28	989.43	49.1	0.012
Pr	88.81	217.45	244.9	7.72	1 035.59	30.09	15.44	20.65	52.14	5.68	0.001
Nd	262.63	641.01	244.1	27.97	3 332.80	106.20	57.52	77.54	194.88	19.2	0.001
Sm	20.77	26.10	125.7	5.01	118.47	13.97	8.93	11.07	20.52	3.81	0.023
Eu	2.11	0.73	34.7	1.06	3.39	1.99	1.44	1.90	2.64	0.81	0.009
Gd	15.43	18.91	122.5	4.60	92.86	10.94	7.08	9.11	15.34	3.47	0.003
Tb	1.46	1.40	95.4	0.58	6.99	1.17	0.80	0.99	1.47	0.47	0.006
Dy	6.37	4.20	65.9	3.15	22.23	5.61	4.28	5.03	6.24	3.05	0.014

（续表）

元素	平均值	*SD*	*CV*（%）	Min	Max	*GM*	Q1	Q2	Q3	背景值	K-S p
Ho	1.04	0.48	45.7	0.62	2.72	0.97	0.81	0.89	1.11	0.66	0.034
Er	3.29	1.72	52.2	1.87	9.72	3.02	2.40	2.60	3.45	1.82	0.058
Tm	0.38	0.09	24.1	0.26	0.63	0.37	0.31	0.36	0.41	0.27	0.477
Yb	2.56	0.62	24.1	1.70	4.09	2.50	2.19	2.36	2.70	1.79	0.464
Lu	0.35	0.05	13.2	0.27	0.42	0.35	0.33	0.35	0.38	0.27	0.537
∑REE	1 906.12	3 804.00	199.6	149.75	1 8891.81	727.79	310.55	433.24	1 726.71	123.2	0.007

*SD*标准差、*CV*变异系数、*GM*几何平均值、Q1第一个四分位、Q2中位数、Q3第3个四分位∑REE浓度的空间分布有助于评估可能的富集来源，并确定高REE浓度的热点。土壤中稀土元素的估算如图6-1所示。图中确定了矿区周围几个稀土元素浓度较高的区域。稀土元素浓度高度集中在东部矿区和西部矿区附近，并随着远离矿区中心区域而降低。这表明，采矿、研磨作业和尾矿处理可显著促进表层土壤中稀土元素的积累。它还显示出地理趋势，东南部地区稀土元素浓度较高，这可能是由于该地区盛行强烈的西北风造成的。由于半干旱气候区的降水量低，蒸发率高，风蚀可能是尾矿库材料损失和扩散到周围环境的主要原因。在自然条件下，与其他金属离子相比，稀土元素的易位能力相对较弱。绝大多数外源稀土元素固定在固体表面，以惰性形式存在，通常集中在矿区周围的土壤表层。还应注意的是，铁路沿线普遍存在稀土元素高浓度区。这可能归因于稀土矿物和尾矿运输过程中稀土矿粉的扩散。东南部总稀土元素的平均EF高于40，证实了该地区土壤中稀土元素的污染程度极高；而西南和东北方向的稀土元素总量，平均EFs在5～20，被归类为显著富集。西北部总稀土元素的平均EF相对较低，介于2～5，表明中等丰富。对于单一稀土元素，EFs也可以成为研究中区分自然来源和人为来源的有效工具。东南方向La和Ce的EFs平均值高于40，而Pr和Nd的EFs平均值接近40，表明这些地区的土壤污染程度极高。西南和东北方向La、Ce、Pr和Nd的平均EFs在5～20，这意味着非地壳源的显著影响。大多数HREE，如Ho、Er、Tm、Yb和Lu，平均EFs小于2，反映出这些元素没有污染。环境足迹分析证实，稀土元素在不同水平的土壤中富集，这是由人为来源造成的，并受先前的环境足迹影响。

白云鄂博矿区不同位置的3个土壤剖面中稀土元素的垂直分布如图6-2所示。3个剖面中稀土元素的总浓度不同，最低为744.75 mg/kg、874.96 mg/kg和1 573.34 mg/kg。最大值分别为1 416.87 mg/kg、1 319.24 mg/kg和1 913.99 mg/kg。平均值分别为1 145.58 mg/kg、1 319.24 mg/kg和1 740.46 mg/kg。3个剖面中稀土元素总浓度的分布曲线在模式上也不同：土壤剖面P1的稀土元素总浓度随着从表面到10 cm深度的增加而增加，然后下降，在20 cm深度以下保持相对恒定（图6-2a）。整个剖面P2的总稀土元素浓度很高，尤其是在0～25 cm剖面处升高，在20～25 cm深度处最大（图6-2b）。剖面P3的总稀土元素浓度在0～10 cm处显著升高，在10～20 cm处保持稳定，但在30 cm深度以下显著降低（图6-2c）。图6-3显示了土壤剖面中稀土元素*EF*的累积频率分布。

稀土元素总量的EF平均值为12.05（介于7.06～17.33），表明矿区周围土壤剖面中稀土元素显著富集。单个稀土元素的浓度随深度呈大致相似的趋势，在0～25 cm处增加，在较深部分（>25 cm）下降，并保持相对恒定。所有土壤剖面中La和Ce的*EF*值均大于5，表明它们在土壤中显著富集土壤剖面。Pr的*EF*值为76%，Nd为77%，Sm为53%，Gd为55%。在大多数土壤剖面中，这些元素对应于中度富集。Dy在所有土壤剖面样品中的*EF*值均小于2，Eu为63%，Tb为66%，Tm为68%，Ho为73%，Er为86%，Yb为95%，Lu为71%，表明这些元素在大多数土壤剖面中的富集程度最低。稀土元素在土壤剖面中的富集和波动主要归因于矿区历史污染和人为干扰。

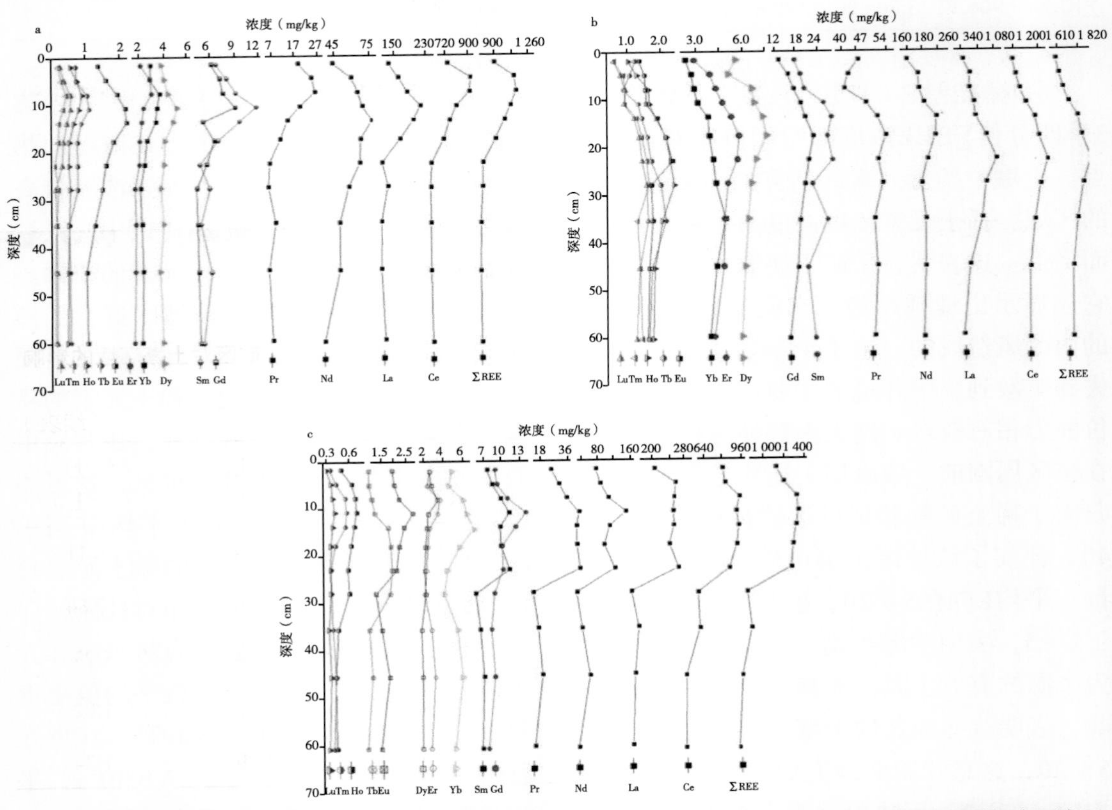

图6-2 三种土壤剖面中稀土元素的垂直分布［P1（a）；P2（b）；P3（c）］来自白云鄂博矿区的不同位置

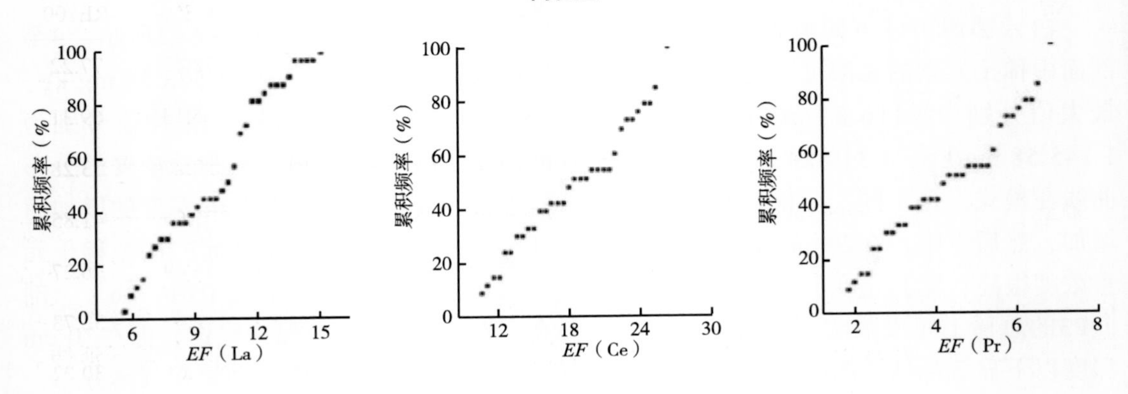

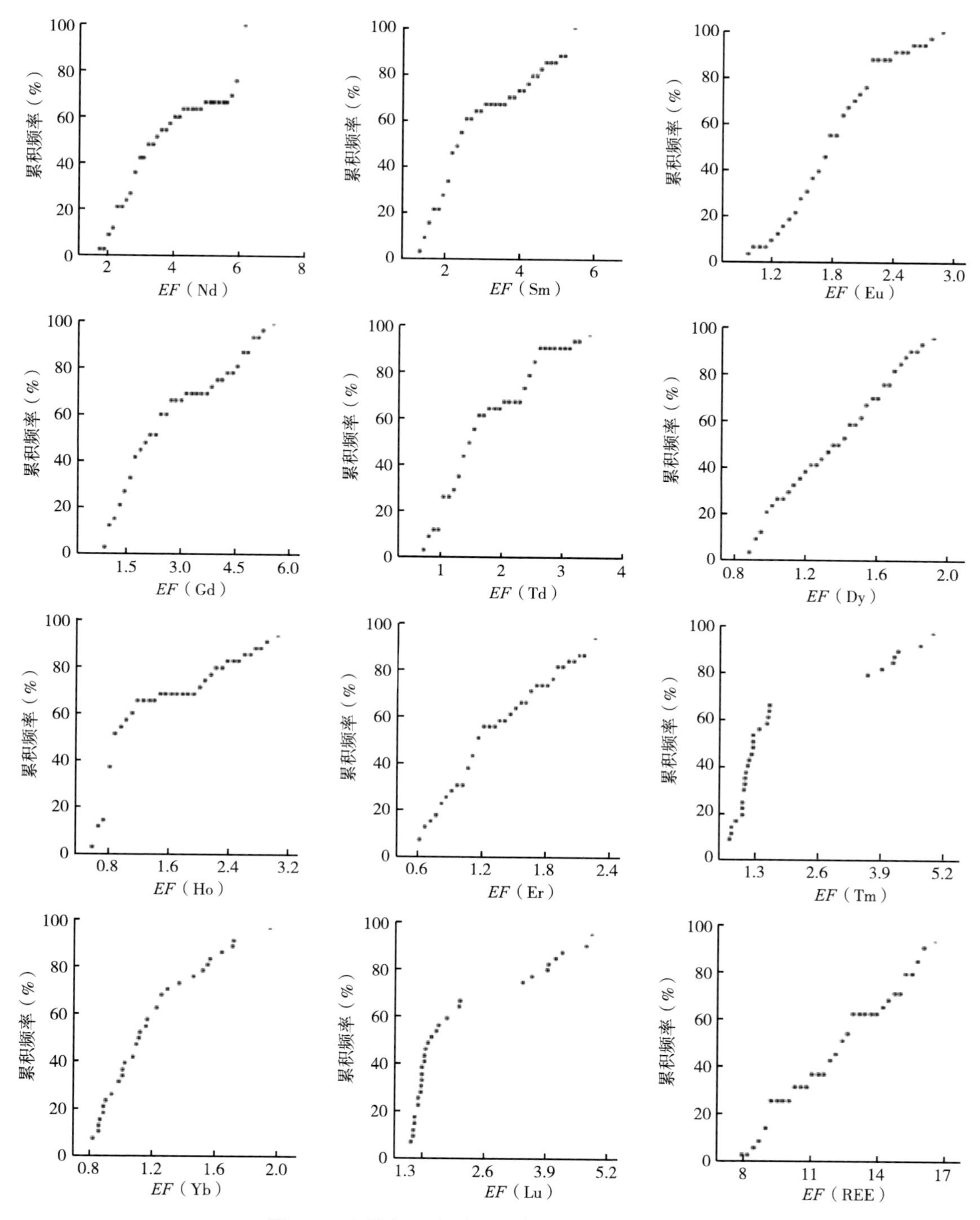

图6-3 土壤剖面中稀土元素EF的累积频率分布

为了消除奥多—哈金斯效应并表征土壤的稀土元素模式，选择了北美页岩复合物（NASC）和太古宙后澳大利亚页岩（PAAS）中稀土元素的估计平均成分，以归一化测量的稀土元素浓度（图6-4）。可以发现，土壤的两种页岩归一化稀土元素分布模式基本相同。稀土元素模式以轻稀土富集和高稀土亏损为特征，曲线从左向右向下延伸。

La_N/Yb_N的比值用于表示页岩归一化曲线的倾角。当La_N/Yb_N比值大于或等于1时，LREE曲线向右倾斜，表明土壤富含LREE，缺乏HREE。研究中La_N/Yb_N的比例为6.97_{NASC}和4.70_{PAAS}（表6-2）。这意味着稀土矿周围的土壤样品属于轻稀土土壤类型，并因矿产开采而强化。通常，在磷酸盐和碳酸盐岩上发育的土壤中观察到较高浓度的轻稀土，而玄武岩风化土壤中的重稀土富集（Chen et al.， 2010）。稀土元素在土壤中的分布模式以轻稀土和高稀土元素的明显分馏为特征。轻稀土元素在土壤样品中更为丰富，轻稀土元素/重稀土元素比值为27.32。归一化轻稀土元素/重稀土元素比值为3.93_{NASC}和2.94_{PAAS}。La_N/Sm_N和Gd_N/Yb_N的比值分别用于测量LREE分馏和HREE分馏的程度。LREE的La_N/Sm_N分馏程度2.48_{NASC}和2.18_{PAAS}略高于$(Gd/Yb)_N$为2.39_{NASC}和1.92_{PAAS}的HREE分馏。Ce和Eu的贫化或富集通常发生在自然环境中，这可能与它们的氧化状态及其在不同氧化还原条件下的流动性有关（Semhi et al.，2009）。Ce在两种氧化状态下都存在于土壤中，但在氧化还原条件下，Ce^{3+}更容易氧化为Ce^{4+}，氧逸度更高、流动性更差，导致Ce正异常（$\delta Ce>1$）。就Eu而言，它是一种不相容元素，在氧化岩浆中以三价形式（Eu^{3+}）存在，在还原岩浆中以二价形式（Eu^{2+}）优先并入斜长石，这种离子交换过程是Eu负异常（$\delta Eu<1$）的基础。在研究中，还观察到轻微的正Ce异常，δCe为1.12_{NASC}和1.26_{PAAS}，以及轻微的负Eu异常，δEu为0.73_{NASC}和0.85_{PAAS}，表明Ce、Eu和其他稀土元素在母岩风化过程中发生了分化。

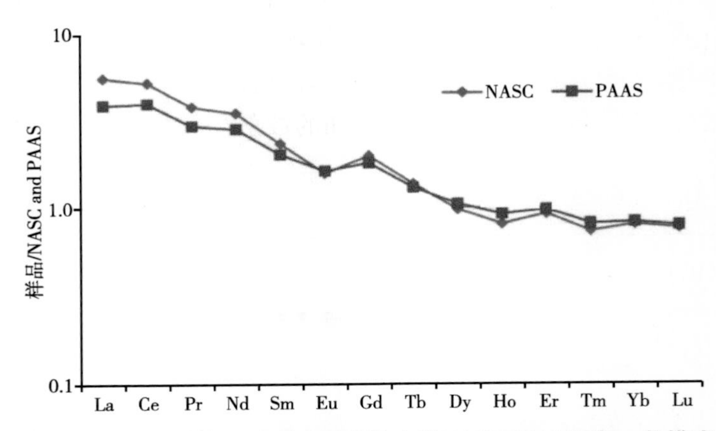

图6-4　表层土壤中平均稀土元素浓度的NASC和PAAS归一化模式

表6-2　表层土壤中REE浓度的NASC和PASS归一化模式

LREE/HREE	LREE/∑REE	$LREE_N/HREE_N$		La_N/Yb_N		La_N/Sm_N		Gd_N/Yb_N		δEu		δCe	
		NASC	PAAS	NASC	PAAS	NASC	PAAS	NASC	PAAS	NASC	PAAS	NASC	PAAS
27.32	95.51	3.93	2.94	6.97	4.70	2.48	2.18	2.39	1.92	0.73	0.85	1.12	1.26

受稀土矿开采的影响，白云鄂博矿区周围表层土壤中稀土元素表现出不同程度的富集。总稀土元素浓度在149.75～18 891.81 mg/kg，平均值为1 906.12 mg/kg、白云鄂

博矿区周围表层土壤中稀土元素的平均浓度顺序为：Ce>La>Nd>Pr>Sm>Gd>Dy>Er>Yb>Eu>Tb>Ho>Tm>Lu。该序列与白云鄂博矿石中的序列相似，这证实了稀土元素的浓度和分布受采矿活动的影响。稀土元素浓度在东部矿石和西部矿石附近较高，并且随着远离矿区中心的距离而降低。矿区土壤中稀土元素浓度的空间变异性较强，这可能是由于稀土资源的开采活动和该地区盛行的强烈西北风造成的。土壤剖面中单一稀土元素的浓度随深度呈相似的趋势，在0～25 cm处增加，然后下降，在深部保持相对恒定。用2.48_{NASC}和2.18_{PAAS}的La_N/Sm_N分离LREE的程度略高于用2.39_{NASC}和1.92_{PAAS}的（Gd/Yb）N分离HREE的程度。还观察到轻微的正Ce异常，δCe为1.12_{NASC}和1.26_{PAAS}，以及轻微的负Eu异常，δEu为0.73_{NASC}和0.85_{PAAS}。土壤中稀土元素的空间分布沿主导风向呈现出强烈的梯度浓度。归一化曲线向右倾斜，表明轻稀土元素和重稀土元素之间存在明显的分馏。

6.2 矿山尾矿周围土壤中稀土元素的地球化学特征

稀土元素包括镧系元素，原子序数为57～71。由于钪和钇表现出与镧系元素相似的性质，它们也被认为是稀土元素。稀土元素又可分为轻稀土元素（LREEs）和重稀土元素（HREEs）两类。轻稀土元素是原子量较低的元素，由镧生成铕，而重稀土元素是由钆生成镥和钇。稀土离子是高度正电的，主要是三价（Ln^{3+}），除了铈（Ce^{+}）和铕（Eu^{2+}）在某些环境中。由于大多数稀土元素具有相似的原子半径和氧化态，因此稀土元素可以在不同的晶格中相互替代。这种替代能力导致稀土元素在一种矿物中出现多种，并在地壳中广泛分布（Jordens et al.，2013）。稀土存在于广泛的矿物类型中，包括卤化物、碳酸盐、氧化物、磷酸盐和硅酸盐。地壳中稀土元素的丰度在不同的稀土元素中差异很大，从铈的66 mg/kg到铥的0.28 mg/kg不等（超过其他重要金属，包括铜-27 mg/kg和铅-11 mg/kg）。

尽管稀土矿在全球分布广泛，但主要在中国开采。2011年，中国的稀土产量占全球供应量的90%以上，而稀土储量仅占全球总量的23%。由于稀土矿开采的增加，中国稀土储量从1970年的75%急剧下降至2011年的23%（Zhan et al.，2011）。中国特有的离子吸附型稀土资源的地表开采和堆浸造成了严重的环境破坏，如水土流失、污染、酸化等。此外，稀土在中国长期被用作肥料添加剂和牲畜饲料的生长促进剂。这种不受控制地将基于稀土的化学品排放到环境中的长期影响和损害仍有待确定。

稀土元素既不是生命必需元素，也不是环境中毒性很强的元素。虽然稀土的环境毒性在很大程度上是未知的，但在一些矿化地区以及长期施用污泥影响的土壤中已经发现了环境污染。稀土对生物的若干负面影响已被报道。前人研究已经证明，一些吸入的稀土元素倾向于在人的肺和淋巴结中积聚。然而，稀土元素的流动性及其可能对生态系统的影响仍未知，因此目前尚不能估计其对人类健康和环境的潜在风险。因此，探索稀土元素在环境中的存在并正确预测其潜在的有害影响具有重要意义。

内蒙古白云鄂博矿床是世界上最大的稀土矿床，占世界稀土储量的59.3%（Zhanget al.，2014）。稀土的开采、选矿、冶炼和分离过程中，尾矿和矿渣量不断增加。白云鄂博矿每年生产尾矿约800万t（Zhao et al.，2010）。大多数这种巨大的废物通常是在露天垃圾场处理的。尾矿是稀土元素环境污染的主要来源之一，尾矿为粉末状（具有潜在的流动性），其数量比矿渣大。我们调查了尾矿排土场周围土壤中稀土元素的分布，以评估污染水平。研究结果为稀土矿产开采带来的生态风险提供了科学依据，为稀土污染防治和生态恢复提供了理论依据。

包头位于内蒙古西部，自1927年发现巨大的白云鄂博矿床以来，已成为中国最大的稀土生产中心（Wang et al.，2014）。该地区属温带大陆性气候，年平均气温6.5℃。年平均降水量240 mm，蒸发量1 938～2 342 mm。由于干旱和海拔高，昼夜温差会很大，尤其是在春天。强风最常出现在春季和冬季。盛行风向为西北，平均风速为3 m/s。全年平均大风、浮尘、沙尘暴天数分别为46 d、25.9 d和43.3 d。

包头稀土元素尾矿坝位于包头市西部12 km处，为包头钢铁（集团）有限责任公司所有，每年生产约800万t尾矿。这些尾砂粉通常通过循环水通过开槽排入露天堆场。大坝自1965年投入使用以来，占地面积12 km^2，南北长约3.5 km，东西长约3.2 km，已成为世界上最大的稀土尾矿库。尾矿为粉末状，含量大，是环境污染的主要来源之一。

包头尾矿的化学成分和矿物成分见表6-3。尾矿由钙、硅、铁、稀土化合物和萤石等多种矿物组成。大坝现储存了白云鄂博矿石浮选—湿法冶炼过程中废弃的大量稀土矿物，尾矿中稀土平均品位由原矿石的6.8%提高到8.85%。据估计，在尾矿坝中堆积量约9.3×10^{10} t白云鄂博稀土尾矿（Li，2010）。尾砂区部分暴露在空气中，在强风作用下，大量稀土元素含量较高的尾砂粉可能对周围环境造成潜在污染，导致环境严重恶化。

表6-3　包头稀土尾矿成分分析

单位：%

化学组成	成分	矿物组成	成分
TFe	22.21	磁铁矿	2.71
Nb_2O_5	0.19	赤铁矿	21.55
CaO	22.87	氟碳铈矿	6.12
MgO	2.82	独居石	2.66
MnO	1.02	萤石	21.12
SiO_2	24.43	碳酸盐矿物	4.72
BaO	3.03	磷灰石	6.39
Na_2O	1.22	重晶石	1.78
CaF_2	10.21	石英长石	8.28
K_2O	0.68	角闪辉石岩	17.63
REO	6.48	黑云母	4.11

（续表）

化学组成	成分	矿物组成	成分
LOI*	2.96	其他	2.93
其他	1.88		

注：*表示LOI为1 000℃烧失量。

在包头稀土矿尾砂周围，共采集了67个表层土壤样品，深度为0～10 cm。每个点采集5个样品，均匀混合。根据矿区尾砂的位置和盛行风向，在不同方向的区域采集了这些样品。采样区总面积近826.2 km^2。该地区主要土壤类型为板栗土，其基本性质如表6-4所示。选取3个深度为70 cm的剖面样品（Pn，$n=1$，2，3），观察稀土元素的垂直分布。每个土壤剖面在0～3 cm、3～6 cm、6～9 cm、9～12 cm、12～15 cm、15～20 cm、20～25 cm、25～30 cm、30～40 cm、40～50 cm和50～70 cm深度共采集11个土壤样品。采集后，所有样本立即储存在便携式低温恒温器中，并送往实验室。

表6-4　包头地区土壤特性的选择

有机碳（%）	pH值	电导率（μs/cm）	TP（mg/kg）	有效P（mg/kg）	TN（%）	土壤粒径（%）		
						细砂	粉砂	黏粒
1.78	7.33	112.52	957.42	33.95	0.11	48.06	39.25	12.69

采集的土壤样品经冷冻干燥后，用2 mm聚乙烯筛除植物碎屑、鹅卵石、石块等。然后将样品充分混合、研磨，用100目筛网筛分，进行后续的地球化学分析。土壤颗粒大小由Mastersizer 2000型激光颗粒分析仪测定。在1∶2.5的土壤/水悬浮液中，使用1 mmol/L $CaCl_2$溶液，用玻璃电极测量土壤pH值。速效磷的测定使用碳酸氢钠（0.5 mmol/L $NaHCO_3$，pH值8.5）（Schweiger et al.，1999），土壤有机质的测定基于失火法。

土壤样品经HNO_3-HF-$HClO_4$消解后，采用电感耦合等离子体发射光谱法（ICP-OES，OPTIMA 5300DV，Perkin Elmer）进行分析（Wang et al.，2011）。ICP-OES的检出限为10 μg/L。所有测量均一式两份。质量控制采用来自国家标准物质研究中心（中国北京）的标准样品GBW07303。参考样本的读数在报告值的5%以内。使用Microsaft Excel进行计算，并使用SPSS13.0进行统计分析。使用ORIGIN8.0创建图形。利用全球定位系统（GPS）记录样品的位置，利用GIS软件ArcGIS（10.02版本）的扩展Geostatistical Analyst进行地质统计分析。

富集因子（*EF*）被广泛用于估算人为对土壤的影响。EF基于分析数据对参考元的归一化，计算公式如下。

$$EF=(C_i/C_r)_{sample}/(C_i/C_r)_{crust}$$

其中，C_i和C_r分别为考虑元素和参考元素在样品或地壳中的浓度。理论上，参考元素不应受人为活动的影响，也不应受风化过程的影响较大。最常用的参考元素是Al、

Ca、Fe、Li、Mn、Sc和Sr（Loska et al.，2004）。以Al作为保守元素计算稀土元素的电场系数。利用Wedepohl（1995）的上陆地壳稀土元素和铝元素含量值进行了计算。一般来说，$EF<1$表示该元素的耗尽，$EF>1$表示该元素的富集。然后可以根据富集因子给土壤样品一个污染类别。

土壤中稀土元素的含量。尾矿附近土壤和上地壳的稀土元素浓度及该区域的背景值见表6-5。主要统计参数（平均值、中位数、范围和标准差）的总结也显示出来。所有数据均采用正态分布Kolmogorov-Smirnov（K-S）检验分析。K-S检验结果（$P<0.05$）表明，稀土元素含量不服从正态分布。因此，几何平均值或变换后的平均值（对数变换或Box-Cox变换）被用来描述平均浓度。经过box-cox变换，结果顺利通过K-S正态性检验。

表6-5　表层土壤中稀土元素浓度的描述性统计　　单位：mg/kg

元素	平均值	*SD*	*CV*（%）	Min	Max	GM	K-S	背景值	UCC
La	891.59	2 237.82	251.0	42.52	11 941.46	188.79	<0.001	32.80	30.00
Ce	2 954.47	6 418.93	217.3	55.51	31 736.44	427.59	<0.001	49.10	64.00
Pr	355.20	908.96	255.9	8.05	4 881.33	49.05	<0.001	5.68	7.10
Nd	384.44	1 193.90	310.6	12.79	7 226.95	80.62	<0.001	19.20	26.00
Sm	48.16	99.83	207.3	4.01	521.30	17.47	<0.001	3.81	4.50
Eu	2.76	3.65	132.6	0.52	21.74	1.85	<0.001	0.81	0.88
Gd	10.30	14.05	136.5	3.48	83.81	7.25	<0.001	3.47	3.80
Tb	2.50	4.89	195.6	0.58	31.61	1.37	<0.001	0.47	0.64
Dy	7.85	8.79	112.0	2.52	56.69	6.13	<0.001	3.05	3.50
Ho	2.06	3.37	163.4	0.50	13.97	1.20	<0.001	0.66	0.80
Er	3.19	1.38	43.3	1.56	9.09	3.00	<0.001	1.82	2.30
Tm	1.36	1.69	123.7	0.25	8.35	0.83	<0.001	0.27	0.33
Yb	2.90	0.96	33.1	1.99	7.17	2.78	<0.001	1.79	2.20
Lu	0.69	0.61	89.1	0.27	3.33	0.55	<0.001	0.27	0.32
ΣREE	4 667.47	10 619.54	227.5	155.65	56 543.20	883.44	<0.001	123.20	146.37
LREE	4 636.62	10 587.62	228.3	141.52	56 329.22	841.44	<0.001	111.40	132.48
HREE	30.85	34.01	110.3	12.83	214.01	24.15	<0.001	11.80	13.89

变异系数（*CV*）可以相对地比较相同性质在相似的方差值和不同的均值下的变异性。低*CV*值表明研究区稀土元素的空间分布均匀，高*CV*值表明研究区稀土元素的表面分布不均匀。除Er、Yb和Lu外，所有稀土元素的*CV*值均较高，均大于100%，具有较高

的变异性。Er、Yb和Lu的空间变异较小，*CV*值仅在33.1%~89.1%波动。

土壤中稀土元素含量为156~5.65×10^4 mg/kg，平均值为4.67×10 mg/kg。因此，包头地区土壤样品中稀土元素的平均含量明显高于土壤背景值。观察到的所有稀土元素的总和（ΣREE）也远高于Hu等人的研究结果，他们发现稀土元素的平均浓度为181 mg/kg（1 225个土壤样品）。其他国家在日本（98 mg/kg）、澳大利亚（105 mg/kg）和德国（305 mg/kg）发现了浓度稍低的稀土元素。

土壤样品中稀土元素的相关分析表明，各元素之间存在显著的统计学相关性（$P<0.05$）（表6-6）。这些结果证实了上述结果，为尾砂输入源相似、元素地球化学特征相同提供了证据。由于这些元素在土壤中具有一定的流动性，稀土元素可以通过大气沉降、采矿活动和施用稀土肥料等多种途径在土壤表层持续积累。研究结果证实了多年来矿山尾矿对尾矿库附近土壤环境的严重污染。

表6-6　表层土壤样品中稀土元素含量的Pearson相关性（$n=67$，$P<0.05$）

元素	La	Ce	Pr	Nd	Sm	Eu	Gd	Tb	Dy	Ho	Er
La	1										
Ce	0.92	1									
Pr	0.91	0.95	1								
Nd	0.92	0.95	0.75	1							
Sm	0.89	0.89	0.92	0.92	1						
Eu	0.77	0.75	0.73	0.73	0.82	1					
Gd	0.73	0.73	0.84	0.88	0.68	0.78	1				
Tb	0.59	0.63	0.65	0.82	0.73	0.75	0.94	1			
Dy	0.52	0.58	0.63	0.58	0.69	0.58	0.92	0.83	1		
Ho	0.33	0.61	0.52	0.65	0.75	0.67	0.93	0.91	0.91	1	
Er	0.42	0.62	0.57	0.68	0.62	0.86	0.61	0.78	0.82	0.78	1

表层土壤中稀土元素的空间分布。计算了稀土元素浓度的半方差图，并将其拟合为球形模型。变异函数模型参数如表6-7所示。金块效应（C_0）与基础效应（C_0+C）之比$r=C_0$（C_0+C）表达了稀土元素的空间相关性，为插值未采样位置提供了定量依据。当比值小于25%时，空间依赖性强，在25%~75%，空间依赖性中等，大于75%时，空间依赖性弱。结果表明，所有稀土元素的比例均小于25%，具有较强的空间依赖性。

表6-7　表层土壤稀土元素变异函数拟合模型参数

变异类型	Nugget C_0模型（m）	C（m）	C_0/C_0+C	分布范围（m）	R^2
球形模型	100 000	160 900 000	0.000 622	4 930	0.68

LREE/HREE比值在5.05～34.2，平均值为12；轻稀土/重稀土比值表明，轻稀土含量显著高于重稀土。土壤轻稀土元素含量占土壤总稀土元素含量的90.9%～99.6%。该比例与白云鄂博矿石中稀土元素含量变化趋势一致，表明稀土元素的浓度和分布受稀土开采活动的影响。根据Oddo-Harkins的研究，随着原子序数的增加，单个稀土元素的浓度趋于下降，偶数原子序数的稀土元素比奇数原子序数的稀土元素出现的频率更高规则：Ce>La>Nd>Pr>Sm>Gd>Dy>Er>Yb>Eu>Tb>Ho>Tm>Lu。稀土浓度与Taylor et al.（1995）所描述的地壳中的地震量级相同，与2012年白云鄂博矿石中的震级相似。

稀土元素的空间分布特征有助于评价矿区可能的富集来源和确定高稀土元素富集区域。图6-5显示了归一化为PAAS（后太古代澳大利亚页岩）的土壤稀土元素含量空间分布图。研究区稀土元素浓度在空间分布上有较大的差异。稀土元素在尾砂周围含量较高，离尾砂中心区域越远，稀土元素含量越低。估算图在尾砂区周围发现了几个稀土元素富集点。这些结果表明，稀土尾矿的持续时间对土壤中稀土元素的富集有显著的促进作用。稀土元素在东南地区含量较高，这可能与该地区强烈的西北风有关。

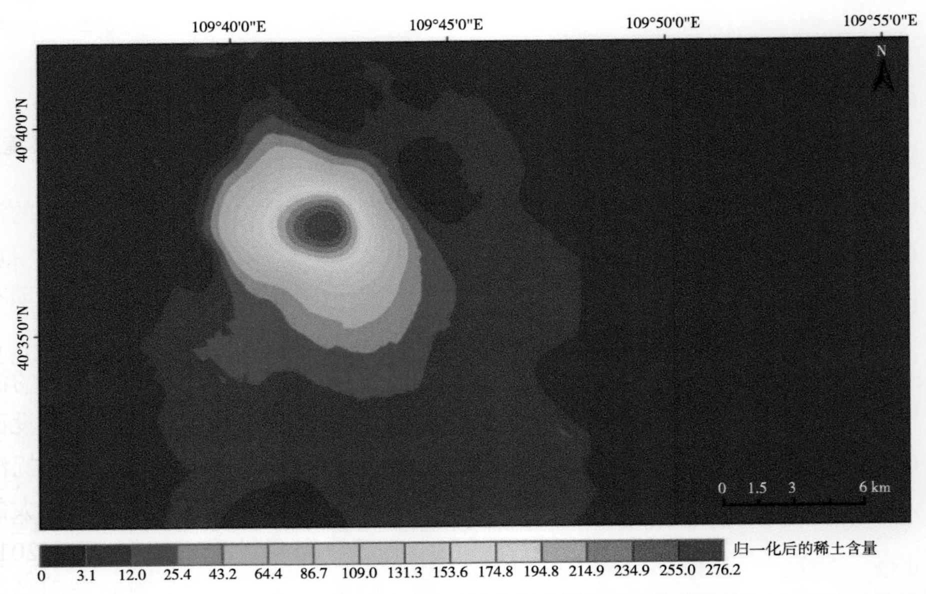

图6-5 经PAAS归一化后的表层土壤REEs浓度估算

尾矿区周边土壤样品中14种稀土元素的电场场计算结果见表6-8。尾矿东部、东南部和南部总稀土元素的电场强度平均值均大于40，表明该方向土壤中稀土元素的污染程度极高，尤其是东南部。西北地区总稀土元素平均*EF*<20，属显著富集型。其他方向总稀土元素的平均*EF*在20～40，富集程度较高。对于单个稀土元素，电场可以用来区分自然源和人为源。例如La、Ce和Pr在东部、东南部和南部的电场平均值均远高于40，表明污染程度极高。Ho、Er、Tm、Yb和Lu等大部分重稀土元素的电场值为2～5，反映了这些元素的中等富集。*EF*分析证实，稀土元素在土壤中富集程度不同，这是由尾砂源引起的，受该地区盛行风的影响。

表6-8 尾矿库周边表层土壤中稀土元素的电场效应研究

REEs	东部（$n=10$）	东北部（$n=9$）	北部（$n=6$）	西北部（$n=7$）	西部（$n=8$）	西南部（$n=7$）	南部（$n=9$）	东南部（$n=11$）
La	57.85	32.15	20.39	22.98	26.51	50.44	68.49	79.03
Ce	88.84	27.88	38.73	26.17	33.16	42.47	129.55	153.64
Pr	119.48	21.27	25.21	33.32	29.4	39.47	141.36	166.86
Nd	33.55	8.59	7.53	8.47	8.43	14.27	41.7	48.46
Sm	22.44	12.16	9.83	8.97	7.78	7.88	27.52	30.22
Eu	3.50	4.30	3.00	3.00	2.71	4.63	3.33	12.79
Gd	4.01	3.55	3.29	3.25	3.15	6.37	4.72	5.92
Tb	6.36	3.44	2.87	3.03	2.41	4.24	9.56	13.88
Dy	3.89	2.86	2.83	3.09	3.04	3.31	4.58	4.51
Ho	4.38	4.38	5.50	3.74	1.96	5.06	4.31	4.15
Er	2.26	2.26	2.23	2.52	2.00	2.41	2.12	2.16
Tm	5.99	2.77	3.19	3.37	3.33	5.48	11.47	13.57
Yb	2.02	1.85	1.95	2.65	2.07	2.10	2.04	2.29
Lu	3.66	2.83	2.99	2.45	2.70	4.15	3.45	4.78
∑REE	63.51	22.01	24.27	19.85	23.37	34.01	86.21	101.54

3种土壤剖面的稀土元素在垂直分布上呈现出相似的趋势，进一步证实了它们具有共同的化学和物理性质。由PASS归一化的稀土元素谱图可以明显看出，3种土壤剖面的稀土元素总含量均较高，且分布规律相似。如图6-6所示，剖面中总稀土元素含量从地表到9 cm深度，剖面随深度增加而增加，然后从10～30 cm深度显著下降，在30 cm以下浓度最小的深度略有增加。然而，在每个土壤剖面中，稀土元素的浓度差异很大（图6-6）。南向P3剖面稀土元素总浓度最高，为2.62×10^3～8.10×10^3 mg/kg，平均为4.46×10^3 mg/kg（图6-6，图6-7）。剖面P1从东方向和P2从东南方向记录了以下测量值：最小值为309和9.42×10^2 mg/kg，最大值为689和1.64×10^3 mg/kg，P1和P2平均值分别为463和1.22×10^3 mg/kg。这些土壤剖面的稀土组分也表现出轻稀土相对于重稀土的富集（图6-7）。这些结果表明，尾矿周围土壤的稀土元素模式白云鄂博矿石的稀土元素模式一致，土壤剖面上部明显的稀土元素富集可能与矿山有关。

稀土元素的分布范围为从2.62×10^3～8.10×10^3 mg/kg，平均为4.46×10^3 mg/kg（图6-6，图6-7）。对于东侧坡面P1和P2，最小为309 mg/kg和9.42×10^2 mg/kg，最大值为689 mg/kg和1.64×10^3 mg/kg，P1和P2平均值分别为463 mg/kg和1.22×10^3 mg/kg。这些剖面的稀土组分也表现出轻稀土相对于重稀土的富集（图6-9）。这些结果表明，尾矿周围土壤的稀土形态与白云鄂博矿石一致。土壤剖面上部稀土元素明显富集可能与尾矿污染有关，并受土壤形成过程的影响。表层土壤的发展是被频繁的洪水事件和相关事件如沉积和侵蚀打断。稀土元素分布受上述过程和土壤理化性质的影响如黏土含量、pH值、阳离子交换容量和有机物含量。

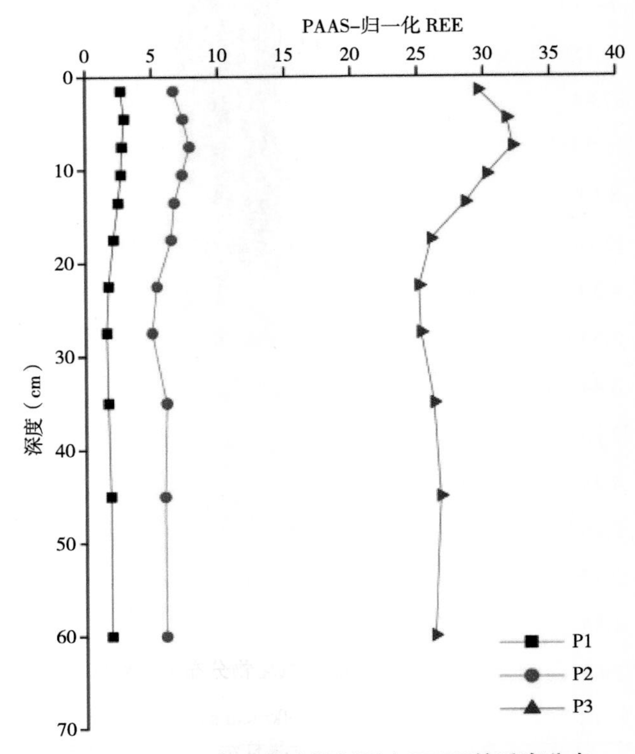

图6-6　PAAS归一化土壤剖面中EREE的垂直分布

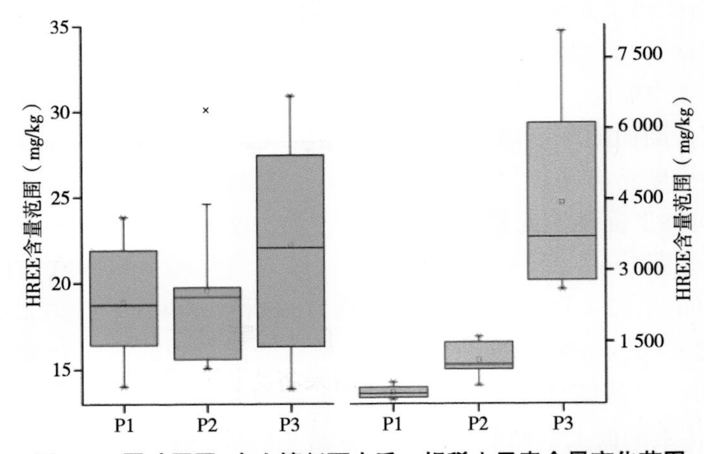

图6-7　尾砂周围3个土壤剖面中重、轻稀土元素含量变化范围

图6-8为尾砂区周边土壤中稀土元素电场的累积频率分布。总稀土元素电场平均值为25.4（1.86～48.9），表明稀土元素显著富集。La、Ce和Pr的EF值均大于5，表明La、Ce和Pr元素明显富集。Sm和Gd的EF值为2～5，属于中度富集。Ho、Yb、Sm、Tb、Tm、Lu、Er EF值均小于2，为轻度富集。需要注意的是，以下元素未在所有样品中发现，它们在土壤样品中所占比例为：Gd 55%，Sm 78%，Tb 84%，Tm 94%和Lu 97%。土壤剖面

中稀土元素的增强和波动主要是由于尾矿的历史污染和人为干扰造成的。

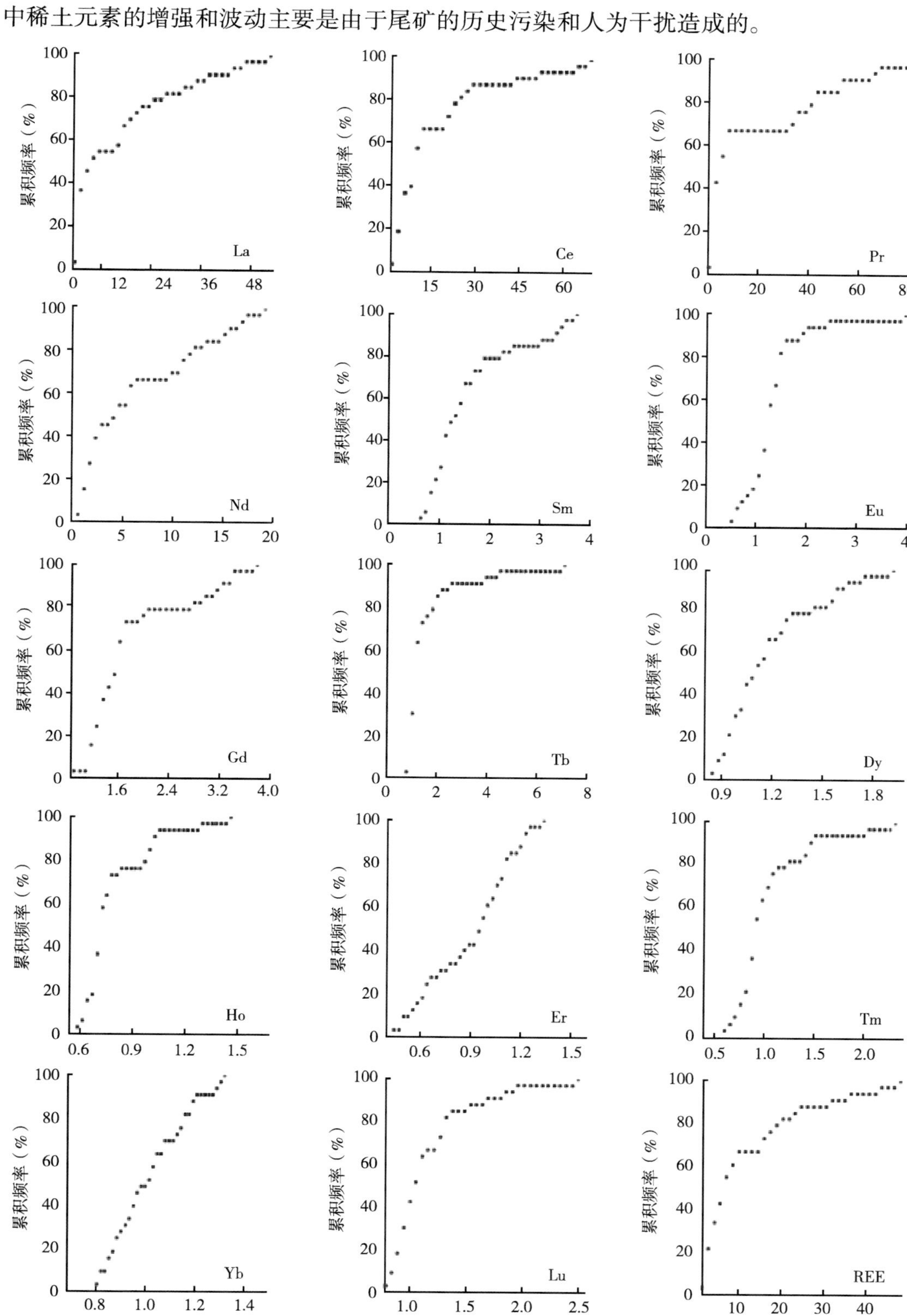

图6-8　土壤剖面中稀土元素EF的累积频率分布

为了消除Oddo-Harkins效应并表征土壤稀土元素特征，将单个稀土元素的浓度归一化为北美页岩复合材料（NASC）和后太古代澳大利亚页岩（PAAS）中稀土元素的估计平均组成，如图6-9所示。两种页岩归一化的土壤稀土元素分布模式基本一致，表明各页岩稀土元素地球化学分布的一致性。稀土元素谱图从左到右呈下降趋势，表现为轻稀土富集和重稀土亏损的特征。La_N/Yb_N比值量化了页岩归一化曲线的倾角。当La_N/Yb_N比值大于等于1时，LREE曲线向右倾斜，表明土壤轻稀土富集，重稀土含量低。La_N/Yb_N比值分别为6.80和4.59，表明稀土尾矿周围土壤样品属于受污染加剧的轻稀土土壤类型。一般来说，在磷矿和碳酸盐岩上发育的土壤中LREE含量较高，而玄武岩风化的土壤中HREE含量较高。归一化后LREEs/HREEs比值分别为5.01_{NASC}和3.75_{PAAS}，以La_N/Sm_N和Gd_N/Yb_N比值分别测定LREE和HREE的程度。LREE分馏度略高于HREE分馏度，La_N/Sm_N为2.08_{NASC}和1.67_{PAAS}，$(Gd/Yb)_N$为1.48_{PAAS}和1.30_{PAAS}。

Ce和Eu的亏损或富集通常发生在自然环境中，这可能与它们在不同氧化还原条件下的氧化状态和迁移率有关。两种氧化态的Ce都存在于土壤中，但在氧化还原条件下。Ce^{3+}更容易氧化为Ce^{4+}，氧逸度高，流动性差，导致Ce正异常（$\delta Ce>1$）。Eu在氧化岩浆中以三价形式（Eu^{3+}）不相容，但在还原性岩浆中以二价形式（Eu^{2+}）优先掺入斜长石中。这种离子交换亲过程是Eu负异常（$\delta Eu<1$）的基础，Ce的δCe值为1.04_{NASC}和1.07_{PAAS}，而δEu值为0.70_{NASC}和0.82_{PAAS}，表明母岩风化过程中存在Ce、Eu和其他稀土元素的分异。

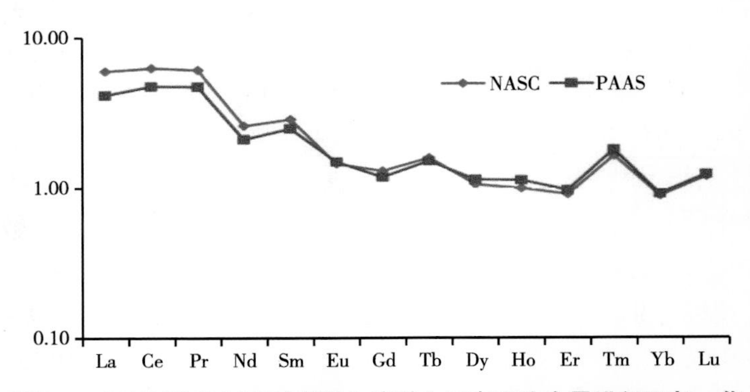

图6-9　NASC和PAAS对表层土壤稀土元素平均含量进行了归一化

稀土元素组成特征和分异模式不受风化、搬运、沉积和成岩作用的影响。同时，REE所携带的物源信息基本不变，可作为地球化学研究的物源指示物。利用各种地球化学参数的二元互相关图（图6-10），分析了不同来源稀土元素含量的自然变化对稀土元素含量的影响。本研究选取了黄河38个河流沉积物、包头市当地河流5个样品和白云鄂博矿床24个样品的稀土元素数据，分析了人为输入的稀土元素富集特征。结合文献的REE数据，总REE与LREE/HREE比值、Eu异常、Ce异常等REE分异特征的交线图如图6-9所示。稀土元素地球化学参数具有较大的变率范围。稀土尾矿周围表层土壤样品与河流沉积物和稀土矿物相比，LREE/HREE比值高，Eu负异常明显，Ce显著正异常，受稀土原始来源的影响，裸露的尾矿显著增强，其粉末在该地区强风作用下容易分散。结果表明，细粒级的稀土元素富集度可达37.41。也有报道认为，REE分异与粉尘粒度大小1之间存在正相关关系。这些结果证实了稀土元素分布特征反映了源区物质组成，但也受风化和成土作用的影响。

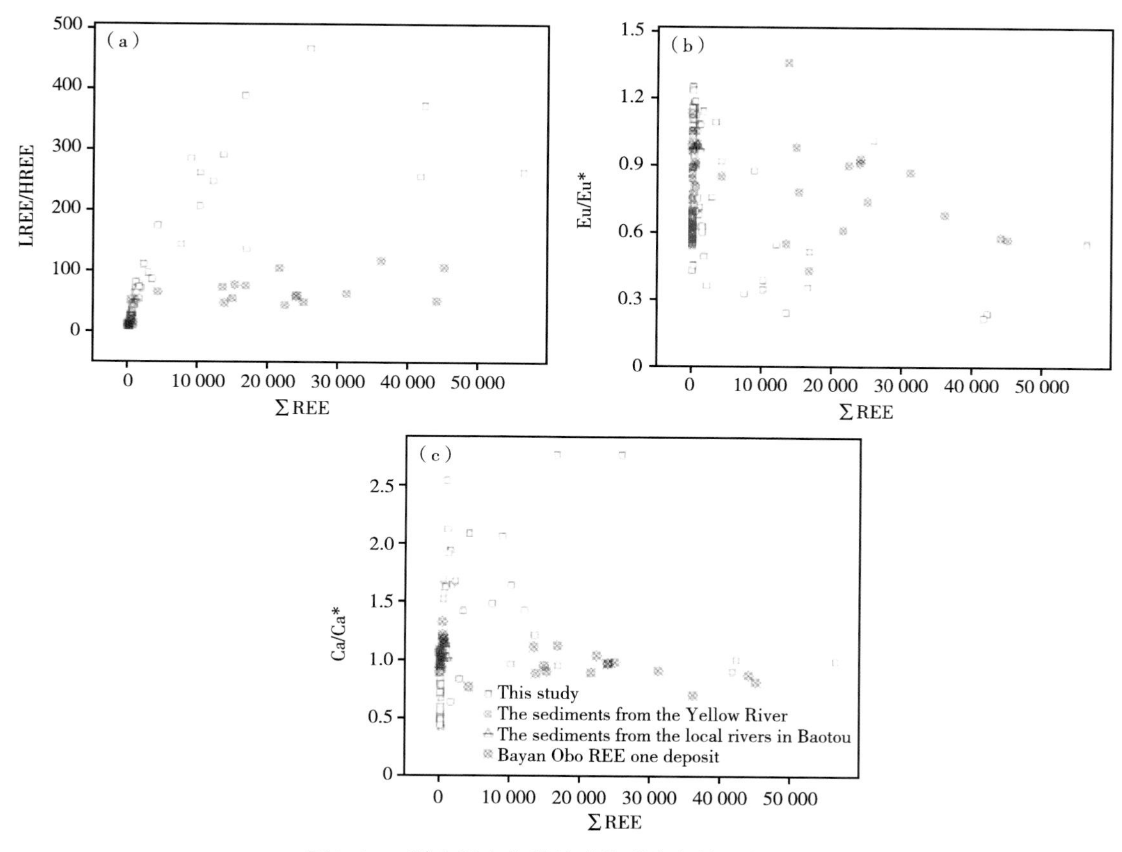

图6-10 稀土元素各种地球化学参数的互相关图

6.3 外源性稀土元素对不同类型土壤中磷的环境行为的影响

虽然稀土元素是生物体的非必需元素，但小面积试验和田间对比试验的结果证明，稀土元素对粮油作物、果树和蔬菜的生长有积极影响。有益的影响可能是由于这些元素能促进植物对养分的吸收或促进植物中叶绿素的合成。因此，几十年来，稀土元素在中国一直被用作低浓度肥料。20世纪70年代初以来，稀土元素在农业中的使用量一直在增加，每年达到数千吨，1998年在中国农田上的应用面积超过300万hm^2。

稀土元素的广泛使用导致了稀土元素在环境中的生物积累，长期应用稀土元素对环境的影响已成为关键问题之一。前人研究表明，稀土离子通过影响K、Ca、Mg、Fe等矿质元素的含量来调节植物的生长。近年来，人们对磷的吸附和解吸动力学进行了广泛的研究。然而，关于外源稀土元素对其的影响研究甚少。了解稀土元素如何影响土壤中生物参与地球化学元素的固定和释放非常重要。通过进一步了解外源稀土对土壤磷的吸附—解吸机制，可以更好地了解土壤中磷的潜在生物有效性和转化特征。

研究目的是通过批量实验研究稀土改良土壤样品中磷的吸附和解吸特性，并确定稀土对土壤中磷吸附和解吸的影响。此外，还探讨了不同土壤性质对磷在土壤中吸附和解吸行为的影响。

6.3.1 吸附特性

表6-9表明，在不存在稀土元素的情况下，土壤对磷的吸附随土壤溶液中磷浓度的增加而增加。当吸附实验中使用的溶液磷浓度低于20 mg/L、磷吸附量迅速增加；当添加到土壤中的磷溶液的磷浓度在30 mg/L和60 mg/L、磷吸附增加相对缓慢。吸附P的百分比（P吸附量与添加P量之比）随P浓度的增加而减少，如表6-10所示。当溶液中的磷浓度低于20 mg/L随着磷浓度的增加，吸附率迅速下降。当溶液P浓度在30 mg/L和60 mg/L、吸附率下降缓慢。研究中发现的结果与其他相关研究类似，这归因于固相的吸附（或缓冲）能力以及与溶液接触的停留时间。土壤对磷的吸附被视为一个多动力学过程，至少涉及一个初始快速吸附步骤，然后是一个缓慢的吸附阶段。磷的吸附过程可分为化学吸附和物理吸附。当添加的磷浓度相对较低时，化学吸附主导吸附过程。磷酸盐与土壤中的其他非晶态物质发生化学反应，如非晶态铁、铝和黏土颗粒中的碱性阳离子，导致吸附量迅速增加。大部分磷吸附在这短时间内完成。离子交换和配体交换可能是决定高吸附率的两种最主要机制。该过程通常被定义为快速吸附阶段。相比之下，随着磷浓度的增加，化学吸附逐渐达到饱和状态，平衡液中的磷具有物理化学吸附和与土壤的物理吸附，吸附速率较慢。这一过程被定义为缓慢吸附阶段。最初的快速反应的时间尺度为几分钟到几小时，而第二个缓慢反应的时间尺度为几天到几个月，甚至几年。

表6-9 实验中使用的土壤的选定特性

项目	褐土（淋溶土）	紫土（始成土）	黑土（软土）	黄土（干土）	红土（干土）
土壤粒径<0.002 mm（%）	22.84	21.34	28.53	19.34	40.27
土壤粒径<0.01 mm（%）	40.39	31.58	38.64	32.12	49.52
pH值	8.1	7.8	5.8	8.3	5.2
有机质（%）	1.95	0.87	3.69	0.49	5.24
总磷（mg/kg）	758.31	657.85	940.72	599.76	364.97
有效磷（mg/kg）	21.56	4.12	18.22	5.15	2.72
无定形铁（mg/kg）	1 012.87	973.18	1 522.36	732.43	1 322.86
无定形铝（mg/kg）	869.92	611.48	1 785.39	869.26	1 146.32
$CaCO_3$（mg/kg）	30.22	0.43	2.71	87.29	0.24
La（mg/kg）	36.14	38.17	37.11	40.87	21.62

（续表）

项目	褐土（淋溶土）	紫土（始成土）	黑土（软土）	黄土（干土）	红土（干土）
Ce（mg/kg）	74.61	64.89	61.23	62.38	58.11
Nd（mg/kg）	30.17	32.02	18.61	30.01	17.84
Sm（mg/kg）	5.89	6.22	3.52	5.96	3.27
Dy（mg/kg）	3.63	3.94	4.05	3.58	1.82
Yb（mg/kg）	2.33	2.39	2.62	2.49	1.34

表6-10　磷在不同类型土壤中的吸附率（吸附磷/添加磷）　　单位：%

土壤类型	添加到土壤中的磷溶液浓度（mg/L）	RE0	RE10	RE20	RE50	RE100
褐土	5	64.92	63.03	61.42	78.42	77.22
	10	58.60	51.49	49.16	65.13	69.31
	20	48.79	43.75	40.81	50.27	53.28
	30	45.06	39.29	36.28	41.00	41.85
	40	37.92	34.20	33.79	35.49	36.27
	50	33.36	31.02	30.46	32.40	32.73
	60	31.02	27.13	26.87	29.64	30.02
紫土	5	62.06	57.67	57.85	67.56	65.68
	10	45.78	43.98	43.75	57.85	55.03
	20	44.53	37.11	39.74	47.07	47.31
	30	39.38	30.11	31.62	32.87	36.11
	40	31.31	28.70	29.26	30.37	29.06
	50	27.90	27.11	28.30	27.22	26.97
	60	25.69	23.90	23.59	25.40	25.67
黑土	5	69.96	58.47	58.65	71.56	72.68
	10	59.56	51.98	50.15	65.85	61.03
	20	48.67	46.11	48.74	52.07	51.31
	30	47.59	43.44	44.95	45.00	46.91
	40	43.30	38.70	38.26	40.37	40.16
	50	42.78	32.71	31.50	35.46	34.97
	60	39.88	28.36	28.25	32.06	31.87

（续表）

土壤类型	添加到土壤中的磷溶液浓度（mg/L）	RE0	RE10	RE20	RE50	RE100
黄土	5	63.36	55.67	57.50	70.81	70.22
	10	51.86	45.27	47.67	55.74	57.15
	20	45.40	38.88	34.01	49.15	40.33
	30	36.86	30.19	29.42	32.18	33.56
	40	30.86	27.03	28.18	28.69	29.32
	50	28.55	27.13	28.17	27.34	28.08
	60	24.69	23.49	23.89	23.54	23.83
红土	5	73.62	68.08	69.40	75.52	74.53
	10	64.37	64.54	58.32	67.25	65.33
	20	54.93	51.91	48.17	56.19	57.04
	30	50.12	43.30	42.13	46.42	49.62
	40	50.22	40.26	43.25	44.19	46.23
	50	49.84	40.31	40.92	38.76	43.82
	60	47.22	35.05	34.21	32.44	35.07

当相同浓度的磷添加到土壤中时，5种土壤对磷的吸附量依次为：红土>黑土>褐土>紫土>黄土，差异有统计学意义（$P<0.05$）。它主要由土壤的物理和化学性质决定，如土壤的pH值、阳离子交换容量、阴离子和粒径。红壤具有可变电荷，黏土矿物主要为高岭石和水云母，其pH值趋于酸性。当pH值较低时，存在丰富的可变正电荷。从而提高了红壤对磷自由基的吸附能力。此外，红壤中含有大量的铁和铝氧化物，因此对磷的吸附能力趋于较强。相比之下，红土、褐土、紫土和黄土是具有恒定电荷的土壤，大多数表面带有负电荷，阻止土壤吸附磷自由基。在这些不同的土壤类型中，土壤含有更多的黏土和有机质，因此磷的吸附能力比其他类型的土壤更强。褐土的黏土矿物主要为伊利石和蒙脱石，对磷的吸附能力相对较弱。紫土的黏土矿物主要是2∶1的黏土矿物，如水云母，含有低有机质和非交换性酸。黄土黏土矿物以伊利石为主，对磷的吸附能力也相对较弱。

如图6-11所示，5种不同类型的具有外源性REE的土壤对P的整体吸附模式与对照处理（RE0）相似。然而，外源性REEs的浓度对土壤的P吸附有明显的影响。与对照处理相比，当溶液中P的浓度相同时，外源性REEs浓度较低的5种土壤（RE10，RE20）对磷的吸收量呈下降趋势。在不同的P浓度下，5种不同类型的土壤对P的吸附量的平均减少率为：红土19.64%，黑土11.38%，褐土11.28%，紫土12.23%，黄土11.96%。另一方面，与对照处理（RE0）相比，当土壤被更高浓度的REEs修正

（RE50、RE100）时，情况变得更加复杂。当P浓度低于20 mg/L时，这5种土壤对磷的吸收量增加。5种土壤的平均增加率为：红土14.49%，黑土4.03%，褐土13.57%，紫土6.09%，黄土10.04%。然而，当P浓度高于30 mg/L时，5种土壤对P的吸附量下降，平均减少率为红壤4.81%、赤土2.71%、肉桂土4.92%、紫土7.56%、黄土5.61%。这些结果表明，添加不同浓度的REEs对土壤吸附P的数量有影响。同时，对于不同的土壤类型和不同的初始磷浓度，这种影响也会不同。实验结果表明，土壤胶体表面的稀土离子和磷酸盐离子之间存在着竞争性吸附。当土壤被低浓度的REEs改良后，稀土离子与P竞争吸附点，导致土壤溶液中P的吸附量减少。随着离子浓度的增加，土壤胶体表面的吸附位点逐渐饱和，稀土离子与磷酸盐阴离子混合，在矿物表面形成内球体复合物，通过配体交换机制发生吸附。

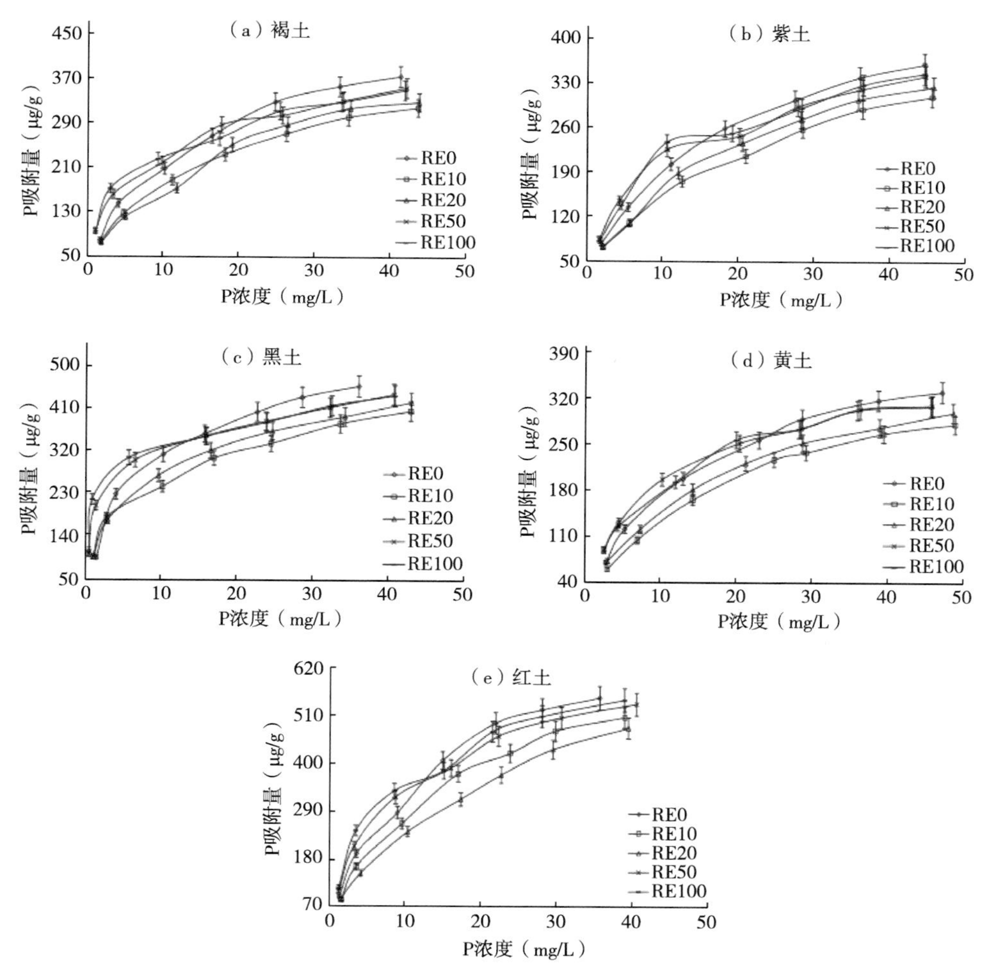

图6-11　稀土元素对不同类型土壤磷吸附的影响

6.3.2　吸附方程和参数

基于Langmuir方程，P吸附的理化参数如表6-11所示，5种类型的土壤（含或不含REE）的P吸附等温线与Langmuir方程拟合良好，相关系数达到极显著水平。因此，

Langmuir方程可以用来描述不同类型土壤的磷吸附特性，并计算出相关的吸附参数。

表6-11 不同类型土壤中磷酸盐吸附方程的参数

土壤类型	处理	吸附方程	R^2	X_m（μg/g）	b（μg/mL）	MBC（mL/g）
褐土	RE0	$y=0.002\,2x+0.0217$	0.989 8	459.14	0.101	46.17
	RE10	$y=0.002\,6x+0.0269$	0.986 5	381.24	0.098	39.47
	RE20	$y=0.002\,4x+0.0289$	0.969 8	417.54	0.083	34.59
	RE50	$y=0.002\,6x+0.0138$	0.973 3	384.91	0.188	72.45
	RE100	$y=0.002\,6x+0.0130$	0.979 3	378.21	0.203	76.78
紫土	RE0	$y=0.002\,2x+0.0267$	0.990 2	446.03	0.084	37.50
	RE10	$y=0.002\,6x+0.0345$	0.977 2	386.70	0.075	28.98
	RE20	$y=0.002\,4x+0.0329$	0.984 8	412.20	0.074	30.38
	RE50	$y=0.002\,6x+0.0197$	0.986 5	383.88	0.132	50.75
	RE100	$y=0.002\,5x+0.0207$	0.972 8	395.26	0.122	48.22
黑土	RE0	$y=0.001\,9x+0.0129$	0.995 5	538.21	0.144	77.26
	RE10	$y=0.002\,1x+0.0175$	0.993 8	471.03	0.121	57.21
	RE20	$y=0.002\,0x+0.0167$	0.995 7	495.28	0.121	59.86
	RE50	$y=0.002\,0x+0.0118$	0.983 9	489.72	0.173	84.51
	RE100	$y=0.002\,1x+0.0115$	0.984 3	486.14	0.180	87.28
黄土	RE0	$y=0.002\,4x+0.028\,8$	0.988 6	419.11	0.083	34.77
	RE10	$y=0.002\,7x+0.039\,8$	0.991 5	370.10	0.068	25.10
	RE20	$y=0.002\,7x+0.034\,9$	0.926 1	374.39	0.077	28.68
	RE50	$y=0.002\,8x+0.020\,1$	0.986 1	353.36	0.141	49.75
	RE100	$y=0.002\,8x+0.021\,0$	0.982 5	354.48	0.135	47.73
红土	RE0	$y=0.001\,3x+0.011\,9$	0.976 3	741.84	0.113	83.54
	RE10	$y=0.001\,5x+0.018\,4$	0.986 5	652.32	0.083	54.29
	RE20	$y=0.001\,6x+0.022\,0$	0.964 1	620.73	0.073	45.42
	RE50	$y=0.001\,6x+0.011\,9$	0.992 5	621.89	0.135	84.06
	RE100	$y=0.001\,6x+0.010\,9$	0.988 8	627.35	0.146	91.60

土壤对磷的最大吸附量（X_m）与土壤性质（如物理黏土含量）呈正相关。在不添加REEs的情况下，5种土壤的X_m依次为：红土>黑土>褐土>紫土>黄土，差异有统计学意义（$P<0.05$）。当有外源性的REE时，所有类型的土壤的X_m都下降了。浓度较高的外源性REEs（RE50、RE100）对X_m有明显影响。

吸附平衡常数b是土壤磷吸附亲和力的重要参数之一。b值越高，磷吸附趋势越强，自发反应程度越强，供磷强度越弱。表6-11表明，当用稀土元素修正土壤样品时，磷的吸附明显改变。这证明了稀土元素对土壤磷吸附的重要性。与对照样品（RE0）相比，当土壤样品用较低浓度的REE（RE10、RE20）修正时，吸附平衡常数b较低，P吸附降低。这表明稀土离子与磷竞争吸附位点，导致土壤溶液中磷的吸附减少。当用更高浓度的稀土元素（RE50、RE100）修正土壤样品时，吸附平衡常数b更高，P吸附增加。这可能是由于稀土离子与磷酸盐阴离子的高反应性所致。

土壤最大缓冲容量（$MBC = b \times X_m$）是一个综合参数，将磷吸附容量因子（X_m）与磷吸附强度因子（b）结合在一起。土壤MBC值越高，意味着当平衡液浓度趋于非常低（接近零）时，单位平衡浓度变化引起的磷吸附量越高。在没有外源稀土元素的情况下，根据MBC值，土壤样品的顺序为：红土>黑土>褐土>紫土>黄土。与对照样品（RE0）相比，用低浓度REE（RE10、RE20）改良的土壤MBC值较低，磷吸附降低，导致土壤中磷的生物有效性增加。另一方面，用较高浓度的REE（RE50、RE100）改良的土壤MBC值趋于更高，土壤中磷的固定作用增强。

6.3.3 解吸特性

土壤中磷的解吸过程与吸附过程相反。由于土壤中固定化磷的重复使用和一些环境问题，它比磷吸附更重要。研究结果表明，没有外源稀土元素的5种土壤的磷解吸量随着磷浓度的增加而增加，解吸速率也有增加的趋势。这可能是由于磷的吸附量随磷浓度的增加而降低。在较低的磷浓度下，磷的解吸率相对较低。当磷浓度高于30 mg/L、磷解吸率平均提高30%（表6-12）。这些结果表明，化学吸附结合的磷很难解吸，而物理吸附结合的磷很容易解吸。这与更大的化学吸附强度有关。不同类型土壤的解吸速率大小顺序为：黄土>紫土>褐土>黑土>红土。

外源稀土土壤的磷解吸模式与对照（RE0）相似。磷解吸速率随溶液中磷浓度的增加而增加，尤其是当磷浓度大于30 mg/L、以黄土为例，当磷浓度小于20 mg/L、低浓度稀土（RE10、RE20）改良土壤的平均解吸率分别为19.94%和20.08%。这些数值高于对照组（17.8%）。高浓度稀土（RE50、RE100）改良土壤的平均解吸率分别为22.47%和22.57%，也高于对照。当磷浓度大于30 mg/L、不同浓度稀土（RE10、RE20、RE50、RE100）改良土壤的解吸率分别为37.27%、38.13%、42.21%和43.01%。这些数值远大于对照组（28.67%）。这些结果表明，添加稀土元素可以促进缓慢物理吸附阶段的磷解吸。随着稀土离子浓度的增加，稀土离子和磷阴离子组成的络合物易溶解，磷的解吸增加。这一过程可能会影响土壤磷的活性和有效性，进而增加生物有效磷的数量。同时，从环境风险的角度来看，向土壤中添加稀土可能会增加磷流失的风险，从而导致地表水富营养化。

表6-12　稀土元素对不同类型土壤磷解吸速率的影响　　单位：%

土壤类型	添加到土壤中的P溶液浓度（mg/L）	RE0	RE10	RE20	RE50	RE100
褐土	5	11.79	13.21	13.30	14.88	14.95
	10	19.22	21.53	21.68	24.26	24.38
	20	20.10	22.51	22.67	25.36	25.48
	30	24.38	31.69	32.42	35.86	36.57
	40	25.28	32.87	33.63	37.19	37.93
	50	27.32	35.51	36.33	40.18	40.97
	60	29.72	38.63	39.52	43.71	44.58
紫土	5	11.89	13.32	13.41	14.99	15.07
	10	19.38	21.71	21.87	24.44	24.58
	20	20.27	22.70	22.86	25.56	25.70
	30	24.58	31.96	32.94	36.16	36.92
	40	25.50	33.15	34.16	37.51	38.10
	50	27.54	35.81	36.91	40.52	41.37
	60	29.97	38.95	40.15	44.08	45.01
黑土	5	11.56	12.94	13.04	14.57	14.65
	10	18.84	21.10	21.25	23.76	23.89
	20	19.70	22.06	22.22	24.84	24.58
	30	23.89	31.06	32.02	35.15	35.89
	40	24.78	32.22	33.21	36.46	37.22
	50	26.77	34.81	35.88	39.38	40.21
	60	29.13	37.86	39.03	42.85	43.75
黄土	5	12.32	13.80	11.90	15.55	15.62
	10	20.09	22.50	22.66	25.35	25.47
	20	21.00	23.52	23.69	26.50	26.63
	30	25.47	33.12	33.88	37.50	38.21

（续表）

土壤类型	添加到土壤中的P溶液浓度（mg/L）	RE0	RE10	RE20	RE50	RE100
黄土	40	26.42	34.35	35.14	38.89	39.63
	50	28.54	37.11	37.96	42.02	42.81
	60	31.05	40.37	41.30	45.71	46.58
红土	5	10.19	11.42	11.50	12.86	12.90
	10	18.27	20.47	20.61	23.06	23.13
	20	19.03	21.31	21.46	24.01	24.09
	30	22.42	29.15	30.04	32.98	33.63
	40	22.03	28.64	29.52	32.41	33.05
	50	23.96	31.15	32.10	35.24	35.94
	60	24.86	32.32	33.31	36.57	37.29

7　稀土矿区对水环境的影响

7.1　湖泊沉积物中稀土元素地球化学特征

稀土元素是一组具有独特和相似化学性质的金属元素的凝聚体，包括镧（La）、铈（Ce）、镝（Dy）、铒（Er）、铕（Eu）、钆（Gd）、钬（Ho）、镥（Lu）、钕（Nd）、镨（Pr）、钷（Pm）、钐（Sm）、钪（Sc）、铽（Tb）、铥（Tm）、镱（Yb）和钇（Y）（Ding et al.，2006）。轻稀土元素（LREE，包括La、Ce、Pr、Nd、Sm、Eu）和重稀土元素（HREE，包括Gd、Tb、Dy、Ho、Er、Tm、Yb、Lu）。稀土离子具有高度的电正性，主要以三价氧化态（Ln＋）存在。例外情况包括Ce和Eu，它们在某些环境条件下以四价和二价氧化态都是稳定的（Wang et al.，2016）。在自然系统中，由于价壳构型相同，稀土共聚并具有相似的化学性质。稀土元素的半径随着原子序数的增加而减小，这是由于镧系元素的收缩。这产生了不同的分馏模式，可能是地球化学过程中发现的不同相的结果。因此，在风化、沉积和成岩作用等地质作用过程中，稀土元素组成不会发生变化。因此，稀土元素被用作地球化学示迹剂，用于研究地壳演化、土壤侵蚀和聚集、沉积物来源和演化、地下水运移和海水循环中发生的岩石圈与水圈环境过程等。

湖泊和河口沉积物是多种污染物的汇合处，可用于研究自然和人为元素输入的时空变化（Ding et al.，2018）。近年来，研究集中在水生系统和河口沉积物中发现的潜在有害金属的丰度、生物积累和生态风险评估（Ding et al.，2015）。虽然泥沙污染物的环境命运和运输受到沉积物化学和物理特征等内部因素的影响，但它们也受到自然和人为干扰的影响（Liang et al.，2017）。未受扰动的沉积物中稀土元素的分布和分馏模式已经得到了很好的表征，然而，河流连通湖泊沉积物中稀土元素的来源和循环尚不清楚，这些湖泊的水文条件在干湿季节变化很大。因此，在人为源稀土输入增加的河流—湖泊系统中，了解沉积物稀土地球化学具有特别重要的意义。

鄱阳湖位于长江中下游，是中国最大的淡水湖。它具有多种重要的生态功能，包括洪水缓解、湿地生物多样性保护和气候调节。鄱阳湖是我国为数不多的通江湖泊之一，主要从上游支流取水。它还与长江有直接的交流和相互作用，这意味着湖泊水位和整体水域面积具有高度的变化和季节依赖性。湖泊—河流相互作用引起的水文和水动力条件的快速变化，以及频繁的水流和泥沙通量交换，导致湖泊沉积物的地球化学组成复杂（Sun et al.，2016）。近年来，鄱阳湖流域环境恶化加速，矿业和冶炼活动以及农业面源污染加剧了环境恶化（Yi et al.，2011）。本书研究了鄱阳湖沉积物丰度及其伴随的地球化学性质，以更好地识别沉积物物源。鉴于其复杂的生态系统是由强大的河流—湖泊相互作用造成的，这一点尤为重要。研究结果将为研究稀土元素地球化学组成和沉积物来源提供有用的数据。更重要的是，它们将为更好地理解与激烈的人类活动有关的环境退化提供坚实的基础。

长江是亚洲水量最大、流域面积最大的河流。长江流域中下游1 km^2以上的湖泊有600多个，总面积为18 400 km^2。其中，鄱阳湖是中国最大的淡水湖，最大淹没面积超过3 000 km^2（Yang et al.，2016）。鄱阳湖的水沙主要来自五大支流赣江、抚河、新疆、饶河和秀水，然后在壶口水道向北流入长江。其中，赣江是鄱阳湖流域最大的一条河流，干流长度为750 km。提供了鄱阳湖约55%的水量和沙量（Yuan et al.，2011）。鄱阳湖与长江的水沙交换随季节变化较大，3—9月的雨季最为集中。鄱阳湖向长江输出的年输沙量约为10 Mt，返回鄱阳湖的泥沙量约为1 Mt。

汛期共采集鄱阳湖表层沉积物样品27个。使用Van Veen Grab取样器在0 ~ 10 cm的深度采集表面样本。这些地点的选择是为了代表河流的入口、出口和湖泊的主要区域，并根据不同的水动力模式制作。为了研究稀土元素的垂直分布，我们使用不锈钢采样器和有机玻璃管收集了6个完整的沉积物岩心样品（C1 ~ C6，内径11 cm，高50 cm），选取鄱阳湖区域。每个沉积物岩芯的顶部20 cm被切成1 cm厚的薄片。所有样品采集后均保存在便携式冰箱中，并立即运至实验室，冷冻干燥、研磨，通过100目筛进行后续的稀土元素分析。测量前，这些样品在实验室中保存在4℃。

采用经典消化法对沉积物样品进行稀土元素分析。简单地说，将约0.5 g经过筛选的沉淀物样品放入特氟龙消化容器中，向样品中加入酸性混合物（5 mL HNO_3，8 mL HF和1 mL $HClO_4$）。将样品放在热板上，在100 ~ 180℃下缓慢加热3 ~ 4 h，然后在220℃下加热，直至固体残渣消失，样品完全消化。将残留物溶于2 mL HNO_3中，用去离子水稀释至终体积50 mL。采用电感耦合等离子体质谱（ICP-MS，ELAN DRC-e，Perkin Elmer SCIEX）分析得到的稀土元素浓度，检测限为1 μg/g。为消除等压干扰，ICP-MS测定了139La、140Ce、141Pr、144Nd、147Sm、153Eu、157Gd、159Tb、163Dy、165Ho、166Er、169Tm、174Yb、175Lu等稀土元素同位素。为了提供可靠的数据，从现场到最终的实验室分析，在研究的所有阶段都实施了质量保证和质量控制程序。采用地球化学标准物质（GSS-8）、空白样品和重复样品，确保结果的准确性。根据相对标准偏差计算分析精度，范围为3.2% ~ 5.1%。

利用ArcGIS 10.5地质统计工具箱，利用反距离加权（*IDW*）法实现了鄱阳湖表层沉积物中稀土元素空间分布的可视化。利用*IDW*插值方法将接近每个处理单元的实测数据取平均值，计算未知单元值。幂次为2，*IDW*插值邻接样本数为27。采用单因素方差分析（one-way ANOVA）检验，以$P<0.05$为显著性。所有统计分析均在R（版本3.4.0）中完成。使用R中的Qgraph（版本3.4.1）计算网络，以显示所有测试的稀土元素与其不同分数参数之间的相关性。Qgraph通过网络显示统计信息，不需要进行数据缩减。

表7-1列出了沉积物中所有稀土元素浓度的描述性统计数据。鄱阳湖沉积物中稀土元素总量（REE）含量在145.1 ~ 351.1 μg/g，平均浓度为254.0 μg/g。大陆地壳中稀土元素的相对丰度可以用来研究不同地球化学过程中稀土元素的组成和化学分异。这一平

均浓度大大高于大陆上地壳平均浓度（146.4 μg/g）、长江沉积物（186.6 μg/g）和黄河沉积物（147 μg/g）（Yang et al.，2002）。此外，稀土元素丰度变化相对较小，对应的变异系数（*CV*）值较低。REE *CV*值在15.1%～25.4%，表明湖泊中单个稀土元素的空间分布较为均匀。

表7-1　鄱阳湖沉积物中稀土元素含量（μg/g）汇总统计（*n*＝147）

指标	轻稀土（LREE）						重稀土（HREE）								∑REE	LREE/HREE
	La	Ce	Pr	Nd	Sm	Eu	Gd	Tb	Dy	Ho	Er	Tm	Yb	Lu		
Mean	60.9	101.6	12.7	45.4	9.4	1.4	7.8	1	5.5	1.3	3	0.6	3.2	0.5	254	11.9
Min	27.6	45.7	3.7	24.4	5	0.6	2.8	0.5	2.3	0.5	1.1	0.2	1.1	0.2	145.1	7.5
Max	101.3	172.0	19.8	70.5	14.8	1.9	14.1	1.4	9.6	2.6	4.2	0.8	6.1	0.8	351.1	39.3
SD	12.4	22.3	2.5	7.7	1.7	0.3	1.7	0.2	1	0.3	0.6	0.1	0.8	0.1	42.7	5.9
CV（%）	20.3	22	19.9	17	18.3	20.5	21.3	15.1	18.5	23.4	19.9	24.7	24.6	25.4	16.8	
长江	39.5	78.7	8.9	33.6	6.4	1.3	6	0.8	4.7	0.9	2.7	0.4	2.5	0.4	186.6	9.2
黄河	31	61.8	7.2	26.9	5	1	4.9	0.7	3.9	0.7	2.3	0.3	2.2	0.3	148	8.7

小提琴曲线图提供了不同REE组分分布和分布模式的可视化概述（图7-1）。小提琴图是箱线图和对称核密度图的组合，显示数据在不同值的概率密度。小提琴图的宽度代表相应的REE浓度分布的概率密度：小提琴图越宽，与该值相关的样本越多。轻稀土/重稀土比值可以反映鄱阳湖沉积物中稀土元素的分馏。沉积物中轻稀土元素明显高于重稀土元素。LREE/HREE比值为7.54～39.32，平均值为11.89。这种LREE富集模式与黄河（LREE/HREE＝8.7），和长江（LREE/HREE＝9.2）大陆地壳中发现的典型模式（LREH/REE＝9.7）相一致。上述结果表明，鄱阳湖沉积物稀土元素组成更容易受到陆源碎屑输入的影响，尤其是富集LREE的碎屑输入。

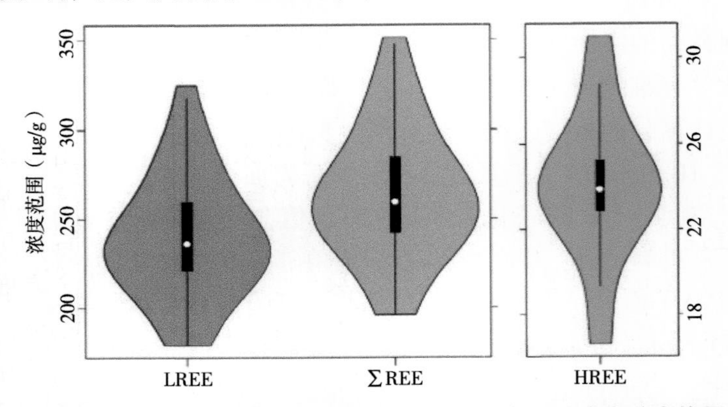

图7-1　小提琴图比较不同稀土元素组分的中位数、分布和分布格局

注：细线说明了没有异常值的数据集范围，中间值由白点表示，四分位范围由矩形的长度表示，数据的分布由密度轨迹表示。

鄱阳湖表层沉积物∑REE地质统计预测如图7-2所示。∑REE随位置变化较小，*CV*值为14.1%。利用IDW预测图，在鄱阳湖不同区域均出现了较高或较低稀土浓度的斑块（红色代表较高浓度，蓝色代表较低浓度）。鄱阳湖东部P18、P19、P22位点和湖心P17位点的∑REE值较高；这种浓度格局可能与鄱阳湖上游支流的水沙输入有关。这5个上游子盆地以大型中生代花岗岩为主，稀土元素含量高。河水介导的基岩侵蚀导致风化物质从集水区排入河流。此外，离子吸附型稀土开采采用的常规池浸和/或堆浸技术导致稀土释放到水生环境中。据报道，江西省南部一个稀土矿区的水样中，稀土元素浓度达到了相当高的水平，达到13 046 μg/g。结果表明，鄱阳湖自然源和人为源排放的稀土元素含量都有所升高。这导致稀土元素沉积富集。与其他采样点相比，P6和P10位点的REEs值相对较低。此外，REEs值在河流入湖处不明显高。这可能是河流的稀释效应加上湖泊流向的变化的结果。这种影响在雨季可能特别明显。同样，也有报道称，在大型河流连通湖泊中，湖水和沉积物容易受到风驱动水循环的水扰动。

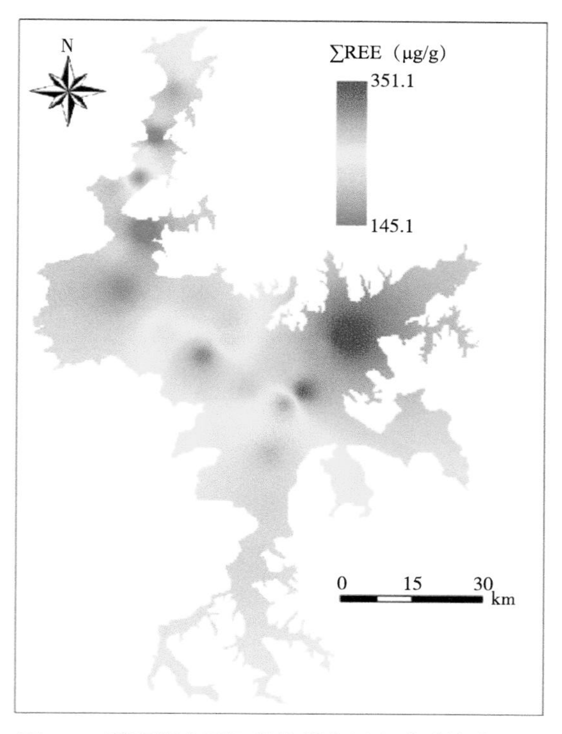

图7-2　鄱阳湖表层沉积物稀土元素地质统计预测

如图7-3所示，沉积物岩心中PREE的垂直分布随位置的不同而不同。沉积物C1和C3的PREE值随深度的增加而减小，但有少量不规则变化。C2沉积物芯中稀土元素分布除5 ~ 6 cm剖面呈下降趋势外，总体上随深度增加而增加；这些遗址位于鄱阳湖尾部，湖区本身成为一个较窄、较深的河道。沉积物与上覆水体交换频繁，稀土元素运移和混合作用增强。这导致了更复杂的水文扰动。此外，这些位点的稀土元素垂直分布还受陆源输入和各种人类活动的影响。鄱阳湖中部和南部相对平坦和宽阔区域（C4、C5和C6）的沉积物核心PREE值略有下降，直到约6 cm。在这个深度之后，它们在更深的深度显示出较小的波动。总体而言，这些沉积物岩心的PREE值沿整个岩心呈现微弱的下降趋势。沉积物中稀土元素的垂直分布和变化也受生物扰动和生物灌溉、孔隙水平流和沉积物氧化还原条件的影响。

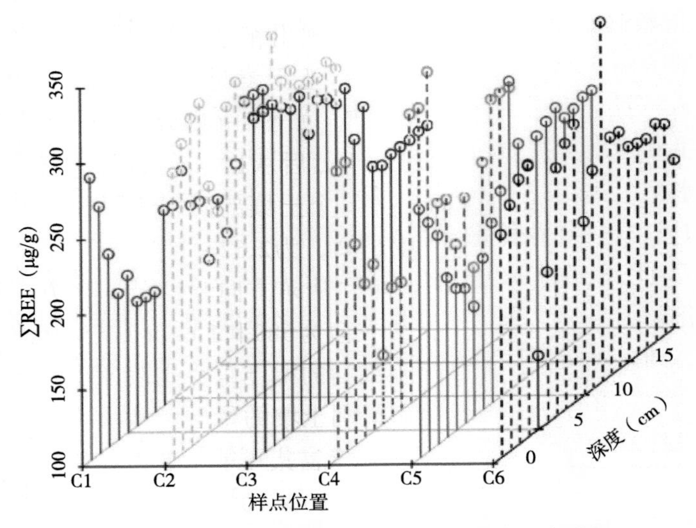

图7-3　鄱阳湖沉积物岩心中稀土元素的分布特征

通过网络分析评估了稀土元素共产模式，以表示表层沉积物稀土元素（图7-4a）和沉积物岩心（图7-4b）之间相关性的可视化。在图中，很明显没有指明方向。节点表示网络的基本单位，即稀土元素和参数。连接相互作用的节点的每条边都表示使用线粗细的变量之间关系的强度。这个厚度是基于每个变量之间的相关关系。如图7-4所示，将P值设为0.05。为了保持图的简洁，图7-4中没有显示所有节点间Pearson相关系数（r）小于0.65的情况。

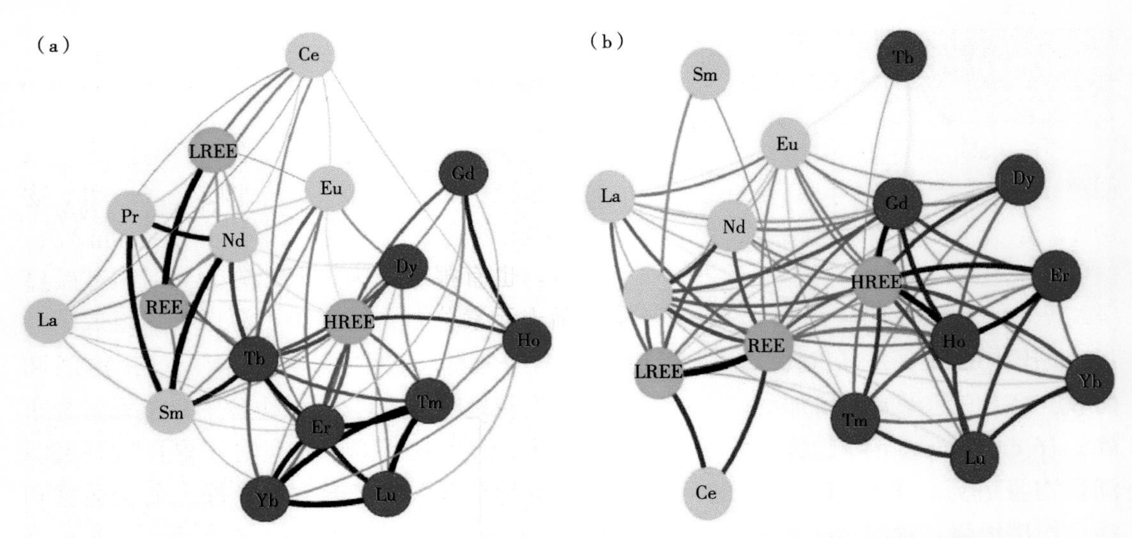

图7-4　基于相关性分析表层沉积物（a）和沉积物岩心（b）的REE共生网络

注：节点标签表示不同分数着色的稀土元素。连接表示强（斯皮尔曼$P>0.6$）和显著（$P<0.01$）相关。两个节点之间的边缘厚度与其特定的斯皮尔曼系数成正比。

如图7-4所示，表层和岩心沉积物中LREEs和REEs呈显著的相关性。这一发现再次证实了沉积物中LREE的富集。轻稀土元素（La、Nd，$r = 0.691$）与重稀土元素（Tm、Yb，$r = 0.814$；Tm和Lu，$r = 0.875$；Yb和Lu，$r = 0.897$）显示为黑体线（图7-4a）。Ce与LREE的相关性为0.85，与La、Pr、Nd、Sm和Eu呈显著正相关（分别为0.549、0.634、0.617、0.554和0.539）。Ho元素与重稀土元素的相关系数为0.958，其余元素（Gd、Tb、Dy、Er、Tm、Yb和Lu）与重稀土元素的相关系数最大，分别为0.956、0.659、0.879、0.923、0.883、0.852和0.864）。在岩心沉积物中，Ce与LREE、Ho与HREE的相关性分别为0.90和0.96。如图7-4b所示，HREE之间也有很强的相关性（Gd和Ho，$r = 0.903$；Er和Ho，$r = 0.939$）、Ce和LREE（$r = 0.902$）。这些结果表明，地球化学过程中，稀土元素在不同的环境介质中经常呈正相关并共存。

采用后太古代澳大利亚页岩（PAAS）归一化方法评价湖泊沉积物稀土元素分馏模式。这种标准化可以消除奥多-哈金斯规则的“偶奇”效应，并为确定目标沉积物的来源提供有价值的信息。稀土元素地球化学参数能反映其富集程度和来源特征。PAAS归一化REE模式明显表现为HREE衰竭模式，平均比值为$(La/Yb)_N$（下标N表示PAAS归一化值）。鄱阳湖沉积物的平均比值约为1.52。$(La/Sm)_N$和$(Gd/Yb)_N$分别用于测定轻稀土和重稀土分馏程度。重稀土分馏度平均$(Gd/Yb)_N$为1.55，高于轻稀土分馏度平均$(La/Sm)_N$为0.96（表7-2，图7-5）。

表7-2　PAAS归一化的沉积物稀土元素异常及其分馏特征

	La_N/Yb_N	La_N/Sm_N	La_N/Gd_N	Gd_N/Yb_N	δEu	δCe
平均值	1.52	0.96	0.96	1.55	0.75	0.85
最小值	0.65	0.36	0.66	0.72	0.4	0.47
最大值	3.4	1.57	1.43	3.87	1.44	1.24
标准差	0.45	0.18	0.14	0.36	0.12	0.14

稀土元素分馏比可作为沉积物来源的标志。选取的稀土沉积物分馏参数的二元图用于区分自然稀土源和人为稀土源，包括影响稀土水平的过程（如稀土开采和矿物加工）。结合文献的REE数据，将总REE与REE分异特征$(Gd/Yb)_N$、$(La/Sm)_N$、LREE/HREE比值、Eu异常和Ce异常的相互关系如图7-5所示。地球化学判别图可以提供物源组成的重要信息。

如图7-5所示，不同来源的样品分布在不同的领域，进一步证实了不同来源区域的多样性。所选比值的二元图进一步区分了鄱阳湖与长江和黄河的沉积物样品。这些沉积物的REE分异模式反映了沉积物来源，但也受河流沉积物混合输入的影响。表层沉积物中稀土元素附加分馏比$(La/Gd)_N$平均为0.89，证实了上述结果。在受酸性矿井水影响的河口环境中，$(La/Gd)_N$比值通常被用来识别水和沙的混合过程，该比值小于1。铕（Eu）和铈（Ce）异常是反映烃源岩风化和沉积环境还原—氧化条件的两个重要稀土元素参。根据公式$\delta Eu = Eu_N/(Sm_N \times Gd_N)^{1/2}$和$\delta Ce = Ce_N/(LaN \times Pr_N)^{1/2}$

计算δEu和δCe。表层沉积物存在明显的Ce、Eu负异常或正异常。δCe值在0.47～1.24，平均值为0.85；δEu值在0.40～1.44，平均值为0.75。大部分沉积物样品的Eu和Ce呈弱负异常，表明Ce、Eu和其他稀土元素存在差异。

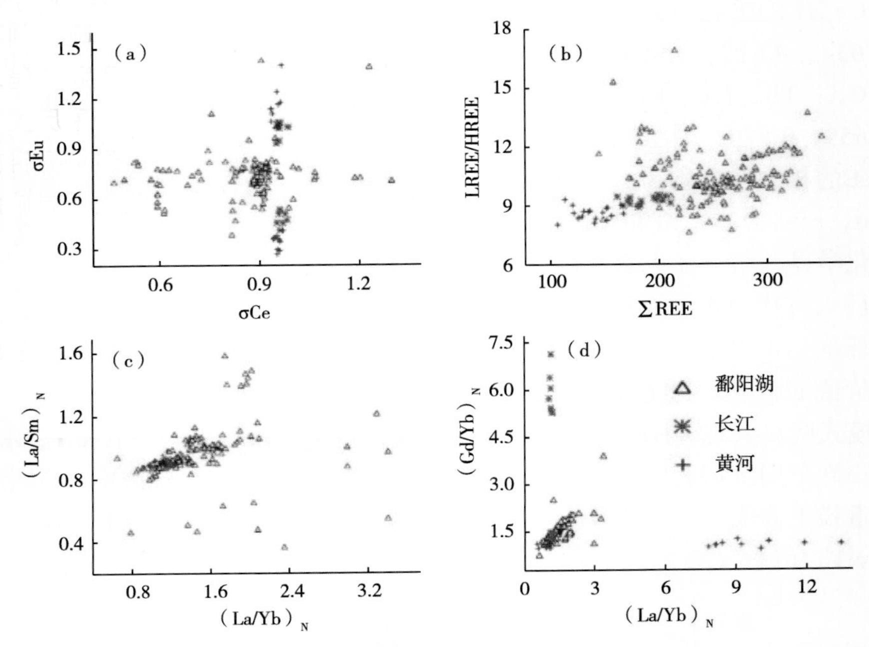

图7-5　选定沉积物稀土分馏的二元图

对鄱阳湖表层沉积物和沉积物岩心样品进行了稀土元素空间分布分析。利用同产网和地质统计学方法，系统分析了稀土元素分馏和同产模式。结果表明，鄱阳湖沉积物中稀土元素含量明显高于长江和黄河。这是人类活动的结果，包括鄱阳湖上游支流的离子吸收稀土开采活动。此外，鄱阳湖与长江之间频繁的水沙交换也会影响鄱阳湖沉积物中稀土元素的分布和分馏。地理统计分析结果表明，在整个湖泊的沉积物中可以观察到空间分布的稀土元素元素。鄱阳湖东部和中部的稀土元素含量较高，这可能与鄱阳湖等大型河流连网湖泊的河湖相互作用和风驱动水循环共同作用对沉积物的贡献有关。PAAS归一化方法结果证实，稀土元素分馏特征反映了沉积物质的富集程度和来源。

7.2　湖泊沉积物中稀土元素的来源

沉积物往往是水生环境中许多物质的蓄水池，特别是在从上游支流接收水和沉积物的河流连接湖泊中（Zahra et al.，2014）。由于近年来，沉积物地球化学的许多方面都成了广泛研究的主题（Chen et al.，2018）。泥沙结合污染物可能来自大气沉积、岩石风化和土壤侵蚀等自然过程，以及工业和农业活动等人为来源（Oyewumi et al.，2017）。沉积物污染日益被认为是湖泊生态系统中污染反复出现的中间来源，在湖泊生态系统中，污染物的分配和再迁移受到不断变化的水文以及水动力和环境条件（如氧化还原电位、pH值、盐度和温度）的高度控制（Jin et al.，2019）。沉积物的地球化学组成是分析污染物来源的一个潜在的有力工具，经常可以反映污染物来源相关的过程，在贡献区域的不同位置（Duo et al.，2017）。关于沉积物的信息地球化学对于了解湖泊系统中污染物的空间分布、来源和运移途径具有重要意义。

稀土元素（REEs）是元素周周表中有组织的金属元素集合（原子序数：57～71），具有许多类似的化学性质，按原子序数可进一步细分为轻稀土元素（lREEs，其中包括La至Eu）和重稀土元素（HREEs，包括Gd至Lu）（Gwenzi et al.，2018）。稀土元素相对稳定，在自然发生的物理和化学过程中保持不动，可作为示踪物质来源和表征各种体系地球化学演化过程的重要标志。由于这些特征，稀土元素在湖泊沉积物中的分布、地球化学特征和分馏模式对于理解湖泊沉积物中稀土元素的积累机制，从而确定污染源及其定量贡献至关重要。稀土元素还可以作为确定各种人为因素影响的重要工具，特别是那些受外源性人类活动影响的影响，改变了沉积物的地球化学特征。根据公式：Gd异常 = $Gd_N/(0.33Eu_N + 0.67Tb_N)$，计算出的Gd已被广泛用作评价人为源的重要示踪剂，通常与包含Gd的临床和诊断医学影像联系在一起。沉积物中稀土元素（REEs）富集作为硫化物开采污染和磷石膏废弃物污染的另一人为源示踪。

洞庭湖是中国第二大淡水湖，具有丰富的地质特征，支持湿地生物多样性，缓解洪水影响，调节气候。流域支流向洞庭湖注入水和泥沙，形成了极其复杂的生态系统（Yuan et al.，2015）。这个生态系统也是脆弱的，大型大坝工程的建立直接改变了洞庭湖底部的水文过程、输沙过程，甚至地质地貌。2003年三峡大坝蓄水后，据报道洞庭湖由局部泥沙汇转变为长江泥沙源。近年来，对环境有害的人类活动，如采矿和使用化肥，已经严重恶化洞庭湖生境。在此研究了洞庭湖沉积物中稀土元素的地球化学特征，测定了其各自的浓度和空间分布。然后，这些特征被用来量化和确定大型河流连接湖泊沉积物中REEs的主要来源，由于其与河流系统的复杂相互作用。本研究提出的结果可能有助于更好地理解由于人为或自然干扰而导致的泥沙结合污染物的运输过程和随后的再分布。此外，正矩阵分解（PMF）模型是一种成熟的受体模型，广泛应用于颗粒物（PM）和沉积物的来源分析。有没有很重要沉积物溯源方法，判别函数（DF）和物源指数（PI）主要根据估算采样点的沉积物与物源的相似程度来判别物源。因此，强调了稀土元素示踪方法在沉积物输移过程中的广泛适用性，以及在源解析分析中的广泛应用潜力。

洞庭湖是中国第二大淡水湖，位于东经111°40′～113°10′，北纬28°38′～29°45′，从长江中游一直延伸到下游。洞庭湖的水位在不同的季节波动很大，根据季节变化而变化，雨季湖泊面积扩大到2 691 km^2，而旱季湖泊面积缩小到709.9 km^2。据估计，太湖水量约167亿m^3，年平均流出水量近3 000亿m^3（Wang et al.，2018）。由于地质演化和广泛的沉积作用，洞庭湖被划分为3个主要区域，每个区域因其相对位置而命名（东、南、西）。洞庭湖的水和沙主要来自其南部的湘江、紫水、沅江和丽水（这些河流统称为四江），而北部地区的水和沙来自与长江相关的支流。洞庭湖通过分流河道与长江直接相连，在汛期通常是防洪和截留泥沙的主要流域。据估算，洞庭湖年径流量41.4%来自长江，其余比例主要来自四江。三峡大坝开闸后，洞庭湖的淤积速率急剧下降，淤积由2002年以前的淤积转变为2002年以后的侵蚀。

洞庭湖流域以第四系河流相湖泊沉积岩（以灰岩为主）和变质岩为主。洞庭湖流域大部分地区属于温和的热带季风气候，年平均湿度为80%，平均降水量和蒸发量分别为1 200 ~ 1 400 mm和1 270 mm。虽然年平均温度为16.8℃，但夏季温度有时会超过40℃。雨季从洞庭湖采集了140个沉积物样品。使用Van Veen Grab采样器在0 ~ 10 cm的深度采集20个表层沉积物样品（标记Dn，n = 1，2，3…20），其中10个实验样品来自洞庭湖东部（标记D1至D10），4个来自洞庭湖南部（标记D11至D14），6个来自洞庭湖西部（标记D15至D20）。为了分析沉积物中稀土元素的垂直分布规律，采用西洞庭湖重力不锈钢取样器采集了6个沉积物岩心（标记为C1至C6），每个岩心的顶部20 cm从表面到底部切成1 cm厚的切片。采集过程结束后，表面沉积物和岩心样本都被储存在便携式冰箱中，立即带回实验室进行进一步分析。

在实验室，沉积物样品经过冷冻干燥，然后通过100目筛，以便在分析前去除大卵石。筛分后，每个沉淀样品0.5 g用含5 mL HNO_3、8 mL HF和1 mL $HClO_4$的酸混合物在特氟龙消化容器中消化。将消化后的沉积物样品稀释至50 mL，采用电感耦合等离子体质谱（ICP-MS，EIAN DRC-e，Perkin Elmer SCIEX）测定稀土元素含量，检出限为1 ng/L。采用重复测量、空白样品和标准参考物质（GSS-8）为稀土元素数据提供足够的质量保证和质量控制水平。为控制仪器漂移，每隔5个样品测量一次校准标准溶液。重复分析的相对标准偏差在3.4% ~ 5.3%。

利用ArcGIS10.3软件分别绘制了用于洞庭湖沉积物REEs和PI空间分布可视化的IDW和Kriging插值图。IDW函数使用线性加权的样本点组合集来确定单元值，而Kriging方法将函数拟合到指定数量的点（或指定半径内的所有点），以确定每个位置的输出值，这是地球化学中一个强大的统计插值方法。主要河流、地质和采样地点的集水区图也由ArcGIS软件创建。使用R3.4.1软件中的相关图函数绘制相关图，用R软件中的“vioplot”软件包来反映沉积物中存在的REEs与小提琴图之间的相关性。

地球化学参数通常能反映地球化学过程中稀土元素的分馏程度，提供物源组成的重要信息。为了根据Oddo-Harkins规则减少稀土元素的曲折分布，测量的稀土元素使用北美页岩复合材料（NASC）的值进行归一化，下标N表示NASC归一化值。LREE/HREE参数和La_N/Yb_N参数常用来确定轻稀土和重稀土的分馏程度，而La_N/Sm_N参数和Gd_N/Yb_N参数分别用于确定轻稀土和重稀土的分馏程度。参数Eu/Eu*代表Eu异常特征，计算公式如下。

$$Eu/Eu^* = Eu_N/(Sm_N \times Gd_N)^{1/2}$$

同样，Ce/Ce*表示Ce异常特征，计算公式如下。

$$Ce/Ce^* = Ce_N/(La_N \times PI_N)^{1/2}$$

低于1.0的值表明Eu或Ce为负异常，高于1.0的值表明Eu和Ce为正异常。Eu异常一般归因于基岩源，Ce异常则与沉积环境有关。Ce异常一直是氧化还原状态的重要标志。因此，本文选取上述REEs地球化学参数作为DF和PI计算的指标。

PMF模型是美国环境保护署（USEPA）发布的源分辨率模型。PMF模型使用的数据由EPA PMF5.0获得。将矩阵（X_{ij}）分解为源贡献矩阵（g_{ik}）、污染源组成谱矩阵（f_{kj}）和残留矩阵（e_{ij}）。计算公式如下。

$$X_{ij}=\sum_{k=1}^{p}g\cdot f_{kj}+e_{ij} \tag{7.1}$$

式中，X_j表示样本i中的浓度分量j，g_{ik}表示源k对样本i的贡献，f_{kj}表示排放源k中j分量的含量。PMF模型主要计算基于不确定度uij的目标函数Q的最小值，m和n分别为样本数量和物种数量。另外：$g_{jk}\geqslant 0$、$f_{kj}\geqslant 0$、$u_{ij}>0$，计算公式如下。

$$Q=\sum_{i=1}^{m}\sum_{j=1}^{n}\left[\frac{X_{ij}-\sum_{k=1}^{p}g_{ik}f_{kj}}{u_{ij}}\right]^2 \tag{7.2}$$

PMF模型的不确定度（u）计算公式如下（USEPA，2014）。

$$U_{ij}=\sqrt{(EF\times \mathrm{c})^2+(0.5+MDL)^2}\quad (\mathrm{c}>\mathrm{MDL}) \tag{7.3}$$

$$U_{ij}=5/6\times \mathrm{MDL}\quad (\mathrm{c}<\mathrm{MDL}) \tag{7.4}$$

式中，c为浓度数据，EF为错误分数。EF值主要考虑仪器测量精度（0.8%～6.1%），MDL（方法检出限）为仪器的检出限。

在确定洞庭湖收集的各种表层沉积物来源时，DF值的计算公式如下。

$$DF=|C_{ix}/C_{im}-1| \tag{7.5}$$

式中，i表示单个元素或两个元素的比值，C_{ix}和C_{im}分别表示洞庭湖沉积物和端元沉积物的含量值。DF值是衡量洞庭湖沉积物中稀土元素与端元沉积物中稀土元素相似度的指标。例如，DF值较低表明洞庭湖沉积物的化学成分与端元化学成分的关系比DF值较高更密切。本研究选择长江和四江作为DF的端元，因为如前所述，长江和四江都是洞庭湖的主要水源和沉积物来源。

采用PI法对洞庭湖沉积物来源进行判别（Gwenzi et al.，2018），PI计算公式如下。

$$PI=\sum|C_{ix}-C_{i1}|/\left(\sum|C_{ix}-C_{i1}|+\sum|C_{ix}-C_{i2}|\right) \tag{7.6}$$

式中，i表示单个元素或两个元素的比值，C_{ix}表示洞庭湖沉积物中i元素的含量，C_i和C_{i2}分别表示端元沉积物1和端元沉积物2中i的含量。PI值从0到1不等，反映了沉积物在化学成分方面相似的程度。一般采用PI值0.5作为中性值，PI值<0.5表明洞庭湖沉积物的化学成分更接近端元沉积物1，PI值>0.5表明洞庭湖沉积物的化学成分更接近端元沉积物2。与之前的DF端元选择一样，在PI计算中，分别选择长江泥沙和四江泥沙作为端元泥沙1和端元泥沙2。

表7-3和图7-6列出了实测稀土元素浓度的汇总统计数据，以及几个参数。沉积物中稀土元素的总和含量为129.12～284.02 μg/g，平均为197.95 μg/g。洞庭湖沉积物中稀土元素含量略高于长江流域沉积物中总稀土元素含量的平均值（186.6 μg/g）、上地壳（UCC）平均146.4 μg/g和北美页岩复合（NASC）平均173 μg/g。洞庭湖沉积物平均REEs含量高于土耳其Acigöl湖，与中国和世界其他湖泊相比，其平均

REEs含量高于土耳其Acigöl湖（78.7 μg/g），中国岱海湖（189.9 μg/g），以及俄罗斯贝加尔湖（144 μg/g）。洞庭湖沉积物中稀土元素的丰度可能是自然输入和人为输入共同作用的结果。在自然发育方面，烃源岩组成对沉积物中稀土元素的数量和特征影响较大。研究表明，岩石化学风化作用和沉积后蚀变等自然过程对沉积物中稀土元素地球化学有很大的影响。人为影响最可能与采矿和金属加工、农业面源污染和医疗废水有关。

表7-3　洞庭湖沉积物中稀土元素的统计概况（$n=140$）　单位：μg/g

指标	轻稀土（LREE）						重稀土（HREE）								∑REE
	La	Ce	Pr	Nd	Sm	Eu	Gd	Tb	Dy	Ho	Er	Tm	Yb	Lu	
平均值	45.94	75.25	9.36	38.81	8.58	1.32	5.68	0.84	4.69	0.95	2.91	0.42	2.78	0.42	197.95
最小值	23.32	40.83	3.71	18.03	4.33	1.01	3.05	0.39	2.03	0.36	1.07	0.09	1.11	0.17	129.12
最大值	65.81	116.99	14.19	60.22	17.74	1.99	8.82	1.41	9.56	1.61	4.77	0.68	6.05	0.66	284.02
标准差	10.67	15.16	2.75	11.38	2.11	0.24	1.33	0.28	1.85	0.37	1.03	0.15	0.99	0.15	40.32
变异系数（%）	23.2	20.2	29.4	29.3	24.6	18.3	23.4	33.8	39.5	39	36.6	36.8	34.3	35.4	20.4
长江	39.5	78.7	8.9	33.6	6.4	1.3	6	0.8	4.7	0.9	2.7	0.4	2.5	0.4	186.6

如图7-6所示，小提琴图用于比较沉积物中每种不同REEs组分的中位数、变化和分布模式。小提琴图结合了基本汇总统计盒子图和视觉概率密度函数，以更详细的方式表示数据的频率分布，每个白点表示中位数，而黑盒子包含四分位数之间的范围（上四分位数和下四分位数之间的差异）。小提琴图的整体形状代表数据的概率密度，视觉分布越宽表示密度越高。从表7-3和图7-6中可以明显看出，洞庭湖沉积物中稀土元素的分布以明显较高的轻稀土元素为特征。平均总轻稀土和重稀土分别为179.26 μg/g和18.69 μg/g，其中轻稀土约占总稀土的90.56%。LREE/HREE的平均值为9.59，进一步说明洞庭湖沉积物中LREEs的存在明显多于HREEs。

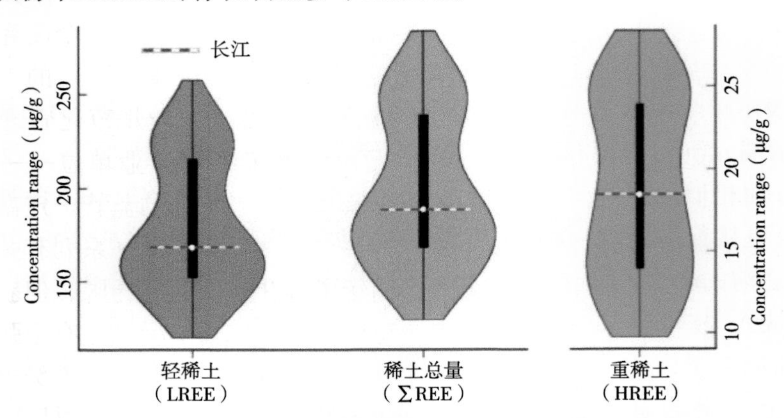

图7-6　沉积物中不同稀土元素组分的小提琴图

注：小提琴图显示了中位数、四分位音域（分别为浅水平带和暗垂直带）和音域（细垂直线），侧面的曲线提供了近似的频率分布。

在几乎所有被测试的沉积物样品中，沉积物中的单个REEs分区（均以μg/g表示）遵循这个顺序（平均值）：Ce（75.25）>La（45.94）>Nd（38.81）>Pr（9.36）>Sm（8.58）>Gd（5.68）>Dy（4.69）>Er（2.91）>Yb（2.78）>Eu（1.32）>Ho（0.95）>Tb（0.84）>Tm/Lu（0.42）。这种排列遵循奥多—哈金斯法则，即原子序数为偶数的元素比相邻的原子序数为奇数的元素更常见。

洞庭湖表层沉积物中稀土元素的空间分布如图7-7（a）所示。∑REEs特别高和特别低的区域分布在洞庭湖的不同位置，如IDW预测图，红色代表高浓度值，蓝色代表低浓度值。结果表明：洞庭湖东部沉积物稀土元素含量高于洞庭湖西部和洞庭湖南部，且大部分沉积物稀土元素含量低于185 μg/g；洞庭湖沉积物的浓度格局更可能与自然和人为影响有关。稀土元素的主要来源为河流悬移质沉积物，主要来自上游支流。洞庭湖上游主要支流长江的沉积物∑REEs较高，而四江的沉积物由于基岩组成而∑REEs相对较低。也就是说，上游支流的稀土元素含量差异对洞庭湖沉积物中稀土元素的空间分布有重要贡献。在人为效应方面，采用传统的坑浸/堆浸工艺开采稀土会导致REEs释放到水生环境中。附近农业面源污染对洞庭湖沉积物中稀土元素也有一定影响。

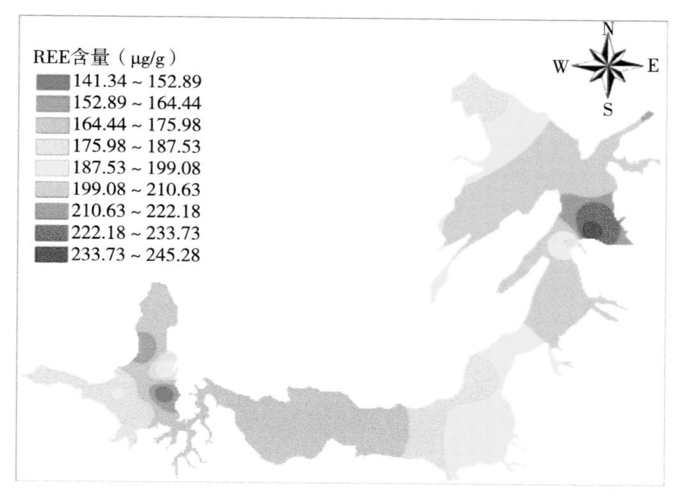

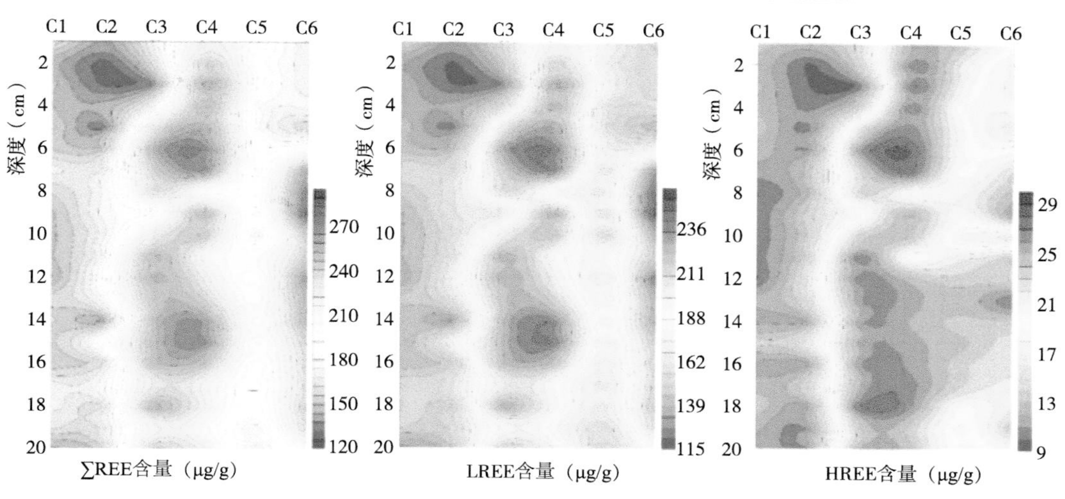

图7-7 稀土元素在洞庭湖表层沉积物（a）和沉积物岩心（b）中的分布

反映地球化学过程中稀土元素分馏程度的地球化学参数如表7-4所示。洞庭湖表层沉积物Eu/Eu*值在0.393～0.778，大多在0.6左右，且存在显著的负异常。大部分样品Ce/C*值在1.0以上，介于0.687～1.331，平均值为1.024，表明沉积物中存在Ce积累，即Ce正异常。通常Ce正异常与高碱度和重稀土富集有关。与其他REES不同，Ce的氧化还原行为可以解释这一结果。洞庭湖的Eu/Eu*值和Ce/Ce*值与四江和长江相似。此外，洞庭湖重稀土的分馏度平均Gd_N/Yb_N为1.275，La_N/Sm_N平均值为0.974。而四江流域的La_N/Sm_N平均值为1.113，高于Gd_N/Yb_N平均值0.974，表明存在较高的LREEs分馏。洞庭湖表层沉积物LREE/HREE和La_N/Yb_N平均值分别为11.048和1.633，远高于四江流域，表明洞庭湖表层沉积物中存在较大的LREEs和HREEs分馏。

表7-4　表层沉积物中稀土元素的地球化学参数归一化为NASC

流域	指标	La_N/Yb_N	La_N/Sm_N	Gd_N/Yb_N	LREE/HREEE	δEu	δCe
洞庭湖	均值	1.633	0.974	1.275	11.048	0.578	1.024
	最小值	1.064	0.411	0.893	6.884	0.393	0.687
	最大值	2.500	2.59	1.663	14.802	0.778	1.331
	标准差	0.391	0.464	0.224	1.618	0.105	0.16
其他流域	均值	1.062	1.113	0.974	8.231	0.622	1.087
	最小值	1.029	1.052	0.932	7.475	0.552	1.084
	最大值	1.109	1.203	1.023	8.783	0.663	1.089
	标准差	0.042	0.080	0.046	0.677	0.061	0.003
长江	均值	1.377	1.108	1.338	9.152	0.685	1.107

洞庭湖沉积物中ΣREEs、ΣLREEs和ΣHREEs的垂向分布如图7-7（b）所示。在大多数采样点，ΣLREEs和ΣHREEs在垂直方向上的表现相似，在沉积物深度约为6～8 cm时快速增加，然后在超过8 cm时逐渐下降，并有一些小的不规则。在大多数站点，ΣREEs、ΣLREEs和ΣHREEs的垂直分布相似，表明它们最可能受到相同的因素的影响，而沉积物的垂直变化趋势可能与湖泊的水动力有关。与底层沉积物相比，表层沉积物具有相对松散的表面和高孔隙度，更容易受到水的扰动，并可能导致表层沉积物中发现的REEs在沉积物—水界面的释放。此外，由于淋溶作用，上覆沉积物中的稀土元素趋于迁移，最终富集了底泥。这些因素与生物扰动、沉积物氧化还原条件、粒度和沉积物组成一起影响洞庭湖沉积物稀土元素的垂直分布。

西洞庭湖相同深度的ΣREEs、ΣLREEs和ΣHREEs随取样位置的不同而有差异。此外，C1、C4和C5岩心的ΣREEs、ΣLREEs和ΣHREEs垂直分布*CV*值均低于C2、C3和C6岩心。C3和C4岩心含量较高的位点位于远离河口区域的湖中心，可能表明由于河口水域提供了较大的水动力扰动，稀土交换和扩散加剧。洞庭湖西部不同位置的稀土元素浓度更可能与多种人类活动相关。

沉积物稀土元素之间的各种相关性如图7-8所示。在这个图中，圆的大小和颜色深度基于变量（在本例中为REEs）之间的相关关系的强度。IREEs与沉积物中ΣREEs的相关性最强，相关性系数为1，$P<0.01$显著水平，再次证实了洞庭湖沉积物样品中IREEs的富集。轻稀土元素La、Pr和Nd与的ΣREEs、ΣLREEs和ΣHREEs具有较强的相关性（r值均高于0.85，P值均低于0.05），与其他大部分REEs也具有较强的正相关性（Pr和Ho，$r = 0.95$，$P<0.01$；La、Nd，$r = 0.89$，$P<0.05$；Nd和Er，$r = 0.92$，$P<0.05$）。除Gd外，其他HREEs也呈强正相关（如Lu和Ho，$r = 0.97$）。$p<0.01$；Tm和Lu，$r = 0.97$，$P<0.01$）。沉积物样品中绝大多数稀土元素之间具有较强的相关性，表明在地球化学过程中，它们在不同环境条件下共存，这在鄱阳湖等其他湖泊中也得到了前人研究的证实。与Eu和Ce相关性较差的原因可能是它们仅在特定环境下才具有稳定的间价和二价氧化态，并且与其他稀土元素相比具有更高的分馏倾向。Gd与其他元素表现出的弱相关性更可能与人为输入有关。

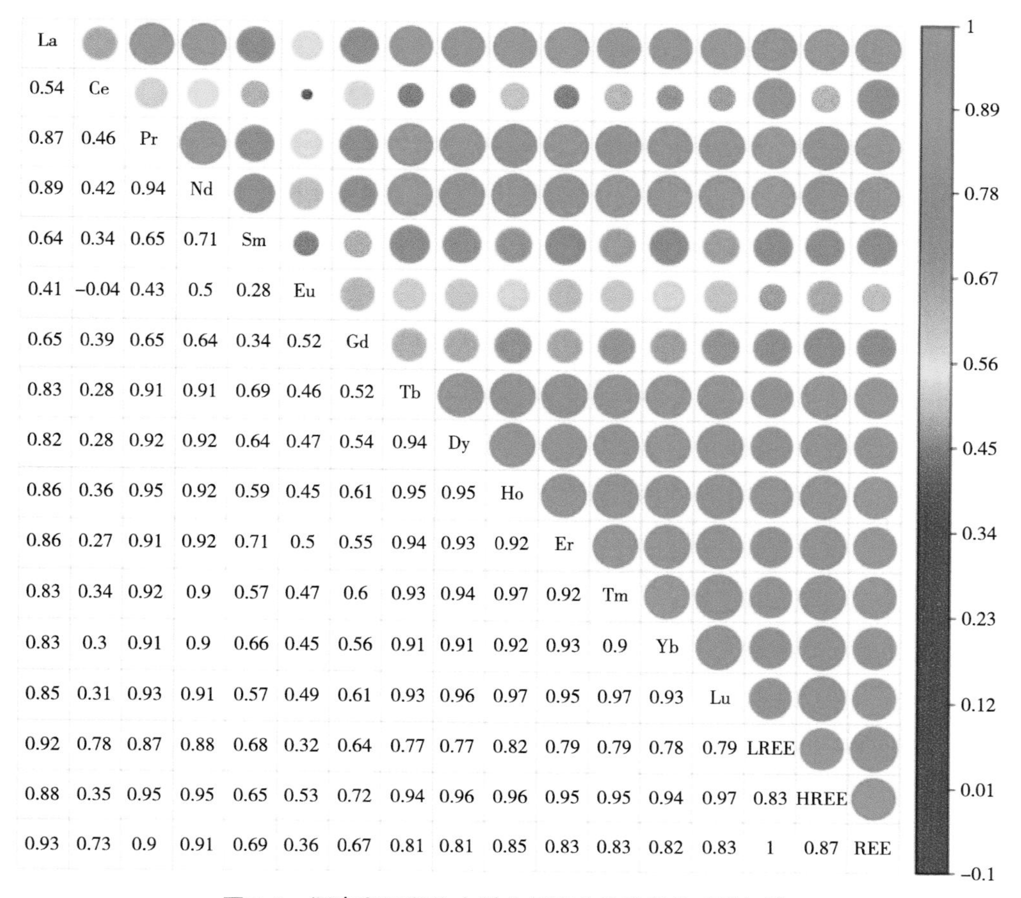

图7-8　洞庭湖沉积物中稀土元素共生的相关系数矩阵

使用3个独立的因素对PMF模型进行了优化，它们的分布（包含3个因素的化学组成特征）如图7-9所示。该剖面图以蓝条表示分配给该因子的每个物种的浓度，以黑圈表示分配给该因子的每个物种的百分比。第一源的稀土元素亏损较大，与人为稀土元素组成特征一致；因此，来源1更可能与人为活动有关，包括工业和农业来源。此外，所有REEs（特别是HREEs）显示了较低的加载值，源1的贡献大约是这样的占沉积物中稀土元素含量的13.25%。

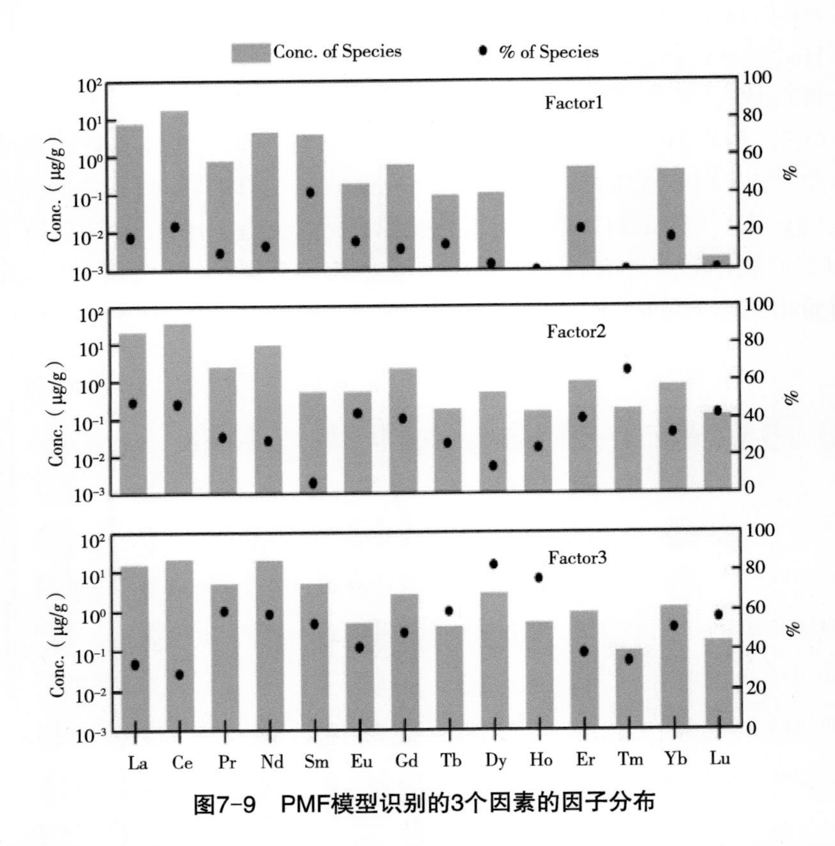

图7-9　PMF模型识别的3个因素的因子分布

源2和源3的REEs模式与自然效应相似，表明源2和源3更可能与自然效应有关。由于洞庭湖水沙的主要来源是长江和四江，因此如前文所述，源头2和3更有可能是四江和长江的源头。源3的稀土元素含量与长江流域相当，但相对高于源2。这表明源2和源3分别更可能是四江源和长江源，源2贡献了洞庭湖沉积物中34.95%的稀土元素，源3贡献了洞庭湖沉积物中绝大部分的Dy、Ho、Pr、Nd和Tb元素，约占总REEs的51.8%。结果表明，自然源（长江和四江）对稀土资源的贡献大于人为源。洞庭湖沉积物中稀土元素的主要来源为长江源区，占86.8%，其中长江源区对稀土元素的贡献大于四江源区。

洞庭湖区域DF计算结果如图7-10所示。洞庭湖全沙与长江泥沙的DF值均<0.5，DF值在0.047～0.207，平均DF值为0.132。结果表明：洞庭湖全沙与长江泥沙的DF值普遍小于洞庭湖全沙与四江泥沙的DF值，只有Eu/Eu*与长江泥沙的DF值明显高于洞庭湖全沙。结果表明，洞庭湖整体上沉积物组成为和长江里的类似。

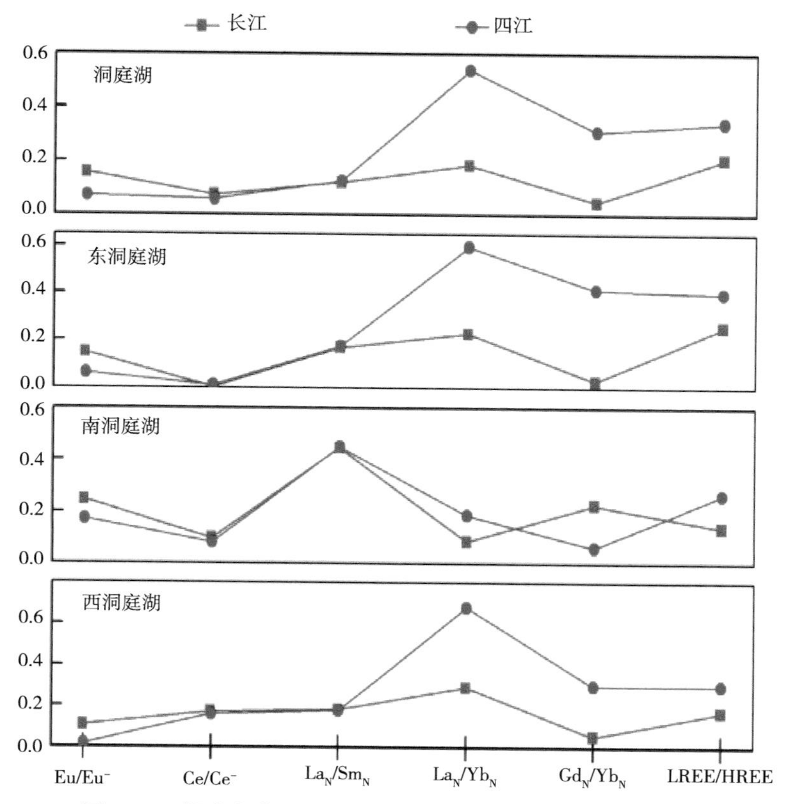

图7-10 洞庭湖表层沉积物中稀土元素地球化学参数的判别

通过计算洞庭湖东、西、南3个主要湖区的*DF*值，进一步探讨了物源效应的空间分布规律。在东洞庭湖，长江大部分*DF*值低于四江，且*DF*值为平均值。两个来源的计算结果分别为0.133和0.186。对西洞庭湖计算的*DF*值也是如此。因此，排除人为输入的可能性，东洞庭湖和西洞庭湖沉积物的元素组成更接近于长江沉积物，而不是四江沉积物。而南洞庭湖以长江为端元的*DF*值（平均值为0.208）与以四江为端元的*DF*值（平均值为0.202）几乎相等，表明在不考虑人为影响的情况下，南洞庭湖沉积物组成更可能与长江和四江同时相关。总的来说，虽然长江和四江对洞庭湖沉积物的组成贡献巨大，但大部分可以归因于长江。

采用Kriging插值方法的洞庭湖沉积物*PI*值的空间分布如图7-11所示。洞庭湖沉积物*PI*值范围为0.347～0.584，均值0.421，*CV*值为12.34%。如图7-11所示，*PI*值呈现东、西低、南高的格局。从*PI*值的区域分布来看，东洞庭湖沉积物的PI值均在0.5以下，平均值为0.400，反映了东洞庭湖沉积物的元素组成湖泊接近长江泥沙。同样，西洞庭湖沉积物的*PI*值也在0.5以下，介于0.364～0.441，平均值为0.411，说明西洞庭湖沉积物与长江沉积物的相似度较高。南洞庭湖沉积物*PI*值随位置变化，从0.441增加到0.584，平均为0.489，表明四江和长江沉积物与南洞庭湖沉积物组分具有相似性。综上所述，长江和四江对洞庭湖泥沙组成都有重要贡献，但长江对洞庭湖泥沙组成的影响更大，不考虑人为活动。

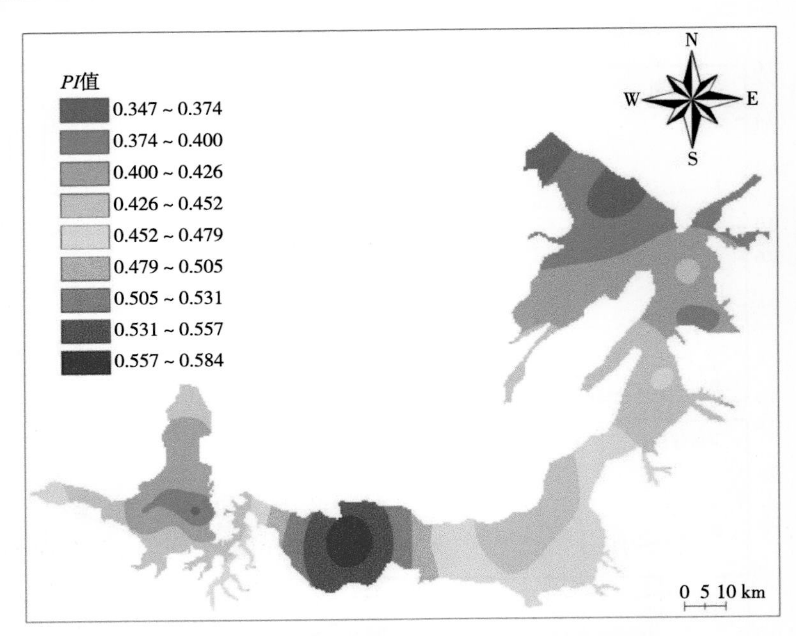

图7-11　洞庭湖表层沉积物PI值地质统计学预测

对洞庭湖沉积物中稀土元素的含量、分布特征和表层稀土元素的可能来源进行了分析，结果显示，洞庭湖沉积物平均稀土元素含量高于国内外其他湖泊，空间上洞庭湖东侧稀土元素含量较高，纵深可达6 ~ 8 cm。洞庭湖表层沉积物中Eu呈负异常，Ce呈正异常。表层沉积物中重稀土元素的分馏程度高于轻稀土元素，且重稀土元素与轻稀土元素之间存在较大的分馏。此外，在沉积物中检测到的大部分稀土元素相互之间具有较强的相关性。PMF模型结果表明，洞庭湖表层沉积物中稀土元素的主要来源有3个：长江、四江和人为活动，分别占表层沉积物的51.8%、34.95%和13.25%。此外，*DF*和*PI*值均表明，除人为活动外，长江和四江是洞庭湖表层沉积物中元素的主要贡献者，其中长江是主要贡献者。PMF模型、*DF*和*PI*可以定量和定性地判别湖泊表层沉积物的物源，具有良好的一致性。

8 稀土矿区水污染综合治理示范工程

8.1 矿区水污染状况

原地浸矿技术的推广，虽然有效解决了稀土开采过程的“搬山运动”，但是离子型稀土矿的浸出过程仍需大量使用硫酸铵，同时产生大量含氨氮和重金属的酸性废水，大多未经处理直接排放，残留在矿区土壤、地下水和地表水中，致使矿区及周边水体中氨氮和重金属浓度超标严重。矿区水土污染问题主要体现在两个方面，一是由于原矿床砂土中所含的有害元素在浸取稀土过程中的富集作用（主要是Pb、Cd等），致使土壤、水体受到一定程度的污染，详见表8-1；二是由于稀土生产过程中所使用的浸矿剂、沉淀剂的渗漏排放等致使土壤、水体受到严重的污染。据环保部门资料，矿区及矿区下游地表水中NH_4^+-N含量达到100～300 mg/L，NH_4^+-N超过地面水Ⅲ级标准。地表水中的pH值为4.0～6.0，同样超出国家地面水Ⅲ级水质标准及工业废水排放标准。

表8-1 废弃矿区原矿矿床中含有害元素的平均含量 单位：mg/kg

指标	元素							
	Zn	Pb	Cd	As	Hg	Cr	F	Cu
含量	32.38	167.98	0.117	21.8	0.02	3.3	620	6.3

龙南稀土矿区所在地大部分为农业人口，经济主要为农业，农业抗御自然灾害的能力弱，受制于自然因素较大，农民增收的渠道不宽，当地群众脱贫致富路子少。由于土壤及地表水污染严重，致使稀土矿区下游黄沙、东江、汶龙、关西及龙南等乡镇的3万多群众日常饮水、生产用水受到影响，超过4 136亩农田因灌溉用水受到污染而减产或绝收，其中有400余亩农田因板结成荒滩而彻底无法耕种。矿区及矿区下游地表水被污染、河道淤塞、道路被毁、农田淹埋板结、树木枯亡，整个矿区的生态环境令人担忧，老百姓不满的呼声日益强烈，恢复矿区生态环境的工作已是迫在眉睫，刻不容缓。

矿区水环境治理是关系到本地区社会稳定健康发展的一项重要民生工程，当地政府和群众已经意识到稀土开采所带来的环境危害，但由于龙南稀土矿开采历史长远等多方面原因，致使矿区治理责任主体无法确认，只能由地方政府承担，但根据目前的技术手段估算，矿区稀土废水治理成本高达4元/m^3，地方政府财政难以独立开展矿山地质环境恢复治理工作，迫切需要低成本、高效益的治理技术及资金支持，因此，在《国务院关于支持赣南等原中央苏区振兴发展的若干意见》（国发〔2012〕21号）中也提出，要“加大矿山地质环境治理专项资金支持力度，加快完成赣州市历史遗留矿山环境综合治理”。同时要“推进资源再生利用产业化，积极开展共伴生矿、尾矿和大宗工业固体废弃物综合利用，发展稀土综合回收利用产业”。进行矿山地质环境综合治理与生态环境修复，改善矿区生态环境条件，提高矿区人民生活质量。

8.2 矿区水污染综合治理技术

项目牵头单位龙南县南裕稀土资源综合利用有限责任公司是一家专门从事稀土废水处理、尾砂淤泥资源综合利用的科技企业，所开发项目符合国家鼓励发展的资源节约综合利用和环境保护产业政策。自2008年起，组织多方面技术专家对稀土废水、矿区尾砂淤泥治理进行专门研究，摸索总结出一套先进技术工艺，其中“树脂吸附法”和“沉淀—萃取法”获得国家发明专利。该公司先后在龙南县主要稀土矿区（足洞矿区）流域的出口处投资近700万元，建立了几个稀土废水处理点，形成了年处理废水400万t，回收稀土100 t的能力，经处理后的废水稀土含量小于0.001 g/mL，稀土回收率达到85%以上，处理后的废水经赣州市环境监测站监测，处理后废水中的氨氮为63 mg/mL，降解率达到40%以上。龙南县南裕稀土资源综合利用有限责任公司具有处理稀土污水、尾砂淤泥的丰富实践经验，通过建设稀土废水处置工程和稀土尾砂淤泥处理工程，已经取得了明显的社会效益。

以足洞矿区为示范基地，针对该区域水体受废弃重稀土矿山的生产影响导致水体氨氮污染、稀土流失的问题，在足洞稀土废弃矿区主要的黄沙出水口上建设废弃矿区水污染处理厂，同时，使废弃矿山开采区地质环境得到改善和恢复，同时达到稀土废水源头控制与末端治理相结合的目的。依托龙南县南裕稀土资源综合利用有限责任公司、江西理工大学及江西耐可化工设备填料有限公司拥有的稀土废水综合治理专利技术，结合已有工作基础，对废水进行资源化处理，在回收水体中宝贵的稀土资源的同时，降低其中氨氮和重金属离子的浓度，各项污染物排放指标达到国家规定的工业污水综合排放标准，出水水质整体氨氮含量大幅降低，可直接作为生产用水，保障区域水体环境安全。

8.3 稀土矿区废水治理基础

龙南县自1983年来，从水土保持、环境保护方面着手，对足洞矿区的生态环境问题经济做了许多工作，并创建了富有地方特色的矿山地质环境治理“龙南模式”，局部地段成效显著。近20年来，龙南县先后在矿区修建了各种类型、规模不等的拦砂坝近百座，并基本上形成了“逢坑必有坝、大坝套小坝”的工程治理格局，从一定程度上缓解了水土流失问题。但是矿山地质环境不断恶化，大多尾砂库已满，丧失库容，尾砂从拦挡坝溢出，形成了新的水土流失隐患；且原有拦挡坝大多使用废土、尾砂堆筑而成，稳固性较差，坝体或者垮塌、或已淤满，基本无利用价值。

龙南水保局实施的生物治理措施，可从源头控制水土流失，经过多年努力，土地复垦试验项目在已在足洞矿区试点获得了成功。在尾砂地上种植百喜草、狗尾草等草本植物及桑、湿地松、黄竹等经济林，长势良好，效果显著，已复垦的尾砂地成功地建起了蔬菜基地，蔬菜长势很好。截至目前，已恢复尾砂地和采矿迹地植被500多亩，并建起了一批果木林基地，矿点生态环境有了明显好转。

同时针对废水污染问题，1997年龙南县政府投资60多万元在东江乡料坑村建立了一座日处理能力2 800 m^3的废水处理站。该处理站采用活性污泥法对稀土开采过程中所产生的废水，进行集中处理。经测试，其处理能力良好，总氮处理率达60%～80%，基本上达到废水排放标准，解决了下游农田的灌溉问题。2007年，由江西省地质环境监测总站设计，龙南县矿产资源管理局组织领导和实施完成了江西省龙南县稀土矿矿山地质环境治理一期工程，共投入资金400万元。一期工程包括：加高足洞河二级坝；县矿六车间综合治理工程，重建一座二级坝；对尾砂库、尾砂堆及剥采区进行了植被恢复，种植桉树面积0.21 km^2。

一期治理效果明显，足洞河一级拦砂坝拦挡尾砂超过50×10^4 m^3，县矿六车间拦砂坝拦挡尾砂35.96×10^4 m^3，实现了基本治理恢复7.85×10^4 m^2，起到了治理示范的作用。

可以看出，在龙南足洞重稀土废弃矿区已通过工程措施及植被措施的治理和防治，使足洞矿区稀土矿各采场点的土壤侵蚀、坡面失稳等破坏环境的因素得到减少和控制，充分改善矿区和当地农业生产、农村生活环境，保护好赣江及当地城镇居民饮用水源地；消除或最大限度地减少矿区中威胁当地人民群众生命财产安全的各种矿山地质灾害隐患，尤其是当地政府和群众最为担心的矿区尾砂库泥石流隐患，大大减轻矿山对地质环境的破坏，达到人与自然的和谐统一，实现可持续发展的战略目标。不过由于资金投入有限，目前足洞矿区只有小部分地区得到了治理，而且对于废弃稀土矿区污水中氨氮的污染，目前还没有得到很好治理。

本书选择龙南县足洞废弃稀土矿区为作为示范实施点，主要是因为足洞矿区是南方离子型重稀土矿最具代表性、历史遗留环境问题最突出的稀土矿山，而且足洞矿区已经开展了很多具有成效的环保治理工作，具有很好的环保工作基础。同时，龙南县政府的高度重视该研究工作的开展，认为在足洞矿区开展本研究可以将重稀土废弃矿山水污染综合治理技术全面推广到南方离子型稀土矿区，推动区域资源开发与环境保护的协调发展，研究响应鄱阳湖生态经济区国家发展战略和赣南苏区振兴国家发展战略，对提高区域水环境质量，保障稀土矿区内群众正常的生产生活用水安全具有重要现实意义。

8.4 矿区水污染综合治理应用示范

8.4.1 成果应用示范工作任务

通过建设最具代表性、典型性的足洞重稀土废弃矿区废水污染综合治理技术示范基地，开展现场试验、适用性改造的基础上，进行综合集成和优化，建立一批可复制、可推广的环境综合治理及稀土资源回收技术体系，通过建设示范工程，使示范基地矿集区水体氨氮浓度及重金属浓度大幅降低，实现稀土资源高效回收综合利用。为了达到更好的技术推广效果，研究项目领导组及主管部门成立宣传报道工作小组，加强宣传引导，通过政策宣导、现场参观、成果展示等多种形式，调动企业参与积极性，要特别强调技术扶持服务，以解决企业的后顾之忧。

8.4.2 成果应用目标

通过项目实施，以龙南足洞为示范点，3年内建立起龙南废弃稀土矿山废水集中治理工程，形成一套适用性强、实施效果好、利用推广的综合治理技术体系。5年内以本示范项目成果为基础，在龙南县所有废弃稀土矿将成果推广，进而至赣州市的其他15个县（市、区），涉及302座废弃稀土矿山，97.34 km^2土地面积，及其遗留的约1.9亿t尾矿，覆盖赣州市全部的废弃稀土矿区。预计到2021—2030年，项目成果可在涉及离子型稀土矿的广东、广西、福建、湖南及江西其他地区等南方五省区的14个市继续推广应用。

9　稀土矿区生态修复示范工程

9.1　矿区生态环境破坏问题

赣南地区是原中央苏区的主体，全国著名的革命老区，也是我国离子型稀土的主要生产地，稀土资源遍布全市17个县（市、区）的146个乡镇。赣州近40年的稀土开采，为世界和我国高新技术产业的蓬勃发展提供了良好的基础，为地方经济的快速发展做出了卓越贡献，但同时也遗留了为数众多的废弃矿山，给当地带来了严重的环境污染和生态破坏。各县（市、区）矿山稀土配分、矿床类型存在一定差异，开发利用不同时期所采用的工艺也不尽相同，因此，引起的环境污染和生态破坏问题各异，综合起来集中体现在以下3个方面。

一是废弃稀土矿山地质环境问题。稀土开采严重破坏了矿山地质环境，地表植被被剥除，山头被削平，沟谷被弃土充填，改变了原始山峰的地貌景观，产生大量的不稳定边坡、斜坡，时常引发滑坡、崩塌和泥石流等次生地质灾害（图9-1）。据调查，赣南离子型稀土矿区年均发生滑坡、崩塌事件500多起，泥石流事件200多起，给矿区人民的生命财产安全带来严重威胁。

图9-1　采空区不稳定边坡及泥石流

二是植被破坏、水土流失、尾砂流失及其引起的土地毁坏问题。废弃的离子型稀土矿山多采用传统的池/堆浸工艺，其“搬山运动”式开采对矿区植被破坏严重，直接损毁大量山地、林地，产生大面积失去植被和表土保护的裸露采场，同时产出大量堆存于采场附近的尾砂（废土）。据统计数据显示，因稀土开采直接损毁的山地、林地面积达122.24 km^2，尾砂累计积存量达1.9亿t，年土壤侵蚀模数平均达9 386 t/km^2。考虑由废弃的裸露采场及堆存尾砂导致的水土流失及其引起的次生灾害，如耕地沙化、土壤酸化、山塘水库淤积、河床抬高、矿区局部荒漠化等，实际土地损毁面积远不止这些，严重侵噬着当地群众赖以生存的土地资源（图9-2）。

图9-2　土地资源损毁

三是废弃稀土矿区水体污染问题。早期由于生产技术含量较低、工艺落后，在离子型稀土矿的浸出过程中需大量使用硫酸铵，产生大量含氨氮和重金属的酸性废水，大多未经处理长期直接排放，残留在矿区土壤、地下水和地表水中，致使矿区及周边水体中氨氮和重金属浓度超标严重，对区域乃至东江和赣江流域的水环境质量造成严重威胁（图9-3）。

图9-3　水体污染

9.2　矿区主要生态修复技术

适用于赣南离子型稀土废弃矿山生态破坏及水土流失治理的主要技术介绍如下。

9.2.1　边坡综合治理技术

赣南离子型稀土废弃矿山大多为早期采用池浸、堆浸工艺遗留下来的，其“搬山运动”式开采形成大量风化层外露的不稳定边坡，严重破坏矿区地下水层，使矿区土壤的水源涵养能力极度退化。同时，其坡面抗冲指数极低，长期受雨水及地表径流、酷暑寒冬、阳光及风的综合侵蚀作用，造成了严重的土壤养分及水土流失，使发生滑坡、崩塌和泥石流等地质灾害的概率显著增加，使坡面及坡下区域的植被立地条件急剧恶化，形成了大量坡下局部荒漠，成为矿区难以实现植被覆盖和生态修复的问题根源所在。因此，要实现离子型稀土废弃矿山生态破坏和水土流失的根本治理，需选择先进、适用的边坡治理技术和方案，开展边坡综合治理，实施离子型稀土废弃矿山的水土流失和生态破坏的源头控制。

9.2.2　尾砂综合治理技术

早期离子型稀土开采不管是采用池浸还是堆浸工艺，均产出大量尾砂。尾砂为稀土原矿经浸矿药剂浸洗或淋洗提取完稀土元素后的剩余物，通常堆积于浸矿池边或采场中。浸矿过程使尾砂土壤的原有质地、结构和功能遭到彻底破坏，粉粒、黏粒成分和有机质流失殆尽。尾砂抗冲指数极低，是早期离子型稀土废弃矿山水土流失的主要来源之一。稀土尾砂相对于其他类型矿物尾砂，其短期、直接危害不显著，因此，对稀土尾砂的治理工作一直未引起足够重视。稀土尾砂的长期流失，使位于矿区下游的山塘、水库、沟谷、河道淤积严重，并吞噬淹没大量耕地。因此，需采用先进、适用的尾砂治理技术，合理布局、设计和构筑拦砂坝、蓄排水工程，结合生物措施，加强尾砂综合治理，从而有效地控制尾砂流失的问题。

9.2.3　土壤改良技术

离子型稀土废弃矿山存在大面积失去植被和表土保护裸露采场，受自然条件的强烈侵蚀作用，其土壤养分、有机质流失严重，土壤质地、结构和功能退化。在未治理边坡水土流失及尾砂流失的双重冲击下，其土壤的植被立地条件极差，不管是在自然条件下还是在人工种植下，均难以实现长期而有效的植被覆盖。因此，需采用先进适用的土壤改良技术，逐步恢复土壤的养分平衡，改良土壤的质地、结构和功能，有效改善土壤的植被立地条件，从而为实现植被覆盖和生态修复提供良好的土壤条件。

9.2.4　植被覆盖技术

离子型稀土废弃矿山生态修复的内涵所指不仅是实现废弃矿区的植被覆盖，还要求植被覆盖具有长期的自我维持功能，即在实现植被覆盖后，能在最少人工干预下保持土壤功能和植被覆盖不发生退化。因此，要求恢复的植被是一个生物群落和多样性相对完备的系统。为实现离子型稀土废弃矿山的生态修复，需采用先进、适用的植被覆盖技术，坚持覆盖植被系统的生物多样性原则，从而保证植被覆盖的长效性和可持续性。

9.3 矿区生态修复应用示范

9.3.1 示范区范围

以定南县茶坑废弃稀土矿区为示范基地，该基地位于岭北镇天堂村中心小组，包括3个小矿，分别为茶坑废弃稀土矿、背夫坑废弃稀土矿、竹山背二矿废弃稀土矿，总面积1 730亩，其中废弃采矿场318亩，废弃排土场1 348亩，累计尾砂存量12.842万m^3。其中：地形坡度>25°的区域面积为318亩，地形坡度<25°的区域面积为1 412亩，各废弃矿山基本情况见表9-1。

表9-1　江西省定南县茶坑废弃稀土矿区一览

序号	乡镇	矿山名称	中心点坐标（80坐标系）	矿区面积（亩）
1	岭北镇	茶坑稀土矿	X=2 763 630.28，Y=20 309 237.62	1 043
2		背夫坑稀土矿	X=2 763 107.31，Y=20 308 182.49	375
3		竹山背二矿稀土矿	X=2 761 547.05，Y=20 308 654.29	313

茶坑废弃稀土矿矿山周边地形地势总体属中低山丘陵区，地形差异不大，植被覆盖率高、侵蚀冲沟不甚发育。但由于稀土采矿成片破坏了原生地表植被，采矿、选矿、废渣废液的无序排放将矿区原生地形地貌彻底改变。稀土采矿区沟谷泥流发生频繁、土壤侵蚀严重，不仅加重了对原本脆弱的矿区地质环境的摧残，而且因该类灾害的面状发育特征，其不良影响已扩展到沟谷上下游矿区周边的原生地质环境。若不进行及时治理，该类次生灾害的影响范围将继续扩展，吞食矿区周边原生地质环境，直接危及矿区下游的3个乡镇（27个村民小组）（图9-4）。

图9-4　泥石流现象及受威胁房屋

定南县茶坑废弃稀土矿是早期采用池浸/堆浸开采工艺的典型矿点，其废弃区存在大量的不稳定边坡、斜坡，大面积失去植被及表土保护的裸露采场，以及成壤性极差、抗冲指数极低的尾砂堆（坝），因此，不仅是地质灾害的易发、频发地，更是土壤侵蚀、水土流失，山塘水库河流淤积，耕地沙化的重灾区，赣南离子型中稀土废弃矿山地质环境问题体现最集中的代表性矿区之一。

9.3.2　示范区工作基础

定南县一直以来高度重视离子型稀土废弃矿山生态环境的治理工作，通过多渠道筹措资金，先后在岭北镇杨梅村富竹山、岭北镇茶坑、岭北镇枧下3个废弃稀土矿山实施了水土保持综合治理工程项目，治理面积达1 000多亩，取得了一定的工作成效，积累了宝贵的治理经验。为进一步加强监管，推动定南稀土产业规范化管理，实现定南稀土产业可持续发展，定南县于2007年成立了专门的正科级事业单位——定南县稀土办，主要负责定南稀土产业发展规划的制定和落实，稀土行业的监管。定南县稀土办自成立以来，探索性实施了历市镇车步楼背三将军、历市镇下庄等一系列有关离子型稀土废弃矿山生态环境治理方面的项目，虽然受制于资金和技术上的局限，但获得了一些有价值的治理经验，明确了治理工作的重点和正确路径。定南县稀土办有很强的组织协调能力，能充分调动参与单位的工作积极性，为完成项目各项任务而不懈努力。该办具有废弃稀土矿综合治理的专业技术人员6人，为承接国家科技惠民计划项目奠定了良好的工作基础。

9.3.3　示范区治理方案

9.3.3.1　技术路线

本实施方案技术路线图如图9-5所示。

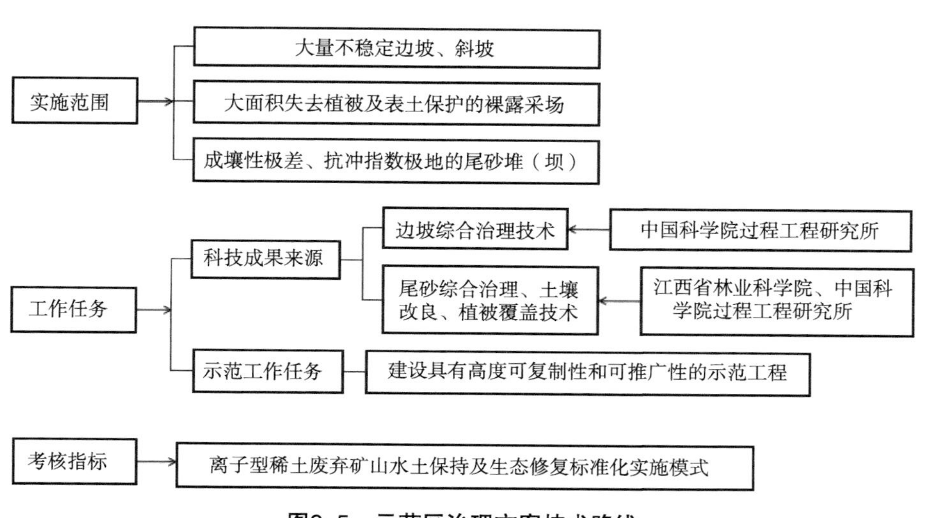

图9-5　示范区治理方案技术路线

实施范围：大量的不稳定边坡、斜坡，大面积失去植被及表土保护的裸露采场，以及成壤性极差、抗冲指数极低的尾砂堆（坝）。工作任务包括科技成果来源（边坡综合治理技术主要由中国科学院过程工程研究所提供和尾砂综合治理技术、土壤改良技术及植被覆盖技术主要由江西省林业科学院及中国科学院过程工程研究所提供）和示范工作任务为建设具有高度可复制性和可推广性的示范工程。考核指标为提供一套可复制、可推广的离子型稀土废弃矿山水土保持及生态修复标准化实施模式。

9.3.3.2　实施方案

以问题的迫切性、典型性和共性体现最集中的定南茶坑废弃稀土矿点为示范基地，开展基于边坡综合治理、尾砂综合治理、土壤综合改良、植被覆盖等成熟适用技术的综合集成和优化应用，形成一套可复制、可推广的离子型稀土废弃矿山水土保持及生态修复技术体系，并建设标准化应用示范基地（表9-2）。

（1）边坡综合治理

以中国科学院过程工程研究所提供的“以蒸汽爆碎植物秸秆固态发酵制备石质边坡绿化基材的方法”“植被毯技术”为核心，结合适当的工程及生物措施，通过适用性改造、现场试验优化及综合集成，在示范基地开展边坡综合治理集成技术应用并建立示范工程，构建离子型稀土废弃矿区边坡综合治理的标准化模式。主要工程工作量包括新建8座拦砂坝，沟道整治18条，共计长度9.685 km，修建主要联络线6.259 km。

（2）尾砂综合治理

以中国科学院过程工程研究所、江西省林业科学院提供的“一种蒸汽爆碎秸秆固态发酵制备沙化土地改良材料的方法”“菌糠堆肥制备离子型稀土废弃矿山土壤改良剂”“蒸汽爆碎秸秆固态发酵制备植生带载体”及“植被毯技术”等技术为基础，结合适当的工程措施，通过适用性改造、现场试验优化及综合集成，在示范基地开展尾砂综合治理集成技术应用，并建立示范工程，构建离子型稀土废弃矿区尾砂综合治理的标准化模式。主要工程工作量为建设梯田0.06 km^2，修筑排水沟9 685 m，修筑7个水塘，设计蓄水量42 107.63 m^3。

（3）废弃矿区土壤综合改良

以江西省林业科学院、中国科学院过程工程研究所提供的“离子型稀土浸矿污染农田土壤生态治理技术”“菌糠堆肥制备离子型稀土废弃矿山土壤改良剂”“一种蒸汽爆碎秸秆固态发酵制备沙化土地改良材料的方法”“秸秆改性制备生态恢复工程材料”等为基础，结合适当生物措施，通过适用性改造、现场试验优化及综合集成，在示范基地开展土壤改良集成技术应用，并建立示范工程，构建离子型稀土废弃矿区土壤改良的标准化模式。主要工作量为酸性土壤改良面积0.06 km^2，生石灰拌合改良面积0.12 km^2，土壤翻耕面积0.06 km^2。

（4）废弃矿区植被覆盖

以江西省林业科学院、中国科学院过程工程研究所提供的“菌糠堆肥制备离子型稀土废弃矿山土壤改良剂”“离子型稀土废弃矿山极端生境耐受植物品种”“秸秆改性制备生态恢复工程材料”“蒸汽爆碎秸秆固态发酵制备植生带载体”“植被毯技术”

等技术为基础，结合适当工程措施，通过适用性改造、现场试验优化及综合集成，在示范基地开展植被覆盖集成技术应用，并建立示范工程，构建离子型稀土废弃矿区植被覆盖的标准化模式。主要工程量为种植土覆盖面积0.12 km^2，宜林（绿化）区总面积1.03 km^2，以绿化为主，种植乔木346 000株，栽种灌草面积22.795 km^2。

表9-2 江西省定南县茶坑废弃矿矿山地址环境综合治理项目治理措施工程量

类型区		极差	差	合计
治理面积（km^2）		0.945	0.209	1.154
边坡治理	拦沙坝（座）	7.000	1.000	8.000
	沟道整治（km）	7.773	1.912	9.685
地形整治工程	梯田整治（hm^2）	5.596	0.000	5.596
	修坡筑沟（hm^2）	19.243	3.552	22.795
蓄排水工程	水塘（个）	6.000	1.000	7.000
	蓄排水沟（km）	7.773	1.912	9.685
土壤改良	酸性土壤治理（hm^2）	5.208	1.094	6.302
	土地翻耕面积（hm^2）	5.208	1.094	6.302
	宜林地（hm^2）	61.103	13.201	74.304
植被覆盖	耕作用地（hm^2）	5.596	0.000	5.596
	栽种灌草（hm^2）	19.243	3.552	22.795
联络线（km）		4.075	2.184	6.259

提供一套可复制、可推广的离子型稀土废弃矿山水土保持及生态修复标准化实施模式。使示范基地地质灾害年发生频次显著降低；植被覆盖率3年达70%，6年达90%以上，减少水土流失面80%，降低土壤侵蚀模数70%，使示范区流域（山塘、水库及河流）淤积和耕地沙化趋势得到有效遏制；新增经果林1 000亩左右，预期6年后可产生年经营收益近千万元，促进当地农民就业和增收。

10 展望

由于矿区废弃地的地表植被及土层结构遭到严重破坏，生态系统的组成与结构发生了急剧变化，导致矿区及周围的生态环境日益受到严重的影响。近年来，矿区植被恢复与重建越来越受到人们的重视，已成为生态学研究的一个重要的内容。赣南龙南稀土矿区开采稀土普遍采用剥离地表土壤和植被，用硫酸铵及草酸沉淀方式来提取。稀土矿的大面积开采以及落后的开采技术，已造成资源的浪费和生态环境的破坏，同时矿区居民的健康也日益受到严重的威胁。因此，未来的研究应注重以下3个方面。

第一，由于稀土开采过后，土壤表层和植被遭到严重破坏，土壤侵蚀极其严重，因此，如何快速有效地恢复近地表植被，是减缓土壤侵蚀的根本措施和进行生态系统恢复与重建的第一步。历史上，生态恢复与重建工作者大都采用外来物种，并采用人工干预，在短期内能取得较好的恢复效果。然而，对于稀土采矿迹地土壤环境来说，外来种不能长时间适应这种恶劣生境，植被逐渐消亡。当前人们对乡土植物对逆境胁迫环境的响应还不清楚，使得许多具有潜在应用价值的乡土植物资源尚未引起人们足够的重视。因此，应加快研究稀土元素超富集植物的发现及推广应用。

第二，由于落后的稀土采矿作业方式，硫酸铵及草酸等毒性较大的酸性物质将长期残留在土壤中。残留物质是否会对植被生长和土壤功能产生决定性影响，以及迁移、转化和归宿的规律尚不明确。未来在该地区的研究应加强对土壤中危害物质的风险评估、生态环境效应及其快速修复残留物的技术，以减轻危害物质通过食物链对家畜和人群产生的危害。

第三，由于抽样调查的局限性，研究调查的暴露途径和农产品种类品种数据有限，对于其他食物和除食用途径之外的稀土元素摄入量还需要进行大量的调查研究；同时，在对人体摄入稀土元素的总量进行分析时，由于未考虑通过皮肤接触及呼吸等摄入的稀土元素量（虽然数量不大，由此，推测当地居民摄入稀土元素量尚不完全合理。虽然水通过食物链影响着谷物和肉食品中稀土元素的蓄积量，但谷物和肉食品的积累量无法衡量，故这两方面对人体健康的影响尚不清楚。因此，后续的研究还要加强对肉食品和谷物等完整的饮食结构对人体健康影响的研究。

参考文献

鲍士旦，秦怀英，劳家柽，2000. 土壤农化分析[M]. 北京：中国农业出版社.

ALVARADO J A，STEINMANN P，ESTIER S，et al.，2014. Anthropogenic radionuclides in atmospheric air over Switzerland during the last few decades[J]. Nature Communications，5（1）：1-6.

ALVAREZ-GUERRA M，GONZÁLEZ-PIÑUELA C，ANDRÉS A，et al.，2008. Assessment of self-organizing map artificial neural networks for the classification of sediment quality[J]. Environment International，34（6）：782-790.

ANENBERG S C，HOROWITZ L W，TONG D Q，et al.，2010. An estimate of the global burden of anthropogenic ozone and fine particulate matter on premature human mortality using atmospheric modeling[J]. Environmental Health Perspectives，118（9）：1189-1195.

ANN Y，REDDY K R，DELFINO J J，1999. Influence of chemical amendments on phosphorus immobilization in soils from a constructed wetland[J]. Ecological Engineering，14（1-2）：157-167.

ARIAS M，BARRAL M T，MEJUTO J C，2002. Enhancement of copper and cadmium adsorption on kaolin by the presence of humic acids[J]. Chemosphere，48（10）：1081-1088.

AULT T，KRAHN S，CROFF A，2015. Radiological impacts and regulation of rare earth elements in non-nuclear energy production[J]. Energies，8（3）：2066-2081.

BARROS N F，COMERFORD N B，2005. Phosphorus sorption，desorption and resorption by soils of the Brazilian Cerrado supporting eucalypt[J]. Biomass and Bioenergy，28（2）：229-236.

BARROW N J，1983. A mechanistic model for describing the sorption and desorption of phosphate by soil[J]. Journal of Soil Science，34（4）：733-750.

BINNEMANS K，JONES P T，2015. Rare earths and the balance problem[J]. Journal of Sustainable Metallurgy，1（1）：29-38.

BOZLAKER A，BUZCU-GÜVEN B，FRASER M P，et al.，2013. Insights into PM10 sources in Houston，texas：Role of petroleum refineries in enriching lanthanoid metals during episodic emission events[J]. Atmospheric Environment，69：109–117.

BRAHMAN K D，KAZIT G，AFRIDI H I，et al.，2013. Evaluation of high levels of fluoride，arsenic species and other physicochemical parameters in underground water of two sub districts of tharparkar，Pakistan：a multivariate study[J]. Water Research，47（3）：1005–1020.

CHAKRABORTY M K，AHMAD M，SINGH R S，et al.，2002. Determination of the emission rate from various opencast mining operations[J]. Environmental Modelling & Software，17（5）：467–480.

CHEN C，ZHANG P，CHAI Z，2001. Distribution of some rare earth elements and their binding species with proteins in human liver studied by instrumental neutron activation analysis combined with biochemical techniques[J]. Analytica Chimica Acta，439（1）：19–27.

CHEN J，YANG R，2010. Analysis on REE geochemical characteristics of three types of REE-rich soil in Guizhou Province，China[J]. Journal of Rare Earths，28：517–522.

Chen M，Ding S，Chen X，et al.，2018. Mechanisms driving phosphorus release during algal blooms based on hourly changes in iron and phosphorus concentrations in sediments[J]. Water Research，133：153–164.

CHEN Z，2011. Global rare earth resources and scenarios of future rare earth industry[J]. Journal of Rare Earths，29（1）：1–6.

CHENG Z，JIANG J，FAJARDO O，et al.，2013. Characteristics and health impacts of particulate matter pollution in China（2001–2011）[J]. Atmospheric Environment，65：186–194.

DING S，CHEN M，GONG M，et al.，2018. Internal phosphorus loading from sediments causes seasonal nitrogen limitation for harmful algal blooms[J]. Science of the Total Environment，625：872–884.

DING S，HAN C，WANG Y，et al.，2015. In situ，high-resolution imaging of labile phosphorus in sediments of a large eutrophic lake[J]. Water Research，74：100–109.

Ding S，Liang T，Zhang C，et al.，2006. Fractionation mechanisms of rare earth elements（REEs）in hydroponic wheat：an application for metal accumulation by plants[J]. Environmental Science & Technology，40（8）：2686–2691.

DUODU G O，GOONETILLEKE A，AYOKO G A，2017. Potential bioavailability assessment，source apportionment and ecological risk of heavy metals in the sediment of Brisbane River Estuary，Australia[J]. Marine Pollution Bulletin，117（1–2）：523–531.

FENG Y，OGURA N，FENG Z，et al.，2003. The concentrations and sources of fluoride in atmospheric depositions in Beijing，China[J]. Water，Air，and Soil Pollution，145（1）：95–107.

FRIED M，SHAPIRO R E，1956. Phosphate supply pattern of various soils[J]. Soil Science Society of America Journal，20（4）：471–475.

GAO Y，MUCCI A，2003. Individual and competitive adsorption of phosphate and arsenate on goethite in artificial seawater[J]. Chemical Geology，199（1–2）：91–109.

GWENZI W，MANGORI L，DANHA C，et al.，2018. Sources，behaviour，and environmental and human health risks of high-technology rare earth elements as emerging contaminants[J]. Science of the Total Environment，636：299–313.

HAO Z，LI Y，LI H，et al.，2015. Levels of rare earth elements，heavy metals and uranium in a population living in Baiyun Obo，Inner Mongolia，China：A pilot study[J]. Chemosphere，128：161–170.

HIRANO S，SUZUKI K T，1996. Exposure，metabolism，and toxicity of rare earths and related compounds[J]. Environmental Health Perspectives，104（suppl 1）：85–95.

HIROSE K，KIKAWADA Y，IGARASHI Y，et al.，2017. Plutonium，137Cs and uranium isotopes in Mongolian surface soils[J]. Journal of Environmental Radioactivity，166：97–103.

HÖLLRIEGL V，GREITER M，GIUSSANI A，et al.，2007. Observation of changes in urinary excretion of thorium in humans following ingestion of a therapeutic soil[J]. Journal of Environmental Radioactivity，95（2–3）：149–160.

HU Z，RICHTER H，SPAROVEK G，et al.，2004. Physiological and biochemical effects of rare earth elements on plants and their agricultural significance：a review[J]. Journal of Plant Nutrition，27（1）：183–220.

JIANG D，JIE Y，ZHANG S，et al.，2012. A survey of 16 rare earth elements in the major foods in China[J]. Biomedical and Environmental Sciences，25（3）：267–271.

JIN Z，DING S，SUN Q，et al.，2019. High resolution spatiotemporal sampling as a tool for comprehensive assessment of zinc mobility and pollution in sediments of a eutrophic lake[J]. Journal of Hazardous Materials，364：182–191.

JORDENS A，CHENG Y P，WATERS K E，2013. A review of the beneficiation of rare earth element bearing minerals[J]. Minerals Engineering，41：97–114.

KARANLIK S，AĞCA N，YALÇIN M，2011. Spatial distribution of heavy metals content in soils of Amik Plain（Hatay，turkey）[J]. Environmental Monitoring and Assessment，173（1）：181–191.

KLEINMAN P J A，SHARPLEY A N，MOYER B G，et al.，2002. Effect of mineral and manure phosphorus sources on runoff phosphorus[J]. Journal of Environmental Quality，31（6）：2026–2033.

LAI D Y F，LAM K C，2009. Phosphorus sorption by sediments in a subtropical constructed wetland receiving stormwater runoff[J]. Ecological Engineering，35（5）：735–743.

LANGMUIR I，1918. the adsorption of gases on plane surfaces of glass，mica and platinum[J]. Journal of the American Chemical Society，40（9）：1361–1403.

LEWANDOWSKA A，FALKOWSKA L，JÓŹWIK J，2013. Factors determining the fluctuation of fluoride concentrations in PM10 aerosols in the urbanized coastal area of the Baltic Sea（Gdynia，Poland）[J]. Environmental Science and Pollution Research，20

（9）：6109–6118.
LI C，GAO X，WANG Y，2015. Hydrogeochemistry of high-fluoride groundwater at Yuncheng Basin，northern China[J]. Science of the Total Environment，508：155–165.
LI J，HONG M，YIN X Q，et al.，2010. Effects of the accumulation of the rare earth elements on soil macrofauna community[J]. Journal of Rare Earths，28（6）：957–964.
LIANG G，ZHANG B，LIN M，et al.，2017. Evaluation of heavy metal mobilization in creek sediment：Influence of RAC values and ambient environmental factors[J]. Science of the Total Environment，607：1339–1347.
LIANG T，DING S，SONG W，et al.，2008. A review of fractionations of rare earth elements in plants[J]. Journal of Rare Earths，26（1）：7–15.
LIANG T，LI K，WANG L，2014. State of rare earth elements in different environmental components in mining areas of China[J]. Environmental Monitoring and Assessment，186（3）：1499–1513.
LOSKA K，WIECHUŁA D，KORUS I，2004. Metal contamination of farming soils affected by industry[J]. Environment International，30（2）：159–165.
OYEWUMI O，FELDMAN J，GOURLEY J R，2017. Evaluating stream sediment chemistry within an agricultural catchment of Lebanon，Northeastern USA[J]. Environmental Monitoring and Assessment，189（4）：1–15.
OZSVATH D L，2009. Fluoride and environmental health：a review[J]. Reviews in Environmental Science and Bio/Technology，8（1）：59–79.
PANG X，LI D，PENG A，2002. Application of rare-earth elements in the agriculture of China and its environmental behavior in soil[J]. Environmental Science and Pollution Research，9（2）：143–148.
PYLE D M，MATHERT A，2009. Halogens in igneous processes and their fluxes to the atmosphere and oceans from volcanic activity：A review[J]. Chemical Geology，263（1–4）：110–121.
RAICHUR A M，BASU M J，2001. Adsorption of fluoride onto mixed rare earth oxides[J]. Separation and Purification Technology，24（1–2）：121–127.
SAHA U K，TANIGUCHI S，SAKURAI K，2002. Simultaneous adsorption of cadmium，zinc，and lead on hydroxyaluminum-and hydroxyaluminosilicate-montmorillonite complexes[J]. Soil Science Society of America Journal，66（1）：117–128.
SCHWEIGER P F，JAKOBSEN I，1999. Direct measurement of arbuscular mycorrhizal phosphorus uptake into field-grown winter wheat[J]. Agronomy Journal，91（6）：998–1002.
SEMHI K，ABDALLA O A E，AL KHIRBASH S，et al.，2009. Mobility of rare earth elements in the system soils-plants-groundwaters：a case study of an arid area（Oman）[J]. Arabian Journal of Geosciences，2（2）：143–150.
SEMHI K，CHAUDHURI S，CLAUER N，2009. Fractionation of rare-earth elements in

plants during experimental growth in varied clay substrates[J]. Applied geochemistry, 24（3）: 447–453.

SEN I S, PEUCKER-EHRENBRINK B, 2012. Anthropogenic disturbance of element cycles at the Earth's surface[J]. Environmental Science & Technology, 46（16）: 8601–8609.

SERNO S, WINCKLER G, ANDERSON R F, et al., 2014. Eolian dust input to the Subarctic North Pacific[J]. Earth and Planetary Science Letters, 387: 252–263.

SUN Q, DING S, WANG Y, et al., 2016. In-situ characterization and assessment of arsenic mobility in lake sediments[J]. Environmental Pollution, 214: 314–323.

TAGHIPOUR N, AMINI H, MOSAFERI M, et al., 2016. National and sub-national drinking water fluoride concentrations and prevalence of fluorosis and of decayed, missed, and filled teeth in Iran from 1990 to 2015: a systematic review[J]. Environmental Science and Pollution Research, 23（6）: 5077–5098.

TAN Q, LI J, ZENG X, 2015. Rare earth elements recovery from waste fluorescent lamps: a review[J]. Critical Reviews in Environmental Science and technology, 45（7）: 749–776.

TAYLOR S R, MCLENNAN S M, 1985. The continental crust: its composition and evolution[J].

TYLER G, 2004. Rare earth elements in soil and plant systems-A review[J]. Plant and Soil, 267（1）: 191–206.

WANG H, WANG D, WANG Y, et al., 1995. Application of pattern recognition in a factor analysis-spectrophotometric method for the simultaneous determination of rare earth elements in geological samples[J]. Analyst, 120（5）: 1603–1608.

WANG L, DAI L, LI L, et al., 2018. Multivariable cokriging prediction and source analysis of potentially toxic elements（Cr, Cu, Cd, Pb, and Zn）in surface sediments from Dongting Lake, China[J]. Ecological Indicators, 94: 312–319.

WANG L, LIANG T, 2016. Anomalous abundance and redistribution patterns of rare earth elements in soils of a mining area in Inner Mongolia, China[J]. Environmental Science and Pollution Research, 23（11）: 11330–11338.

WANG L, LIANG T, CHONG Z, et al., 2011. Effects of soil type on leaching and runoff transport of rare earth elements and phosphorous in laboratory experiments[J]. Environmental Science and Pollution Research, 18（1）: 38–45.

WANG L, LIANG T, ZHANG Q, et al., 2014. Rare earth element components in atmospheric particulates in the Bayan Obo mine region[J]. Environmental Research, 131: 64–70.

WEI R, LUO G, SUN Z, et al., 2016. Chronic fluoride exposure-induced testicular toxicity is associated with inflammatory response in mice[J]. Chemosphere, 153: 419–425.

WU C, 2008. Bayan Obo Controversy: Carbonatites versus Iron Oxide-Cu-Au-（REE-U）[J]. Resource Geology, 58（4）: 348–354.

XIU G, ZHANG D, CHEN J, et al., 2004. Characterization of major water-soluble inorganic ions in size-fractionated particulate matters in Shanghai campus ambient air[J]. Atmospheric Environment，38（2）：227–236.

XU C，CAMPBELL I H，KYNICKY J，et al.，2008. Comparison of the Daluxiang and Maoniuping carbonatitic REE deposits with Bayan Obo REE deposit，China[J]. Lithos，106（1–2）：12–24.

XU C，TAYLOR R N，LI W，et al.，2012. Comparison of fluorite geochemistry from REE deposits in the Panxi region and Bayan Obo，China[J]. Journal of Asian Earth Sciences，57：76–89.

YANG S，JUNG H S，CHOI M S，et al.，2002. the rare earth element compositions of the Changjiang（Yangtze）and Huanghe（Yellow）river sediments[J]. Earth and Planetary Science Letters，201（2）：407–419.

YANG Z，LIANG T，LI K，et al.，2016. the diffusion fluxes and sediment activity of phosphorus in the sediment-water interface of Poyang Lake[J]. Journal of Freshwater Ecology，31（4）：521–531.

YE H，CHEN F，SHENG Y，et al.，2006. Adsorption of phosphate from aqueous solution onto modified palygorskites[J]. Separation and Purification Technology，50（3）：283–290.

YI Y，YANG Z，ZHANG S，2011. Ecological risk assessment of heavy metals in sediment and human health risk assessment of heavy metals in fishes in the middle and lower reaches of the Yangtze River basin[J]. Environmental Pollution，159（10）：2575–2585.

YUAN G，LIU C，CHEN L，et al.，2011. Inputting history of heavy metals into the inland lake recorded in sediment profiles：Poyang Lake in China[J]. Journal of Hazardous Materials，185（1）：336–345.

YUAN Y，ZENG G，LIANG J，et al.，2015. Variation of water level in Dongting Lake over a 50-year period：Implications for the impacts of anthropogenic and climatic factors[J]. Journal of Hydrology，525：450–456.

ZAHRA A，HASHMI M Z，MALIK R N，et al.，2014. Enrichment and geo-accumulation of heavy metals and risk assessment of sediments of the Kurang Nallah—feeding tributary of the Rawal Lake Reservoir，Pakistan[J]. Science of the Total Environment，470：925–933.

ZHANG B，LIU C，LI C，et al.，2014. A novel approach for recovery of rare earths and niobium from Bayan Obo tailings[J]. Minerals Engineering，65：17–23.

ZHANG J，LI Y，ZHANG C，et al.，2008. Adsorption of malachite green from aqueous solution onto carbon prepared from Arundo donax root[J]. Journal of Hazardous Materials，150（3）：774–782.

ZHAO T，LI B，GAO Z，et al.，2010. the utilization of rare earth tailing for the production of glass-ceramics[J]. Materials Science and Engineering：B，170（1–3）：22–25.

ZHU Z，PRANOLO Y，CHENG C，2015. Separation of uranium and thorium from rare earths for rare earth production-A review[J]. Minerals Engineering，77：185–196.